"东大伦理"系列·《伦理研究》

江苏省公民道德与社会风尚协同创新中心　江苏省道德发展高端智库　东南大学道德发展研究院

# Ethical Research

# 伦理研究【第十辑】
## 伦理道德发展的文化战略

主　编：樊　浩　［德国］Thomas Pogge
　　　　［俄罗斯］Alexander N. Chumakov
执行主编：武小西

东南大学出版社
SOUTHEAST UNIVERSITY PRESS
·南京·

**图书在版编目（CIP）数据**

　　伦理研究. 第十辑，伦理道德发展的文化战略 / 樊浩，（德）涛慕思·博格，（俄罗斯）亚历山大·丘马科夫主编. — 南京：东南大学出版社，2022.12
　　ISBN 978-7-5766-0336-1

　　Ⅰ.①伦⋯ Ⅱ.①樊⋯ ②涛⋯ ③亚⋯ Ⅲ.①伦理学-文集 Ⅳ.①B82-53

　　中国版本图书馆 CIP 数据核字（2022）第 219335 号

责任编辑：陈　淑　　责任校对：子雪莲　　封面设计：余武莉　　责任印制：周荣虎

**伦理研究（第十辑）——伦理道德发展的文化战略**
Lunli Yanjiu（Di-shi Ji）——Lunli Daode Fazhan De Wenhua Zhanlüe

主　　编：樊　浩　［德国］Thomas Pogge　［俄罗斯］Alexander N. Chumakov
执行主编：武小西
出版发行：东南大学出版社
出 版 人：白云飞
社　　址：南京四牌楼 2 号　邮编：210096
网　　址：http://www.seupress.com
经　　销：全国各地新华书店
印　　刷：南京凯德印刷有限公司
开　　本：889 mm×1 194 mm　1/16
印　　张：9.5
字　　数：295 千字
版　　次：2022 年 12 月第 1 版
印　　次：2022 年 12 月第 1 次印刷
书　　号：ISBN　978-7-5766-0336-1
定　　价：82.00 元

本社图书若有印装质量问题，请直接与营销部联系。电话（传真）：025-83791830

# 《伦理研究》编辑委员会

# 目　　录

# 道德行为的两重形态

杨国荣*

（华东师范大学哲学系，上海 200241）

道德行为的相关形态，可以通过考察孔子关于仁的界说而获得较为具体的理解。作为孔子的核心概念，"仁"固然包含多重含义，但其中最为重要的是两个方面，即"爱人"与"克己"①。宽泛而言，此处之"仁"不仅涉及普遍的价值原则，而且关乎道德行为的特点，与之相关的仁爱（爱人）与克己，则以不同的形式体现了道德行为的品格。作为道德行为的两重形态，仁爱与克己既关涉理性与情意的交融，又以理性与情意的不同关联为内在取向。道德行为的展开，同时与道德意识的内化相联系，后者呈现为人的第二自然或第二天性，并以道德习惯和道德直觉的形式影响着道德行为的以上形态。

一

首先可以关注的，是以仁爱为形态的道德行为。在社会层面，与仁爱相关的道德行为更多地表现为对他人的同情、关怀。宽泛而言，乐善好施、利人助人、尊老爱幼等等，便可视为体现仁爱的道德行为。这一类行为无疑也包含自我（行为者）的某种行善努力以及身心的付出，但从利害关系上看，仁爱行为的特点在于不涉及重大或剧烈的冲突，在孟子曾提及的为老人折枝、孺子将入井而前去救助，或现代意义上捐建希望学校、救助受灾群众等善行中，自我（行动者）尽管在身心、经济等方面也需要尽力，但这种尽力或付出并不对行为者自身的生命存在、经济状况产生根本的影响，从而，在行为的选择和落实过程中，无需面临重大或剧烈的冲突。西季威克已注意到这一点，在他看来，实施仁爱行为意味着"我们有义务对所有人提供我们能够提供的、所付出牺牲或努力相对较小的服务"②。这里所说的"付出牺牲或努力相对较小"，与不涉及利害关系方面的剧烈冲突或对抗具有相通性。

仁爱的行为也表现为对待自我的方式。荀子曾借孔子与其学生的对话，对此作了阐释："子路入。子曰：'由，知者若何？仁者若何？'子路对曰：'知者使人知己，仁者使人爱己。'子曰：'可谓士矣。'子贡入。子曰：'赐，知者若何？仁者若何？'子贡对曰：'知者知人，仁者爱人。'子曰：'可谓士君子矣。'颜渊入。子曰：'回，知者若何？仁者若何？'颜渊对曰：'知者自知，仁者自爱。'子曰：'可谓明君子矣！'"③这里所引述的，当然未必是孔子与他的学生的真实对话，它所表达的，主要是荀子对仁爱行为的理解。以"仁"而言，这里区分了"仁"的三重境界，即：使人爱己、爱他人和自爱，它们分别对应于"士""士君子"以及"明君子"，而"明君子"是其中最高的境界。以自爱为上，不同于视自我为中心或简单的自私，它可以看作道德中"仁爱"这一面的展开：仁爱和关怀最终包括肯定或关切作为人，从而也有内在价值的自我

---

* 作者简介：杨国荣，华东师范大学哲学系教授，教育部长江学者特聘教授，华东师范大学中国现代思想文化研究所暨哲学系教授，人文社会科学学院院长，中国哲学史学会会长，浙江省稽山王阳明研究院学术委员会主任。

① 《论语·颜渊》："樊迟问仁。子曰：'爱人'。"《论语·颜渊》："克己复礼为仁。"
② 西季威克：《伦理学方法》，中国社会科学出版社，1993年，第280页。
③ 《荀子·子道》。

（自爱），后者有别于下文将进一步讨论的克己。它从个体与自我的关系上，体现了仁爱行为的特点。

　　较之以仁爱为形式的行为，克己呈现了不同的行为特点。顾名思义，克己首先意味着自我限定，就行为者自身而言，这种限定表现为相关个体对内在感性冲动的自我抑制。作为自我限定或自我抑制，克己与社会规范的外在约束有所不同。事实上，早期儒学已对"克己复礼"与"约我以礼"①作了区分，所谓"约我以礼"，体现的便是普遍规范对行为者的外在约束。与之相近，董仲舒曾主张："以仁安人，以义正我。"②此处的"安人"与关怀他人相关，"正我"则关乎个体的自我克制和约束，从行为方式看，这里分别涉及仁爱（安人）与克己（正我）两重道德行为。作为具体的存在，行为者（自我）包含多重规定，从精神趋向看，其中涉及感性的欲求，这种欲求往往具有自发的性质，如果任其发展，则可能偏离道德的规范。以火灾发生时的情形而言，面对扑面而来的大火，求生的欲望可能使人置他人于不顾，只管自己逃生。与此不同，此时道德行为的克己取向，则表现为抑制自身求生的欲望，将救助他人放在更为优先的地位。这里同时蕴含舍己而为人的精神，后者突出地彰显了人之为人的内在力量。荀子已注意到以上关系："人之所欲，生甚矣，人之所恶，死甚矣；然而人有从生成死者，非不欲生而欲死也，不可以生而可以死也。"③在一定的条件下放弃生而选择死，是因为此时"不可以生而可以死"，这里的"可"可以看作一种自觉的道德判断，其中既包含着对人之为人的存在规定的肯定，也确认了自我的道德义务。在个人逃生和救助他人的不同选择背后，行为者总是面临着利与害的重大冲突：维护自我的生命，还是履行对他人的道德责任？以克己（抑制求生的感性冲动）和舍己（由牺牲自我而彰显人性的力量）为内在特点的道德行为，正是在以上冲突中展示了人所具有的道德力量。

　　与以上行为形态相互关联的，是为善与止恶的分别。为善与仁爱具有相近的行为性质，其特点在于通过助人利人、先公后私、敬老慈幼等善举，展现对人的正面价值关切。从家庭之中的尽孝，到社会之中的尊长，从一旦他人需要，便伸出援助之手，到发生灾情时，立即以不同方式踊跃救灾，等等，都可以看作是为善的行为。与仁爱形态的行为一样，为善通常也不涉及重大或剧烈的利害冲突：尽管为善的行为亦需行为者作出多方面的付出，但其生命存在或其他根本利益，并不因此而受到实质的影响。相对于此，止恶以制止他人行恶或作恶为特点，它以否定的方式，显现了行为的道德性质。一般而言，为善过程以使人受益为指向，因此很少会感受到来自作用对象的阻力。然而，止恶旨在制止作恶者的恶行，其行为与作恶者的目的、利益存在着根本的冲突，在危害他人的目的难以实现或不正当的利益受到触犯的情况下，作恶者常常视止恶者为其实施恶行的障碍，必欲以不同方式，包括极端凶残的手段消除这种障碍，由此，止恶者容易受到各种形式的伤害，其生命也可能面临威胁。从制止偷盗或抢劫，到制止暴力伤人或杀人，止恶者往往为此付出各种代价，甚而失去生命，通常所说的见义勇为，便属于这一类行为。以利害关系上的重大或剧烈冲突为背景，止恶的自我牺牲性质从一个方面突显了克己和舍己行为的道德性质。

　　这里可以对亲亲互隐和大义灭亲这两种行为作一考察。孔子曾认为："父为子隐，子为父隐，直在其中矣。"④这一主张后来被概括为亲亲互隐。就直接的含义而言，亲亲互隐意味着基于亲情，对亲人的过失或劣行加以掩饰或隐匿。关于其中所涉及的法律意义，往往存在着不同理解，对此，这里可以暂时悬而不议。从道德层面看，这一类行为蕴含着对亲情以及亲情关系中相关对象的关切和肯定，其中更多地体现了亲情关系中的为善趋向。与之相对，大义灭亲虽然也涉及亲情关系，但它更多地从对抗、冲突的层面展现了行为的道德性质。如果说，亲亲互隐可以视为仁爱或为善行为在亲情关系中的体现，那么，大义灭亲则更多地表现为克己或止恶之行在亲情关系中的引申。后者常常面临内在情感的巨大压力，这种压力可以看作行为者所涉利害冲突的独特形态，作为道德领域的具体行为，大义灭亲总是需要应对

---

① 《论语·子罕》。
② 董仲舒：《春秋繁露·仁义法》。
③ 《荀子·正名》。
④ 《论语·子路》。

以上冲突。

为善止恶主要关乎行为主体与他人的互动,就行为者自身而言,问题则涉及扩善或充善与去恶或控恶的关系。这里所说的扩善或充善,主要与自我相关。孟子在肯定凡人皆有仁义礼智四端的同时,又指出:"凡有四端于我者,知皆扩而充之矣。"①"四端"为善端,孟子的以上看法已注意到自我所具有的内在之善,需要经过一个扩充的过程,这一过程主要便表现为自我德性的涵养和提升。德性的升华既表现为人格境界的转化,也体现或落实于日常的道德行为。比较而言,去恶或控恶主要展现为负面或有害之行的戒除或摒弃,吸毒、嗜赌等等,便属于需要加以戒除的负面之行。相对于前面提到的偷盗、抢劫等恶行,上述有害之行更多地体现于行为者自身,所谓去恶或控恶,也不同于制止外在的恶行,而更多地与抑制自身的有害之行相关。通过日用常行中的道德行为以扩善或充善,体现了与仁爱、为善一致的顺己,与此不同的去恶则由抑制有害之行而表现为克己,在此意义上,扩善(或充善)与去恶(或控恶)从行为者与自身的关系上,体现了道德行为的不同形态。

作为道德行为的二重形态,仁爱或为善与克己或止恶并非彼此隔绝。仁爱或为善以助人利人、实现正面价值意义为取向,这一过程固然并不影响行为者的根本利益,从而有别于牺牲自身利益意义上的克己,但在成人之美、合人之需的行善过程中,也需要克服自身道德冷漠、道德麻木等精神取向:在他人需要帮助时,尽管助人也许只是举手之劳,并不会对行为者带来严重的损害,但相关的个体也可以视而不见或袖手旁观;唯有克服了这一类道德冷漠和道德麻木,以仁爱或为善为特点的行为才可能发生。与之相反而相成,克己、止恶固然需要应对利害关系上的重大冲突,行为者甚至可能牺牲自己,然而,在舍己而行的过程中,对他人或社会的关切以及与人为善的意向,往往也渗入其中。事实上,仁爱与克己的区分,主要以伦理学上的分析为前提,从现实的道德形态来看,二者同时呈现交错融合的一面。以孝行而言,一方面,孝表现为对父母的敬重、关切,其中体现了广义的仁爱精神;另一方面,孝不同于自发、本能的行为,需要克服个体的自利趋向,并付出多方面的努力,后者包含着克己的内在要求。在这里,仁爱与克己彼此关联,构成了道德行为的相关方面。

进而言之,在道德行为的实际展开中,仁爱之维与克己的面向往往相互过渡和转换,其间并没有不可逾越的鸿沟。日常交往中,尊老敬老体现了重要的道德关切,与之相关,在老人遇到困难时施以援手,看到老人不慎倒地而加以搀扶,便实际地体现了以上关切,这一类行为同时内含仁爱为善的性质。然而,在社会风气呈现不良趋向时,常常会出现如下现象:一些上了年纪的人在受人之助后,不仅不予感谢,而且借机诬陷,以谋取不义的赔偿。一段时期中,老人倒地是否要扶,成为一个需要思考的社会性问题。在搀扶老人可能被诬为肇事者的特定条件下,本来是仁爱性的行为,便同时具有了克己的性质:面对可能的诬陷,伸出援助之手同时需要具有在利益上自我牺牲的道德勇气。

与之相近的是另一种救助人的行为形式。生活中可能出现如下情景:某一个体在夏日的小河边散步,突然看到有儿童落水,便立即下水相救。如果这条小河平缓而水浅,其深仅及成人之胸,而该个体游水技能又很好,那么,他的救人之举便属于仁爱或为善的行为,因为在此背景下,河水虽然会危及儿童的生命,但对成人并不构成威胁,行为者也相应地无需面临生与死的冲突和选择。然而,在山洪暴发、洪水汹涌而来之时,发现有人在湍急的水流中挣扎,情况便发生了重要变化:此时若下水救助,救人者本身很可能被洪水冲走,在这种情形下,如果依然跃入水中,那么,这种救助行为已具有另一重性质:相对于河边救人的仁爱之举,面对洪水的威胁和生死的考验毅然救人,无疑应列入见义勇为之域。在此,同为下水救人,前者以仁爱、为善为内在特点,后者呈现克己与舍己的形态,而当同一个体不仅能够河边救人,而且勇于在洪水中施救之时,从仁爱之举向克己行为的转换便成为现实的过程。

当然,就其蕴含的相异取向而言,仁爱和克己无疑体现了道德行为的不同规定或维度。以仁爱、为

---

① 《孟子・公孙丑上》。

善、关怀为表现形态,道德行为主要展现了内在的人道品格:将人视为仁爱、关怀的对象,其前提是肯定凡人皆有人之为人的内在价值。人是目的,这是从儒家到康德都普遍承认的价值观念。作为目的,人不同于手段或工具,其自身价值构成了其存在的基本规定,以仁爱、关切之心待人,意味着确认人所具有的这种内在价值。由此,仁爱不仅表现为处理人与人之间关系的特定行为方式,而且展现了人性的尊严,突显了人与人交往和互动过程中的人道原则。出于人性关切而助人利人,这种具有仁爱性质的道德行为不仅从宽泛的层面体现了行善、为善的取向,而且在更深沉的意义上彰显了道德行为以肯定人的内在价值为实质内涵的人道品格。

相对于仁爱,克己更多地突显了道德的崇高性。这一意义上的克己以人自身存在的有限性为前提,所谓克己,首先表现为克服或扬弃人自身存在的这种限度。这一意义上的有限既表现为人的生命绵延的非恒久性,也在于人的存在规定的限度性。从生命延续看,人固有一死,作为行为者的个体,终将走向生命的终点,人的这种有限性,既规定了个体存在的一次性和不可重复性、不可替代性,也赋予生命存在以独特的价值内涵,在面临生死抉择的重大时刻,这种价值内涵进一步以严峻的形式突显出来。舍己救人、舍生取义等行为的道德意义,也可以从这一角度加以理解:它在表现为对个体生命自我舍弃的同时,也使个体的存在超越自身限度而获得了永恒或不朽的意义,而道德的崇高性则由此得到了具体的展现。

人的有限性同时也体现于行为者自身规定的独特性和限度性。作为具体的个体,行为者既有其特定的需要和满足这种需要的欲求,也有自身特定的价值取向和价值追求,价值需求和价值追求的独特性不仅表现为价值追求的差异性,而且也从一个角度折射了个体存在的限度性:每一个体都具有属于他的价值需求和价值追求。当个体的这种需要、欲求、价值取向在一定的情景中与助人、救灾、止恶等行为选择发生冲突时,克己便在将他人或公共之利放在更为优先地位的同时,又通过抑制个体特定的价值需求或价值追求而使自身行为不再受这种需要和欲求的限定,由此克服了个体在价值层面的限度。在这里,克己作为道德行为的具体形态所内含的崇高性,也从另一个方面得到了体现。

可以看到,道德行为具有人道性与崇高性双重品格,在以仁爱为取向的行为与表现为克己的行为中,道德行为的以上二重品格得到了具体的展现。仁爱和克己在分别体现道德行为的人道性与崇高性的同时,又彼此关联,后者进一步表明了人道之维与崇高之维在道德行为中的相关性。

## 二

仁爱与克己展现了道德行为的二重形态,二者既有不同侧重,又非相互悬隔。然而,从哲学史上看,不同的哲学家和哲学流派,往往主要关注道德行为的某一形态,并突出或强调与之相关的道德规定。这种相异的视域,既体现了对道德行为的不同理解,又渗入了对情意、理性的不同看法。

首先可以一提的是德性伦理。德性伦理主要关注"成就什么"(成就何种人格)的问题,其进路在于通过形成完美的德性以担保具体的德行。德性伦理所理解的完美德性,大致表现为向善的品格,对德性伦理而言,基于这种品格,个体既有与人为善的意向,也以行善为自身的存在方式,由此展开的行为固然也会面临某种冲突,但其主导的趋向主要在于顺乎个体内在的向善要求。在关怀伦理学(the ethics of care)那里,这一趋向得到了更为具体的展现。尽管关怀伦理学关注人与人之间的情感关系,从而有别于德性伦理将个体品格放在优先的地位,但在与人为善、要求行善等方面,又与德性伦理具有相通之处。[1] 相对于克己、止恶,关怀伦理以家庭、友谊、信任、个人意愿、情感关系、相互依赖等等为出发点,更多地突出了道德行为以行善和为善为内容的仁爱形态,由此表现出与德性伦理相近的趋向。在伦理学的以上进路中,利与害、自我与他人之间的价值冲突所引发的道德张力,以及克己、舍己所彰显的道德崇高性,似乎未能得到充分的关注。

---

① Virginia Held,*The Ethics of Care:Personal,Political,and Global*,New York:Oxford University Press,2006,p. 4.

　　与德性伦理和关怀伦理注重个人的德性与关怀他人不同,伦理学中的后果论(consequentialism)将行为的结果放在更为重要的地位。对后果论而言,行为的道德性质,主要由它们可能导致的结果所决定:唯有当行为结果呈现积极或有益的价值效应,它才具有善的道德意义。与之相联系,行为的选择应基于行为可能产生的结果;行为的评价,则以行为已形成的实际结果为根据。从总的取向看,后果论,首先是其中的功利主义,往往追求有益结果的最大化;是否有益、有益的程度,常常规定了行为的选择和评价。穆勒便将功利原则理解为"最大幸福的原则",并认为:"最大幸福的原则(Greatest Happy Principle)主张,行为之对(right)与它增进幸福的趋向成比例;行为之错(wrong)与它产生不幸福的趋向成比例。"①尽管在赋予行为的外在结果在优先性上,后果论与德性伦理以及关怀伦理呈现相异立场,但其追求有益结果的最大化,无疑又更多地涉及行为的仁爱之维,并相应地体现了某种与德性伦理和关怀伦理相近的道德趋向。

　　较之以上伦理进路,道义论或规范伦理表现出不同的道德关切。与德性论以"成就什么"(成就人格)为注重之点不同,道义论或规范伦理将"做什么"(成就行为)放在首要的地位;与后果论以行为的结果作为行为选择和评价的依据相异,道义论或规范伦理赋予道德规范或道德准则以更为优先的地位:确定应当做什么,不能基于行为的可能结果,而只应根据道德规范或道德原则;判断行为的性质,同样也唯有依据道德规范或道德原则本身。在康德的如下要求中,以上看法得到了经典的表述:"仅仅根据这样的准则行动,这种准则同时可以成为普遍的法则(universal law)。"②行为的选择或行为的评价,往往会面临道德规范与可欲或有益结果之间的冲突:可欲者或有益者常常并不合乎道德规范;按道义论或规范伦理的立场,如果某种行为不合乎道德规范,则即使行为可能产生可欲或有益的结果,也不能加以选择。这种拒绝按结果来选择行为的道德立场,显然涉及对行为意向的自我抑制。不难注意到,从逻辑上看,道义论或规范伦理更多地突出了道德行为克己的一面,后者又与强化道德的崇高性相联系。事实上,康德便将道德法则与感性的偏向(inclination)区分开来,并对二者作了严格的划界。对康德而言,感性的偏向往往基于感性的欲望③,在这一层面上,人完全属于现象界,并受因果规律的支配,唯有纯粹的(形式的)道德法则,"才使我们意识到自己作为超感性存在(supersensible existence)的崇高性"④。在这里,以普遍的道德规范抑制个体的欲求与突显道德的崇高性表现为相互关联的两个方面。

　　若作进一步的考察,便可注意到,上述不同的伦理取向同时渗入了对情意、理性的不同看法。休谟曾区分自然德性(natural virtue)与人为德性(artificial virtue),并表现出某种德性伦理的趋向⑤,在肯定德性的同时,休谟将注重之点指向情感(sentiment)。按他的理解,道德总是蕴含着某种具体的情感规定,道德决定是由情感作出的。⑥ 他批评了以理性为道德的唯一制约因素而不考虑情感作用的论点,认为理性是冷冰冰的、被动的,不能推动道德行为,而情感则能够成为行为的动因:唯有情感才能"促发或阻止某种行为,理性在这方面显得无能为力"⑦。广而言之,在德性伦理学中,对情感的推崇构成了某种普遍的趋向,行善、为善等道德行为,往往主要被理解为源于情感。

　　然而,德性伦理学在肯定情感作用的同时,对理性往往持质疑的态度。前述休谟的看法,已蕴含这一立场,与与德性伦理具有相近趋向的关怀伦理学中,同样可以看到这一点。针对理性主义的进路,关

①　John Mill, *Utilitarianism*, London: J. M. Dent & Sons Ltd, 1972, p. 6.

②　Kant, *Grounding for the Metaphysics of Morals*, Indianapolis: Hackett Publishing Company, Inc,1993, p. 30.

③　同②, p. 24.

④　Kant, *Critique of Practical Reason*, Cambridge: Cambridge University Press, 1997, p. 75.

⑤　Virginia Held, *The Ethics of Care: Personal, Political, and Global*, New York: Oxford University Press,2006, p. 52.

⑥　Hume, *An Enquiry Concerning the Principle of Morals*, Indianapolis: Hackett Publishing Company, 1983, pp. 74 - 75, p. 85.

⑦　Hume, *A Treatise of Human Nature*, New York: Oxford University Press,1978, p. 457.

怀伦理学认为,"诸如同情、同感(empathy)、善解人意以及责任心等情感应该被视为某种需要加以培养的道德情感,其作用并不仅仅在于执行理性的命令,而是更好地确定道德的要求"。从关怀伦理学的视域看,相对于注重情感的作用,"完全依赖理性以及理性推论的道德探索是有缺陷的"①。这里所涉及的,是情感与理性之辩。从现实的形态看,道德行为既出于"我应该做"的考虑,也与"我想做"的意愿相联系。"我应该做"主要表现为理性的自觉意识,"我想做"则渗入了情与意,只有当两者相互融合时,具有道德意义的行为才能实际地发生。德性伦理和关怀伦理在肯定情感作用的同时,似乎多少忽视了与"我应该做"相关的理性意识。

孟子曾提出四端之说,其中值得特别注意的是"恻隐之心,仁之端也"与"是非之心,智之端也"②。所谓"恻隐之心,仁之端也",体现的是关切、救助他人与内在情感之间的关系:见孺子将落井而前去救助,这是一种具有仁爱性质的行为(仁之端),"恻隐之心"则是人的同情之心,在此,仁爱的行为(救助孺子),以情感(恻隐之心)为其动因。相对于此,"是非之心"以理性的自觉为内涵,"是非之心,智之端也"所体现的,是道德行为与理性之知的关系。关切、仁爱等行为的展开不仅需要恻隐之心,而且也离不开"是非之心"。若缺乏表现为"是非之心"的理性判断,则本来似乎具有道德意义的行为,也可能走向道德的反面。以关爱而言,如果将具有危害人类倾向的邪恶之徒(如恐怖主义者)作为关切、仁爱的对象,则这种关爱行为便可能具有纵容恶行的负面道德意义。可以看到,忽视了以"是非之心"等形式表现出来的理性之知,仅仅强调"恻隐之心"这一类情感,不仅难以对克己、舍己等道德形态加以深切地把握,而且容易使道德行为本身趋于异化。

在后果论那里,呈现的是另一种情形。后果论关注行为的结果,追求利益或有益效应的最大化。行为结果的把握,涉及理性的推论、计算、衡量,与之相应,后果论表现出注重理性的趋向。当代后果论者帕菲特便肯定行动的选择总是与"使事情趋向最好"(make things go best)的原则相涉,这种原则引向的是最佳的行为结果,后者也就是每一个人都有充分的理由想要达到的结果③,这里的理由,即与理性的思虑相联系。事实上,帕菲特也明确地指出了这一点:"就我们能够很好地回应理由或回应显见的理由而言,我们是理性的。""当我们基于真实的信念、由此而以充分的理由形成某种欲求并行动时,我们的这些欲求和行动就是理性的。"④注重行动的结果与肯定理性的思虑相互融合,构成了后果论选择与评价道德行为的前提。

以有益结果的最大化为指向,后果论对行为的理解同时渗入了情感的关切,正是后者,赋予注重行为的结果以仁爱的行为趋向。理性的权衡与情感的关切,在后果论中往往相互关联,后者也体现于对行为结果的关注。对后果论而言,快乐、痛苦这一类的情感,是人的基本精神体验,人在选择行为的过程中,无法回避这种情感体验。以功利主义为表现形态的后果论,对此作了比较明确的肯定,边沁便指出:"自然把人类置于快乐和痛苦这两位宰制者的主宰之下。只有它们才告知我们应当做什么,并决定我们将要做什么。无论是非标准,抑或因果联系,都由其掌控。它们支配我们所有的行动、言说、思考:我们所能做的力图挣脱被主宰地位的每一种努力,都只是确证和肯定这一点。"⑤按后果论的以上理解,趋利避害的理性选择,离不开趋乐避苦的情感体验;表现为有益结果最大化的行为取向,相应地源于趋乐避苦的情感追求。后果论所肯定的行为之仁爱性质,与以上情感体验无法相分。要而言之,就道德行为的理解而言,后果论既试图融合理性思虑与情感体验,又以归本于情感为其特点。

与强调道德规范或道德准则的优先性相联系,道义论或规范伦理同时表现出对理性规定的注重。

---

① Virginia Held, *The Ethics of Care*: *Personal*, *Political*, *and Global*, New York: Oxford University Press, 2006, p. 10.

② 《孟子·公孙丑上》。

③ Derek Parfit, *On What Matters*, New York: Oxford University Press, 2011, Vol. One, pp. 250 – 255, pp. 373 – 418.

④ 同③, p. 5.

⑤ Jeremy Bentham, *An Introduction to the Principle of Moral and Legislation*, New York: Hafner Publishing Co., 1948, p. 1.

不过,相对于后果论首先瞩目于对行为结果的理性推论和权衡,道义论或规范伦理更多地关注道德规范的理性内涵以及道德规范在理性层面的普遍制约。道德行为以履行道德责任或义务为指向,而在道义论或规范伦理看来,作为道德行为根据的道德义务,即内在于先天的理性概念:"义务的基础不应当到人的本性或人所处的环境中去寻找,而应当到纯粹理性的先天概念中去寻找。"①道德行为本身的特点,则在于依循普遍的规范而不考虑行为的结果,这种规范或道德律不仅制约人的行为,而且对一切理性的存在(all rational beings)都有效②。与之相应,其中包含着理性的品格:"伦理原则是一种关于理智力量的必然的思想,即理智力量应该毫无例外地按照独立性概念规定自己的自由。"③质言之,对道义论或规范伦理而言,从道德义务到道德原则,理性的观念渗入于道德活动的整个过程,正是理性的这种制约,使道德行为超越了感性的偏向而呈现克己的特点。

在道义论或规范伦理那里,理性的制约与意志的作用往往相互关联:"意志自律是道德法则及与这些法则一致的义务的唯一原则。"④从内在的方面看,意志自律既关乎意志的自我立法,也以意志的自我约束为内容;前者意味着以意志所立的普遍法则为道德决定的根据,后者侧重于摆脱感性的冲动(impulse)、偏向(inclination)的影响和限制。这一意义上的意志作用,往往被视为维护人性尊严(the dignity of human nature)的基础⑤。从何为人这一层面看,感性欲望并不构成人之为人的根本规定,如果人的行为仅仅服从感性欲望,则其存在的崇高性便难以真切展现。在为真理或理想而献身等行为中,对求生欲望的自我克制,总是不仅基于普遍法则,而且表现为意志的决断、坚毅。质言之,道义论或规范伦理对道德行为克己形态的注重,与肯定意志的自我抑制作用存在着相关性。

不过,作为道德行为的克己形态所以可能的条件,道义论或规范伦理所关注的意志与理性难以相分:"既然从法则中引出行为需要理性,那么意志不是别的,就是实践理性。"⑥事实上,相对于后果论之沟通理性与情感而又归本于情感,道义论或规范伦理在对理性与意志作双重肯定的同时,又表现出将意志理性化的趋向。对道义论或规范伦理而言,意志的自我立法,实质上也就是实践理性的自我立法,道德行为的克己或成己取向,则相应地既源于意志的自律,也本于理性的自觉或理性的主导。

在其现实性上,道德行为及其不同形态,与理性以及情意存在不同的关联。无论是以仁爱、关怀等为形态的行为,抑或表现为克己、舍己的行为,都既与理性的制约相联系,也包含着情意的参与。以具有仁爱特点的行为而言,基于为善、行善等意向,这种行为的发生固然基于情感的体验,但这种情感已不同于本然的天性,而是取得了某种人化的形式,后者同时交织着理性的意识。从关怀及与之相关的行为看,一般来说,关怀可以源于情感体验,也可以基于规范所内含的义务,二者同时涉及现实的亲疏关系:对处于困难之境者伸出援助之手,涉及广义的关切或以关怀为动因的帮助,而相助者与被相助者在亲疏关系上则可以不同。为远方受灾者慷慨解囊,捐助者与被捐助者可能并不相识;朋友有难而施以援手,则相助者与被助者之间存在比较切近的关系。在前一种情况下,捐助行为也许主要基于助人利人等理性规范的要求;在后一情况中,相助则可能首先与情感层面的关心相联系。然而,尽管社会层面的亲疏关系使行为发生的缘由具有不同侧重,但这并不意味着以上二种行为完全彼此相分:在关系较为疏远的背景下,理性的规范固然构成了影响行为的主要因素,但对相关对象(受灾者)的同情之心,同样在起作用;在关系较为切近的情形中,情感的牵挂诚然可能成为引发行为的首要原因,但理性的责任意识同样渗入其间。事实上,体现仁爱的关怀、操心总是既基于情感的关切,又包含着理性的责任意识。

---

① Kant, *Grounding for the Metaphysics of Morals*, Indianapolics: Hackett Publishing Company, Inc., 1993, p. 2.

② 同①, p. 20.

③ 费希特:《伦理学体系》,中国社会科学出版社,1995 年,第 59 页。

④ Kant, *Critique of Practical Reason*, Cambridge: Cambridge University Press, 1997, p. 30.

⑤ 同①, p. 41.

⑥ 同①, p. 23.

与此相近,见孺子将入井而前去救助固然可以视为恻隐之心的体现,然而,这种引发道德行为的恻隐之心作为道德意义上的同情心,本身已包含了社会文化的内容,并伴随着理性层面的义务或责任意识。同时,救孺子之举,又是出于意志的自愿选择,合乎行为者的内在意愿。当然,这种蕴含理性取向的责任意识既不同于后果论所注重的理性计较("非所以内交于孺子之父母也,非所以要誉于乡党朋友也"①),也有别于道义论所拒斥的感性的冲动(impulse)或感性偏向(inclination),而是渗入了人禽之辨层面的仁道观念。引申而言,从人与其他生命存在的关系看,"君子之于禽兽也,见其生,不忍见其死"②。这里的"见"既涉及理性的观察,又包含情感层面的体验或感受,它意味着在伦理领域中人与对象之间形成某种独特的情理关系。由"见"而生成的情理关系使本来不相关者(未"见"者),成为相关者,而"不忍见其死",则是由这种情理关系和情感体验所引发。在这里,情与理互渗而又互融。

同样,在具有克己或舍己性质的行为中,理性的自觉固然构成了必要的条件,但情意的参与也不可或缺。荀子曾指出:"故欲过之而动不及,心止之也。心之所可中理,则欲虽多,奚伤于治?欲不及而动过之,心使之也。心之所可失理,则欲虽寡,奚止于乱?故治乱在于心之所可,亡于情之所欲。"③这里所说的"心止之"当然首先基于理性的分析:心之所可中理,意味着衡之以理性的准则而作出当与不当的判断。然而,其中之"心"也包括意志,"情之所欲"与行动的实际关联,与意志的决断彼此相关,以意志为内容的"心",可以阻止欲做(想做)之事,所谓"欲过之而动不及,心止之也",便表明了这一点;也可以使不欲做(不想做)的事付诸实现,所谓"欲不及而动过之,心使之也",所强调的便是后一情形。

进一步看,舍生取义、杀身成仁等行为固然以理性的选择和意志的决断克服了求生畏死等个体限度,展现了存在的崇高性,但这种行为并非与情感的认同截然对立。按其内在规定,道德本身也具有可欲性:尽责、助人、关怀、克己、舍己等等,这些行为既体现了人性的光辉,也呈现了道德的可欲性,后者可以进一步转换为个体对相关行为的情感认同。与行为的可欲性相联系的情感认同一方面体现了道德情感在行为中具有现实的根源,另一方面又表明克己与仁爱作为道德行为的不同形态呈现相通性:不仅道德的仁爱取向关乎情感,而且表现为克己的道德行为也并非与情感彼此隔绝。

要而言之,德性论、关怀伦理、后果论以及道义论分别关注于道德行为的不同方面,并由此从相异的视域对理性与情意的作用作了考察。在德性论、关怀伦理、后果论中,对行为的仁爱和人道之维的关注,伴随着肯定恻隐之心等情感以及理性与情感的关联;在道义论或规范伦理中,瞩目于行为的克己和崇高之维,则与确认理性的作用、强调理性和意志的交融相关联。尽管以上道德进路没有完全忽略理性与情意在道德行为中的相关性,但同时又表现出不同的侧重。就其现实性而言,在道德行为的不同形态中,理性与情意的作用方式固然各异,但不管道德行为取得何种形态,都既无法完全与理性相分离,也难以隔绝于人的情意。

## 三

以理性与情意的互融为进路,具有仁爱或人道取向的行为与表现为克己并呈现崇高性的行为,都具有自觉的品格。从其实际展开过程看,道德行为并非仅仅呈现慎思而行、勉力而为的形式。基于反复的践行、修为,道德的取向和行为定势,往往内化为人的第二自然或第二天性(the second nature)。后者既可以取得道德习惯的形态,也可呈现为内在的道德直觉,二者以不同的方式制约着仁爱、克己等行为。

作为人的第二天性的体现,习惯不同于本能。本能可以视为先天的生物性趋向,诸如饥而欲食、渴而欲饮,便属这一类的本能。习惯则是基于后天的社会活动而形成的,其中既凝结了日常践行中形成的

---

① 《孟子·公孙丑上》。
② 《孟子·梁惠王上》
③ 《荀子·正名》。

心理定向,也包含着社会文化的内容。在道德领域,习惯与道德原则的内化以及普遍规范在个体中的沉淀相联系,道德原则和规范的这种内化与沉淀,逐渐使个体形成行为的定势,由此展现近乎自然的行为取向(习惯成自然)。在谈到第二自然时,麦克道尔曾指出:"我们的第二自然之取得其存在形态并不是由于我们生而具有的潜能,而是由于我们的教养,我们的教化。"①作为第二自然的一种形态,习惯的生成也涉及以上社会化的过程。从谦和礼让、长幼有序,到待人以诚、与人为善,文明的日常举止与道德的行为方式通过文化的长期熏陶和个体的不断习行而相互融合,成为个体的行为趋向和习惯。看到孺子将入井便赶紧救助,遇见年迈的人可能倒地便立即搀扶,这种助人、利人之举往往不假思考和决断而当下实施,它们所体现的便是习惯性的道德行为。这些行为在性质上可以归入仁爱之列,其前提则是相关的道德意识已化为人的第二天性,它从一个方面表明,以仁爱为形态的道德行为既可以取得有意而为之的形式,也可以基于习惯等第二天性而成为无需思为的自然之举。

以习惯为形态,人的第二天性呈现某种自然的性质。这一意义上的自然不同于原初的自然,原初的自然可以视为麦克道尔曾提及的"第一自然"(the first nature),其特点在于更多地近于动物性,麦克道尔将"第一自然"与"人类动物"(human animal)联系起来,似乎也暗示了这一点②。如果说,基于本然之性的原初自然是未经道德规范和道德原则内化过程的自发规定,那么,习惯则表现为经过道德意识的自觉而又超越于自觉的行为趋向。从经过道德意识的自觉而又超越于自觉这一视域看,人的第二天性或第二自然并不仅仅限于习惯,而是具有更为深沉的形态,后者主要以直觉或道德直觉的形式表现出来。作为第二天性或第二自然的另一重具体形态,直觉具有无中介性的特点,其所觉所悟,都非基于推论的过程,而是以直接、顿然的形式呈现。在道德领域,直觉的这种直接性、非过程性,具体表现为对正当与不正当、对与错、善与恶等等不假推论而直接作出分别并加以把握。现代新儒家所说的良知当下呈现,也近于这一意义上的直觉。借助道德直觉,行为者无需审思便可判定在具体的行动情景中应作何选择;与基于习惯的行为相近,以上行为也呈现自然而然的形态。

不过,尽管直觉以无中介性、超越过程性为其特点,但直觉能力的形成并非疏离于理性的背景。如果说,习惯以宽泛意义上的社会习行以及文化熏陶为前提,那么,直觉则更多地渗入了理性的观念并表现为理性观念的沉淀,所谓理性直觉或智的直觉,也可以从这一维度加以理解。直觉所涉及的理性背景、所渗入的理性内容,往往规定了其内在的指向,从人所从事的知、行领域看,具有不同理性背景的人,其直觉所涉也常常互不相同:生物学家对生物学对象和问题的直觉与物理学家对物理对象和问题的直觉,便存在差异,同样,更宽泛意义上道德的直觉与科学的直觉,也各有自身的特点。

直觉与理性内容的以上关联,既表明直觉并非不可捉摸的神秘现象,而是有其现实的根据,也从一个方面展现了直觉与习惯的分别:二者诚然都表现为人的第二天性或第二自然,但其内容又并不完全相同。从伦理的视域看,在习惯中,道德意识与日常意识相互交融,由此较为容易引发并接纳仁爱性的道德行为;在直觉中,道德意识更多地渗入了理性的洞察、意志的决断,后者为导向克己的行为形式提供了可能。事实上,对具有道德意识的个体而言,在日常生活中,遇到需要相助的情况时伸出援手,常常成为出于习惯的行为。然而,在某些重要关头或危难之际,选择某种行为可能会使个体有生命之虞,如面临歹徒将行凶或熊熊烈焰、汹涌洪水中有需要援救的人之时,制止歹徒、冲进烈火、跃入激流都可能牺牲自我,此时相关个体需要立即做出是否止恶(制止歹徒行凶)或是否冲进烈火、跃入激流的选择,这种选择显然无法仅仅基于日常的道德习惯,而是首先与道德直觉相涉:在自然而然、不假思索方面,此时的直觉与习惯固然呈现相通之处,但在以克己、舍己为行为的指向上,这种直觉又以当下呈现的形式突显了蕴含于其中的理性洞察和意志决断,从而有别于通常的习惯。

---

①　John McDowell, *Mind and World*, Cambridge: Harvard University Press, 1994, p. 87.

②　同①, pp. 109 - 110.

从哲学史上看,道德领域中的直觉主义者已注意到直觉的作用,不过,他们往往主要将直觉与道德原则或道德命题性质的界定和确认联系起来,西季威克便认为:"有些绝对的实践原则的真理性——当它们被明确地陈述时——是自明的。"①摩尔同样肯定:"我把这样的诸命题称为'直觉',我的意思仅仅是断言它们是不能证明的;我根本不是指我们对它们的认识的方法或来源。更不是暗指(像绝大多数直觉论者那样):由于我们采取一种特殊方式或者运用某种特殊能力来认识一个命题的缘故,它就是正确的。"②这一意义上的直觉主要与道德认识层面关于对与错、正当与不正当的认定相关,而并不指向道德实践过程中行为的实际选择。对直觉的以上理解,似乎未能充分注意到道德直觉与道德行为的关联。

以道德行为的展开为关注之点,则可以进一步看到,正如道德行为的仁爱形态与克己形态并非彼此悬隔一样,道德习惯与道德直觉也具有内在的相关性。如前所述,在表现形式上,二者都呈现不思不勉、自然中道的特点;从具体的意向看,两者亦以道德行为的选择为各自指向。道德习惯固然如前所述,主要与表现为仁爱的行为相涉,但这并不意味着它与具有克己性质的行为完全不相关。同样,道德直觉尽管首先体现于克己、舍己的行为抉择,但它并不因之而隔绝于仁爱的行为。在道德领域中,可以区分是非之心与好恶之心,前者既以理性为主导,又表现为显性的自觉意识,后者则在渗入情意的同时,又表现为蕴含于内的心理趋向。道德领域中第二天性或第二自然的形成,往往伴随着从是非之心到好恶之心的转换。相对于是非之心的理性辨析,好恶之心更多地表现为自然而然、直截了当的道德意识。中国哲学中的儒家一再强调"好善当如好好色,恶恶当如恶恶臭",其中的好善、恶恶,便表现为某种好恶之心,其具体的内涵,则与习惯和直觉存在不同的关联:"好善"涉及行善、为善的仁爱之举,"恶恶"更多地与止恶的克己行为相关。在日常意识的层面,"好好色""恶恶臭"不仅关涉习惯,而且每每体现为直觉,两者在自然无伪上彼此相通。王阳明已指出这一点:"人于寻常好恶,或亦有不真切处,惟是好好色,恶恶臭,则皆是发于真心,自求快足,曾无纤假者。"③好善与"好好色"、恶恶与"恶恶臭"的一致,使"好善"和"恶恶"本身也呈现自然真切的品格。

可以看到,无论是仁爱、为善,抑或克己、去恶,道德行为都既基于自觉的道德意向,也关乎道德习惯和道德直觉。作为道德领域中的第二天性或第二自然,道德习惯和道德直觉在凝结理性、沉淀情意的同时,又呈现不同的侧重。程颐曾对"情其性"与"性其情"作了区分④,对理学而言,"性"与"理"彼此交融,所谓"性即理",便表明了这一点,这一视域中的"性"同时涉及人的理性本质,与之相应,"情其性"意味着理性的情意化,"性其情"则表现为情意的理性化。程颐上承王弼⑤,以"性其情"否定"情其性",这一立场无疑蕴含着情意与理性的某种对峙。然而,若扬弃这种对峙并对其加以引申和转换,以上关系便可获得理性与情意相互渗入和融合的广义内涵。在后一意义上,如果说,道德习惯趋于"情其性",那么,道德直觉则以"性其情"为自身特点,二者既以各自的方式赋予道德行为以自然之维,又从内在定势方面展现了道德行为的不同品格。

(原载《哲学研究》,2020 年第 6 期)

---

① 西季威克:《伦理学方法》,中国社会科学出版社,1993 年,第 394 页。

② 摩尔:《伦理学原理》,商务印书馆,1983 年,第 3 页。

③ 王守仁:《王阳明全集》,上海古籍出版社,1992 年,第 195 页。

④ 程颐:《颜子所好何学论》,载《二程集》第二册,中华书局,1981 年,第 577 页。

⑤ 王弼:"不性其情,焉能久行其正?"(《王弼集校释》,中华书局,1980 年,第 631 页)

# How is cross-cultural dialogue possible in the global world?

## Alexander N. Chumakov*

*Dear colleagues*!

Intercultural dialogue in the global world has its own peculiarities. They are largely contained in the culture itself. So let's say this first. Culture embraces, or, to be more precise, it literally penetrates all spheres of spiritual and material life of a society. That is why it is by this or that way fully involved into the process of globalization. Many culture-connected problems emerged from this fact, and they more and more acquire international and even global character. Difficulties and contradictions engendered by increasing influence and broad expansion of "mass culture", periodically emerging crises of spirituality, increasing apathy, feeling of being lost, insecurity, etc. are the examples.

In this situation interaction, dialog and mutual understanding of various cultures become more and more significant, although the modern world is not ready for such things. A special role is played by uneasy relations of the modern Western culture and the traditional Oriental cultures. Indigenous cultures of the developing Asian, African, Latin American cultures, relations built between the Christian world and the Islamic world, value orientations and socio-cultural patterns of which are radically different, are also a serious factor of the international insecurity and confrontation to the process of globalization of culture.

That's why today, the problem of intercultural interaction and even confrontation, antagonism of various cultural traditions and systems has not become less important. Moreover, it acquires new depth and new forms, intensively moving to the foreground the necessity for dialog and cooperation based on mutual understanding and mutual respect of all the numerous cultures representing modern humankind. It is just to mention that not only in the East but also in the West it is more and more understood that the Eurocentric vision of the world order and world events, being so wide-spread in the previous centuries, has evidently withered away on condition of increasing globalization process. One of the most well-known scholars of the problems of contemporary world, an American political scientist Samuel Huntington also admits, that "the West has conquered the world not due to superiority of its ideas, values or religion (into which some members of the other civilizations were converted), but due to superiority in using organized violence. It is often forgotten in the West; it is always remembered in the non-Western civilizations".

Our position is confirmed by another, different vision of the Western culture, its values and

* Dr. of Science, Professor, Lomonosov Moscow State University, Editor-in-chief of the journal *Age of Globalization*

generally of the capabilities of dialog and cooperation between significantly different cultural, political and religious systems. And its essence lies in the fact that relations of dialog and conflict between various cultures are their natural attributes and even needful forms of their existence, like for example, political struggle and political agreements being inseparable part of any political system. The nature of this interconnection is based on natural laws, one of which-unity and struggle of the opposites-for a long time has been a subject of philosophical speculations and can be applied to the sphere of culture, literally woven of the opposites and contradictions.

On the one hand, cultures cannot do without interaction, without mutual positive influence. It is so, because communications, existing for ages between nations in the sphere of trade and commercial exchange, always contributed into broad expansion not only of material values, but also spiritual, aesthetic norms, partly being by this or that way loaned and assimilated by other cultures, becoming eventually their elements. Political relations also cannot be effective and cannot even be established without dialog and mutual understanding of the contracting parties, independently of their culture. From this viewpoint, contemporary world situation deserves special attention. It is characterized by increasing globalization principally correcting the very idea of dialog and the forms of its existence.

Globalization has not just suddenly sharpened contradictions accompanying the humankind for ages and millennia. It has brought them qualitatively and quantitatively to the new level, having transformed formerly regional problems into world ones and, at the same time, having engendered principally new, never existing problems and disagreements. The sharpness of modern contradictions is mainly caused by a clash of two trends-integration process, including the area of culture, and a wish of national, local cultures to defend their originality and independence. One can conclude that any "oppression", imposition or coercion in intercultural interaction cannot be successful.

In this regard dialog as a form of relations between individuals, communities and groups of people, between nations, states and, more broadly, between cultures (for example, West and East, Islam and Christianity) becomes not only an objective demand, but an absolute necessity. A professor from Jerusalem, M. V. Ratz, speaks about it, discussing the issue of tolerance and dialog in the modern world: "If we still keep our optimism and believe in the force of reason, we should not only count on tolerance, but to develop our dialog ability. Tolerance is necessary, but not sufficient. Dialog is not a panacea either, but, unlike tolerance, at least it provides a prospect for development. "

Nowadays, when there is a significant number of countries having nuclear, chemical and bacteriological weapons in the world, dialog between these countries (it always takes place in a specific cultural, political and historical context) is the only possible way of resolving inevitable contradictions to avoid catastrophic consequences for both the conflicting parties and for the humankind as a whole, because increasing intensity of globalization processes just leaves no other choice for people.

Apart from this, globalization not only expands opportunities for making policy of dialog, but creates new conditions, engendering phenomena, being obstacles to it. For example, every dialog implies clearly defined goal, distinctness and clarity of the positions of the parties, and, consequently, the presence of personal element and rationally based conduct of those, who participate in this dialog. Such qualities are possessed by separate persons and responsible representatives, public and state figures, having relevant authorities for negotiations in question. At the same time, unorganized groups of people, spontaneously formed mobs, and, more than that, a mass of people being the basis of the "mass society" are not sensitive to dialog. Conditions providing existence and reproduction of "mass culture" do not also contribute to dialog. A respected scholar of this problem José Ortegay Gasset wrote, that "dialog is the highest form of communication allowing to discuss the fundamentals of nowadays. But for a man of the mass to accept discussion is to fail inevitably, and he instinctively refuses to accept this highest objective authority".

Thus, globalization, creating conditions for the emergence and expansion of mass culture and demanding, at the same time, increasing and more effective dialog, produces a highly contradictory situation. Another words, it plays a double role-on the one hand, it contributes into developing of dialog, on the other hand, creates additional obstacles to it, engendering principally new contradictions and conflicts, the most of which directly affect the sphere of culture.

Pointing out these features of globalization, we should also emphasize that some obstacles to building constructive and effective dialog between people can be found in the contradictory nature of human beings themselves. "People value external form higher than internal essence. They more value what differentiates them from the others than what unites with them. That is why I think that dialog of culture has limited abilities," russian philosopher A. A. Guseinov wrote. Having in mind the above-mentioned circumstances, one can conclude that dialog between cultures cannot do without contradictions and even conflicts. And it is so both because of multi-faceted human essence, and of the contradictory nature of culture itself—differentiated, dynamic phenomenon, and also because of inevitable originality and difference of any given culture from the others, with whom it establishes any contacts.

Evaluating modern situation, one should stress that the role and meaning of dialog of cultures have grown up even more, for universal interdependence in the global world is so high that any attempt to resolve international conflicts and social problems by violence (physical, spiritual, psychological, ideological, economic, etc.) or even "pressure", on behalf of, for example, of the "directing culture" should be excluded. I. V. Bestuzhev-Lada is right, when he writes: "Sward is the worst tool for resolving the global problems of modernity." The only result guaranteed by such methods is exacerbation of the past conflicts and emergence of the new ones, often more sharp. The reason for this is the essence of culture that cannot be changed quickly and, moreover, by force. "In real life neither religious decrees, nor fruitless dreaming can prevent the advancement of Western culture. But neither memorandums, nor doctrines can also log the tradition off," M. Hatami mentions. And this seems a serious argument in favor of multiculturalism and dialog of various cultures, the only alternative to which is, having in mind nuclear potential of a significant number of independent states, self-destruction of the whole humankind.

There are many historical examples of resolving disputes through dialog, but so far we can see no trend towards such relations between people and various communities to become deeply rooted and durable. Acute conflicts emerging here and there to be resolved by force, threats and various forms of pressure demonstrate that attempts to dialog are still more episodic than consistent.

For a stable dialog and, moreover, for its becoming the main method of human communication, we need to replace the power of force by the power of spirit. It is in principle impossible without a certain level of development of spiritual and material culture. The past epochs, for fully objective reasons, not just could not provide such level of cultural development, but "paid" although sever but not mortal price for relatively low level of this development. The age of globalization has made the problem of dialog have no alternative, otherwise the humanity has no chance to survive.

　　***Thanks for your attention***!

# "非常时代"企业家的"非常"伦理精神

樊　浩*

（东南大学 人文学院，江苏 南京 210096）

我的演讲以"'非常时代'企业家的'非常'伦理精神"为主题，从批判性反思的角度对"非常时代"企业家的"非常"伦理精神做一个探索。主要阐述四个观点：人类文明进入"非常时代"；"非常时代"有企业家的"非常股份"；"非常时代"的企业家面临"非常伦理风险"；走出"非常时代"，摆脱"非常"风险，期待企业家的"非常伦理觉悟"。

## 一、"非常时代"的"非常文明风险"

对于我们今天所处的时代有很多的概括，有的说是"大变局"，有的说是"不确定"，探索了好长时间，我用两个字概括——"非常"，我觉得就是世界进入了一个"非常时代"。我们"道德发展"智库和研究院于 2022 年召开了一次"非常伦理国际研讨会"，专门探讨我们这个时代面临的"非常"伦理课题。

1. 人类文明进入"非常态"：邂逅三个"愈益"

第一，百年不遇之大变局，诸文明体系关系的非常态，人类愈益不能在一起。很多人说现时代的特征是"文明的冲突和世界秩序的重建"，这样一个时代的走向是什么？我认为是人类愈益不能共同生存。具体地说，各个文明集团之间、文化集团之间愈益不能共同生存。20 世纪 50 年代，罗素曾经说过，有组织的竞争从来都是战争的根源，今天各个文明集团之间比如 C7 集团与其他文明、西方文明与其他文明之间有组织的竞争已经成为战争本身，不仅是俄乌冲突，实际上经济、文化、军事全方位的战争，我认为已经在全世界拉开了帷幕。

第二，人和自然关系的非常态：人类与自然愈益不能在一起。新冠肺炎疫情、重大气候灾难让我们再也不能回到以前，总的态势是地球对于人类来说愈益不宜居，人类或者被地球所抛弃，或者抛弃地球，现在科学家们的新科技想象是逃离地球、移民外星球，这实际上是人类与地球不能共同生存的一个自暴自弃的理念，是一种非常危险的文明诱导。

第三，人和自身关系的非常态：人和自己愈益不能在一起。这主要表现在新兴科技发展的文明方向。新兴科技绝不只是人和自然的关系，本质上是人和人、人和自身之间的关系。新兴科技前进的方向是什么？一言概之，人类越来越成为多余，基因生殖技术、AI 技术在解放人类的同时也可替代人类，这是一个非常危险的高新技术发展方向。我认为人类正在失去自身。

2. 非常文明中企业家的"非常股份"

人类进入这种非常态每个人都有股份，但企业家的股份更为特殊。比如，文明冲突与生态危机背后的推手：各种战争背后都有军火商的影子，有军火商无形和有形的手；重大生态危机更是如此。我们投

* 作者简介：樊和平，笔名樊浩，东南大学人文社会科学学部主任、资深教授，教育部长江学者特聘教授，在《中国社会科学》等独立发表学术论文 280 多篇，出版《伦理道德的精神哲学形态》等独立专著 14 部，合著多部。

资了 1500 多万元,以十七大、十八大、十九大、二十大为时间节点,进行了持续 15 年的大调查,最后得出的重要结论之一,是社会大众达成一个共识,最深重的道德上的恶,如战争、生态危机的制造者不是个人而是集团。

企业家是高新技术双刃剑的铸造者,很多情况下高新技术的鼓吹者、实施者实际上是企业家,对于这种批判性反思可能让企业家们感觉不快,但事实就是如此。企业家在这个非常时代面临双重"非常":他们既是新文明的"催产婆",又是文明危急的发酵机。在今天这个非常时代,企业家有双重的文明角色。

3. 人类文明面临"非常风险"

今天的人类,正遭遇有史以来最为空前的文明危机,比如寻找外星人、移民外星球,我们可能有几种难以预测的命运。

一旦移民外星球,人类可能成为文明的"客家人",我们都知道历史上的"客家人"在定居之后,要建设一种特殊的可防可守的圆形的"客家"的建筑,它表征着与原住居民的紧张关系。我们移民到另外一个星球上会是什么样? 既是哥伦布发现新大陆,又可能是一次血腥的对外星球的掠夺和征伐。霍金一次又一次地警告人类不要去寻找外星人,但是科学家们非常任性,寻找外星人到底是为人类寻找"主人"还是寻找"奴役"? 这个问题着实需要考虑。AI 技术或人工智能同样如此。人工智能的本质和前进的方向是寻找人类的替代,让人类愈益成为多余。

所以,我的结论是,这个星球上的人类正在可能成为原始人,这不是耸人听闻,我曾经在一个演讲中以"我们会不会沦为原始人的追问"为标题。企业家们为了推销自己的产品,制造了很多的"未来城",宣告"未来已来","未来已来"在人文科学上是一个无论如何都说不通的命题。未来已来说明人类已经没有未来,或者我们像分期付款那样透支了未来,人类文明正进入一个"非常"轨道。

4. 文明风险的"非常演进"

20 世纪 30 年代,雅斯贝尔斯(Karl Theodor Jaspers)曾经警告,我们的时代精神正面临巨大的风险,也有巨大的机会,如果我们不能完成这样的任务,就标志着具有文明史意义的整个人类的失败。

20 世纪末,著名历史学家许倬云先生在《中国文化的精神》一书中警告:21 世纪的世界,似乎正在与过去人类的历史脱节,我们的进步似乎是搭上了死亡列车,正加速地奔向毁灭。

为了避免"奔向毁灭"的文明厄运,我们必须有所觉悟,有所行动。

## 二、"非常时代"企业家的精神气质

"非常时代"企业家的精神气质和文化命运"非常"独特,为了回答这个假设,必须讨论一个问题——"乔布斯之死"。

1. "非常文明"的隐喻:乔布斯之死

可能有的同仁已经注意到,我经常讨论乔布斯之死。人们都把乔布斯之死当成一次自然事件,我认为乔布斯之死是一个文明事件,是一个文化事件,非常具有隐喻意义。如果把它只当成一个自然事件,我们将会失去对这个事件背后必要的文明批判和文明反思。乔布斯创造了人类最短的距离,也创造了人间最遥远的距离。有一句话说,世界上最遥远的距离,是我们两个在一起你却在玩手机。乔布斯颠覆了一种文明但又不能缝合、创造一种新文明,人类接受了"乔布斯的苹果",结果是乔布斯自己死了,人类也吞下了乔布斯的"苦果"。

2. "非常时代"企业家精神的三大"非常"走向

总体上,我认为"企业家"三个字中,现代企业家们的所"企"、所"业"、所成之"家"都发生了重大变化,这个重大变化用一句话来概括就是:他们的抱负已经不只是创造财富,而是指向整个人类文明。

1) 企业家的文明使命和文明抱负。企业家精英的抱负已经从经济走向了文明本身,他们已经不是或者不满足于创造财富、创造商业文明,而是通过资本运作和制造生活方式,深刻影响甚至主导文明。我们可以发现,苹果、华为所生产的不只是手机和信息化,还有网络挂号、网约车,社会生活已经被企业家左右甚至捆绑。过去的生活是社会大众自己创造的,今天的生活是企业家和科技专家共谋制造的。

2) 企业家的身份认同。企业家已经不再局限于或满足于"商",而是通过"制造"生活,努力成为世俗生活的"上帝",因为我们今天生活中的主体部分都是企业家和科技专家共谋制造的。企业家涉足学界、政界,不仅仅是他们的抱负,而且是身份认同的重大变化。今天的企业家已经不再满足于"商"这样的身份了。

3) 企业家的自我实现方式。过去的企业和企业家的运作主要是"商"或者"工一商"结合,但今天已经是企业家与科技专家、人文社会科学学者的合体。所谓的"高新技术企业"就是企业家和技术专家的合体;所谓的"产一学一研一官"一体,也就是企业家、科学家、文化学者、政府官员一体;所谓的企业文化理论,不是企业的文化,而是作为一种管理形态的企业发展模式。

所以,我们今天讨论的"儒商",本质上也是文化和企业的结合,是一种身份认同的变化。这是一种概念和理念,意味着企业家精神进入了与科技专家、人文社会科学学者合体的时代,他们不再是单兵作战去创造财富。这样一种"合体"形态将会深刻影响人类文明的未来。

3. 社会生活如何被企业家们"制造"

首先是科技专家释放科技智慧甚至释放科技的任性,比如说寻找外星人。科学技术很多是科技专家们在任性地做,缺乏伦理思考的指引。在这个基础上的第二步,是企业家借助于学者和市场,以强大的商业文化——由于与学者合体,企业家制造商业文化的能力非常强,比如说未来城,宣告"未来已来",它通过制造时尚、形塑价值,造就甚至裹挟大众,尤其大众社会的消费。现在的大众生活实际上很大程度上是被企业家造就、裹挟的,比如你不用手机可能医院进不了,网约车约不了。第三步是产-学-研"合体"共同对"官"即政府决策形成动力和压力。

以上论证最后得出来的结论是:命悬一线的文明。整个人类的文明很大程度上取决于企业家的文化真诚与价值的可靠性。

## 三、"非常时代"企业家精神的伦理风险

现代企业家精神面临三大伦理风险。

1. 伦理风险:伦理激情

最大风险是失控、泛滥的伦理激情。非常时代是最能释放伦理激情的时代,比如说战争时代就是典型的非常时代,在这个非常时代一个民族的伦理激情往往得到空前的释放。现在世界上流行的民族主义,就是一个民族的伦理激情泛滥的结果,像美国对待中国的态度和集体行动就是如此。这种伦理激情很容易转换成伦理狂热或文明"高烧",在这个过程中迷失文明的方向,导致一种线性的文明进步观。

今天的企业家的伦理激情是什么? 他们已经不只是拥有谋利的冲动,还有创造性激情,比如说乔布斯、马斯克;还有一种征服性的激情,不仅是征服市场、征服自然,而且是征服整个宇宙、移民外星球;还有自我实现的激情,他们已经不仅仅是创造财富,而且是创造整个文明。必须充分认识到今天企业家们的这些变化。马斯克的星链计划、AI技术、生态危机等等,都是企业家伦理激情狂暴式的释放。脱离伦理指引和伦理规约的企业和企业家们泛滥的伦理激情,正在成为各种文明的"沼气池"。

2. 道德风险:平庸之恶

这是西方学者阿伦特(Hannah Arendt)在反思德国纳粹刽子手艾希曼的时候提出的著名命题。她发现,在审判时,艾希曼这位冷酷的刽子手非常平静地坐在审判台上,申言我做的一切都是遵循康德的

道德律令,遵守上峰命令,由此阿伦特得出"平庸之恶"的概念。今天企业家的道理风险发生了转移,从改革开放初期的极端之恶走向平庸之恶。极端之恶比如说坑蒙拐骗,今天已经很少了,平庸之恶有三大表现:(1)无伦理关切地实现科技转化,无伦理前提地实现科技专家的任性,比如说信息技术中的老龄歧视,今天老龄人如果不掌握信息技术,将举步维艰,社会的伦理感觉是老龄人被捆绑在时代前进的腰带上,踉踉跄跄地跟着时代前进,这不是一种文明,据此我们提出"老龄文明"这个概念,呼吁以文明看待老龄化。(2)无伦理意识地制造和满足市场需求,比如说网络成为欲望和情绪的红灯区。(3)无社会责任或伦理情怀地包装商品的文化价值,比如说房地产,这么多年房地产产业的发展,最后的文化后果是什么? 是有"房"无"家",我们有很多的 house,有很多的 home,但 family 的空间却越来越少,房地产发展的趋势是让 family 越来越小,可以说是"有房无家"的房地产。

3. 文明风险或文化矛盾:三大冲动力的分离

丹尼尔·贝尔(Daniel Bell)对西方资本主义文明进行诊断的时候,提出了著名的"文化矛盾说",认为现代西方资本主义文明的根本矛盾是经济冲动力和宗教冲动力分离的矛盾。今天的中国,存在三大冲突之间的矛盾:其一,科技专家自我实现的冲动;其二,企业家的谋利冲动和资本主导社会的冲动——企业家从来没有像今天这样,精英企业家群体有一种主导社会的冲动;其三,大众的时尚冲动,追逐变化的冲动。这三大冲动汇合在一起构成一种文化矛盾,而缺场的是人文科学家的文化引导和文化话语权,人文精神的缺场导致一种无灵魂的冲动。人文科学家的话语和理论或者不合时宜,或者是无力的价值批判,只是世俗洪流中的孱弱呼唤。

## 四、企业家的"非常伦理精神":"学会为伦理思考所支配"

1. 精神人文主义与非常时代的企业家精神

面临"非常风险",到底怎么办? 我没有太多招可支,还是回到儒商精神、回到儒商论域的核心概念,这就是杜维明先生所倡导的"精神人文主义"。精神人文主义主要的问题意识和文明忧患是什么? 是对物质主义和科技主义的文化(文明)忧患和文化警惕,不能忘记这一点。所谓的"精神"有三个要素:第一,超越自然,超越自己的本能状态、超越科学家的任性、超越企业家的任性,回到伦理的轨道。第二,追求永恒和追求普遍。第三,知行合一。

2. 企业家的"非常伦理觉悟"

基于"精神"的以上三要素,今天企业家的人文精神需要达到三个觉悟。

1)企业家的"非常伦理":驾驭伦理激情。如何驾驭已经失控的伦理激情,已经成为严峻的时代课题。孟子说:"人之有道也,饱食、暖衣、逸居而无教,则近于禽兽。"这是中华民族的终极忧患或忧患意识,如何拯救"失道"之忧,就是要"教以人伦"。今天的文明期待以"教以人伦"进行一场伦理拯救。伦理拯救怎么做? 以精神人文主义为内核,驾驭伦理激情。

2)企业家的"非常德性":走出文明平庸。亚里士多德说过,有两种德性——理智德性和伦理德性,我们过多地强调理智的德性,过度冷落伦理的德性,似乎所谓变化或进步就是一切,我们忘记了基本的伦理德性,比如科技发展对待老年人的态度,科技发展所引起的长久的文明后果。为此我们必须回到良知理性、回到精神人文主义,超越西方式的认知理性。

3)非常时代的"文明对话":精神人文主义的文化互动。精神人文主义是一种文化互动,需要企业家—科技专家—人文科学家形成一种文明战略联盟。杜维明先生所说的"对话的文明"或者"文明的对话",所指不仅仅是中国和西方的对话,更重要的是诸文明要素之间的对话,比如说儒和商之间的对话。我对"儒商"的解释有所不同,认为作为一种人格和境界的儒商,是儒和商之间的文明对话。邂逅非常时代,企业家、人文科学家到底该怎么办? 是相忘于江湖还是相濡以沫? 在《大宗师》里庄子提出一个问题:"泉涸,鱼相与处于陆,相呴以湿,相濡以沫,不如相忘于江湖。"庄子提倡的是相忘于江湖的道德自由,但是几千年来中华民族记住的、可歌可泣的却是"相濡以沫","相忘于江湖"反而被相忘,这到底是为什么? 这是一种文化规律,这是一种文明的选择。非常时代,应对非常危机,需要企业家、科技专家与人文科学家"相濡以沫"。

3. 企业家群体期待一次具有文明史意义的伦理精神觉悟

人类到底是沦为原始人还是在这个星球上继续做主人? 我们正走到一个史无前例的文明前沿,如果没有这个觉悟我们将沦为原始人。20 世纪 50 年代,罗素在反思两次世界大战教训时曾经警告,人类文明第一次走到一个历史关头,人类种族的绵亘已经在很大程度上取决于人类学会为伦理思考所支配的程度。我们今天再一次走到这样一个时代,人类正处于一个新文明的前夜,沦为原始人还是创造新神话? 在非常时代,期待、亟待企业家群体进行一场具有文明史意义的集体伦理觉悟!

# "与化为体"与"贞一之德"：从不确定性出发

陈　赟*

（华东师范大学 中国现代思想文化研究所暨哲学系，上海 200241）

**摘　要：**现代性将世界与人自身交给了不确定，这是西方思想在其从常而变的思维结构中所带来的结果。当我们面临着必须从不确定性出发来构建确定性的时候，这种位居现代性内部的生存处境已经与中国思想的大传统交会；换言之，在这里可以思及作为未来思想的中国哲学，后者的基本进路便是从流变出发，以在流变的宇宙图景中建立人的历史性生存。其核心是接受天地万物构成的存在整体，本身就是非目的性的大化流行过程；然而其流行不息中所彰显的健顺之德却是确定的。确定性对人而言便是这种人之能够贞于一的品德，而非一种可以被解析为构成生命因子或本质的元素、始基、精神，这种因子与精神可以脱离变化性，相反，它是人之贯通天地之德的稳定品质，是人之外化的同时保持内不化的根本。

**关键词：**不确定性；流变；时间；与化为体；贞一之德

## 一、引言：不确定性与中国思想切入常变问题的进路

马克思在 1848 年所说的"一切等级的和固定的东西都烟消云散了，一切神圣的东西都被亵渎了"①，之所以仍然能够引发现代人的共鸣，很大程度上在于它道出了那种由一元线性逻辑、全知叙述主体所界定的绝对哲学没落之后的生存体验，那作为最终依靠的根据坍塌了，我们被抛入一个不确定的流变世界。在百年未有之大变局下，这种不确定体验不断增强，即便是在纯粹世间领域，当例外成为正常，新的正常又再次成为例外的失序状况下，更是加速了难以定向的无常感受。不确定性成为一种存在状况，也成为新的出发点。当前状况下，中西两大哲学传统，在当代中国深度相遇而进入互释互融但同时又通过相互更新生成，而区别于新他者，来展开新的自己。

西方哲学传统的主流，可以视为一种从确定性出发的探寻，但它最终来到了不确定的当下，时间正在从时间空间化的确定性囚禁中解放。以宇宙（自然）与历史（精神）的对立，更确切地说，以宇宙对历史的抑制与抵抗为线索，解读人类在精神突破之前的主导思想状况，这一由米尔恰·伊利亚德（Mircea Eliade）开创的理路，被宗教史学科"固化"为一种模式。但就其源流而言，向上承接雅斯贝尔斯"轴心时代"理论从"自然民族"到"历史民族"的精神突破，甚至可以远溯到黑格尔自然与历史（精神）的对峙；向下开启了埃里克·沃格林的"天下时代"（Ecumenic Age）理论对精神突破的新理解，即从精神与权力浑然不分的宇宙论王国秩序向以治教分离为背景的超越性生存真理的转化。精神与历史的联姻，以及与自然的决裂，似乎成了精神突破的成果，也构成了现代性不断强化的趋向。但从另一视角来看，这一趋向又被视为现代性危机的表现，最终不确定性的时间成了理解那与"流变"业已分道扬镳的"存在"之视域，这正是海德格尔《存在与时间》所要表达的往往被视为历史主义的取向。回到古典思想的经验，在历

---

　　* 作者简介：陈赟，华东师范大学哲学系教授。
　　① ［德］马克思：《共产党宣言》，载《马克思恩格斯选集》第 1 卷，北京：人民出版社，1972 年，第 254 页。

史中生存的人,必然要面临时间带来的衰亡与朽坏,凡属时间中的生存者,都很难摆脱有生必有死的命运,故而阿那克西曼德有如下的箴言:"对于诸存在物生成出自于其中的,也就有毁灭归于它们,按照必然性;因为它们向彼此交付不正义的赔付和补偿,按照时间的安排。"①因而,西方主流思想致力于探寻非时间的永恒在时间中"临在"的可能性,后者意味着一种在时间与永恒之间的"居间"性生存体验。按照这种方式,永恒的常性并不在时间-历史之内,它与时间-历史在人的意识体验中相互交会,人于是就成为既在时间与历史之中,同时又在时间与历史之外的"居间"生存者。换言之,永恒并不是物理世界中的一个独有区域,而是意识自身内蕴的对时间与历史之超越性的定向。由此,遵循西方大传统"从永恒的方式"看世界的沃格林,将当下确立为永恒在现在的临在,而当下则位居永恒与时间的居间,人由此而被界定为居间性存在,即立足于时间流变中而朝向永恒的生存者。

与西方主流传统不同,中国思想则从不确定性("易"之三义中的"变易")出发,最终走向对西方确定性思想的消化。宇宙万物被视为时间中的大化、万化,在"化则无常"(《庄子·大宗师》)、"唯变所适"(《周易·系辞下传》)图景中,不必设置非时间性的永恒的本体论承诺,而是直面时间中的无常,以"不喜亦不惧"的情态,"纵浪大化中",在大化之流中践履"与化为体"的生存方式,这是一个方面;另一方面则在"与化为体"中探寻"不化之常",后者是在应对变化中的"贞一之德",正是这种"贞一之德"才是与天地大化中不变的天地之德的真正"相似"者,它是人连接通达于天地万物的核心。

在中西思想交会本身会走向何方的不确定状况下,如何从不确定性出发,重新安置确定性,仍然是摆在当前的具有纪元性意义的课题。这里我们所能做的只是一种准备,这种准备要求我们回到中国古典思想,回顾那在中国历史中业已发生的从不确定性出发的思想。

## 二、"与化为体"与"时"之智慧:历史性生存的品格

古希腊人追寻的不朽意味着从时间与历史所带来的衰老与腐朽的压力中解脱,既然老、朽皆伴随时间,而且被侵蚀的总是质料,所以一种没有质料的纯粹形式的生活也就可以被寄托,它是一种在时间之外并主导着时间的生活。对时间的领会不可避免伴随着流逝的体验。一切的一切都将消逝,皆为"过往",而时间带来的压力在于,居住在时间中的人,仿佛居住在当下的窄带上,两边都受到一种"不存在"(Nicht-Sein)的包围:以往的"不再"(Nicht-Mehr)和将来的"尚未"(Noch-Nicht),这种压力曾让奥古斯丁等西方哲人深感不安②,由此而产生的是从时间中出离的思想筹划。

中国的哲人对此并非没有体验,《论语·子罕》记载:"子在川上曰:'逝者如斯夫,不舍昼夜。'"包咸注曰:"逝,往也。言凡往也者,如川之流。"③然而,在一切随时皆逝的体验中,中国的哲人却参与投身于大化流行之中,顺着而不是逆着宇宙历史的变化之流。

> 其唯"体逝"乎! 化日逝而道日新,各得其正,此乃天之所以化也。非但人事之变迁,人生之修短,在其持运之中;即大化之已迹,亦其用而非其体也。得丧穷通,吉凶生死,人间必有之事也;吾不能不袭其间,而恶能损我之真? 正而待之,时而已往,有未来,有现在,随顺而正者恒正,则逝而不丧其体,即逝以为体,而与化为体矣。④

人事变迁、人生修短、得丧穷通、吉凶生死等等现象,意味着大化对人而显现为无常,但而人却可以

① G.S.基尔克、J.E.拉文、M.斯科菲尔德:《前苏格拉底哲学家:原文精选的批评史》,聂敏里译,上海:华东师范大学出版社,2014年,第163-164页。
② [德]吕迪格尔·萨弗兰斯基:《时间:它对我们做什么和我们用它做什么》,卫茂平译,北京:社会科学文献出版社,2018年,第14页。
③ (清)刘宝楠:《论语正义》,高流水点校,北京:中华书局,1990年,第349页。
④ (明)王夫之:《船山全书》第13册《庄子解》卷20《山木》,第316页。

在与化为体的过程中而不失其常、不丧其体。董仲舒在孔子"逝者如斯之叹"①中看到的是："水则源泉混混沄沄，昼夜不竭，既似力者；盈科后行，既似持平者；循微赴下，不遗小间，既似察者；循溪谷不迷，或奏万里而必至，既似知者；郤防山而能清净，既似知命者；不清而入，洁清而出，既似善化者；赴千仞之壑，石而不疑，既似勇者；物皆因于火，而水独胜之，既似武者；咸得之生，失之而死，既似有德者。孔子在川上曰：'逝者如斯夫！不舍昼夜。'"②在此，被关切的是人立身于大化中不丧其体的常德。而董仲舒所看到的也正是孟子所看到的："徐子曰：'仲尼亟称于水，曰："水哉！水哉！"何取于水也？'孟子曰：'源泉混混，不舍昼夜，盈科而后进，放乎四海。有本者如是，是之取尔。'"③与此相应，朱熹在其中看到的是催人日新的道体之本然："天地之化，往者过，来者续，无一息之停，乃道体之本然也。然其可指而易见者莫如川流，故于此发以示人，欲学者时时省察而无毫发之间断也。"④道体之本然是无常与变化，然而这种"无毫发之间断"体现的却是"纯亦不已"的乾健之德。乾健之德不已不息，构成了大化中的不化者，这就是"无常"中的"常"。

与化为体，意味着投身于化，在化之中并与化融为一体，这意味着参与时间，并通过时间而持续。⑤历史性生存的不朽便是在时间与历史中的生生不息。在时间所带来的断裂中，以自我的更新和转化重新连接过去、现在与未来。进入时间中，不仅在自己有限的一生中，而且在有生终结的死后，进入时间中，留在生者的时间意识中，这就是不朽。中西思想在此分野。西方主流思想将不朽视为时间的克服，譬如在黑格尔那里，不朽意味着时间的完成，也就是在时间之中扬弃时间而获得永恒。但这是以剥夺时间的"肉身"与"质料"为代价的。对于中国思想而言，有生之内，打开融合古往今来的生存论视野，并据此而生存；即死以后以文化生命参与人间生者的生存，这就是具体的"不朽"。⑥但以上两种可能都必须在有限的有生之内展开，因而在时间中的不朽也必须在时间中准备。这需要一种历史性生存的智慧与工夫。

唐君毅发现："要克服变化的现象与不变的原理间的矛盾，有两种办法：一种办法，是先撇开变化的现象，视之为非真实，而专论不变的原理，拿不变的原理来说明变化；另外一种办法，是直下承担变化的现象，不在变化的现象外成立不变的原理，而把不变的原理建立在它敌人的城堡上（即承认变化之为变化即—不变的原理。或变化本身是不变的）。采用前一种办法去建立形而上学的是重常的形而上学家，采用后一种办法去建立形而上学的便是重变的形而上学家。"⑦唐君毅从中西哲学的视角切入庄子与黑格尔的变化观，二者的一个差异便是：黑格尔那里自己完成的绝对与庄子那里永远流传的道之不同。黑

---

① 皇侃云："孔子在川水之上，见川流迅迈，未尝停止，故叹人年往去，亦复如此。向我非今我，故云'逝者如斯夫'者也。斯，此也。夫，语助也。日月不居，有如流水，故云'不舍昼夜'也。又引孙绰云：川流不舍，年逝不停，时已晏矣，而道犹不兴，所以忧叹。又引江熙云：言人非南山，立德立功，俛仰时迈，临流兴怀，能不慨然。圣人以百姓心为心也。"（程树德：《论语集释》，北京：中华书局，1990年，第611页）
② （清）苏舆：《春秋繁露义证》卷16《山川颂》，钟哲点校，北京：中华书局，1992年，第424-425页。
③ 《孟子·离娄篇》。
④ 程树德：《论语集释》，北京：中华书局，1990年，第610-611页。
⑤ 陈白沙有《桃花诗》："云锁千峰午未开，桃花流水隔天台，刘郎莫记归时路，只许刘郎一度来。"王船山和之曰："花到灵云只一开，桃根桃叶隔天台，刘郎前度人无恙，日日看花不厌来。"并记云："白沙诗为浮屠见闻觉知之说所自据，附会其灵云见桃花不再见宗旨，为驳正之。"这里，王船山所实现的反转正是从生存的虚无体验到生存的实在体验的转化，参见《船山全书》第13册《庄子解》卷11《在宥》，第206页。关于王船山对陈献章诗歌的唱和，参见铃木、敏雄《船山"和白沙"诗考》，日本《中国中世文学研究》2005年第48期。
⑥ 《左转》襄公二十四年记载："二十四年春，穆叔如晋。范宣子逆之，问焉，曰：'古人有言曰：死而不朽，何谓也？'穆叔未对。宣子曰：'昔匄之祖，自虞以上为陶唐氏，在夏为御龙氏，在商为豕韦氏，在周为唐杜氏，晋主夏盟为范氏，其是之谓乎？'穆叔曰：'以豹所闻，此之谓世禄，非不朽也。鲁有先大夫曰臧文仲，既没，其言立，其是之谓乎！豹闻之：大上有立德，其次有立功，其次有立言，虽久不废，此之谓不朽。若夫保姓受氏，以守宗祊，世不绝祀，无国无之，禄之大者，不可谓不朽。'"邓眉："《古诗》云：'生年不满百，常怀千岁忧。'惟所见者大，故所忧者远，非小人长戚戚之谓也。纵不为天下后世筹虑，不为子孙贻谋，独不为此身归结之地计乎？人生在世，无不朽之形，有不朽之神，惟立德、立功、立言，可以永世不朽。今若人不务华其名，而务华其形，转瞬之形，归于何有乎？诗人低徊所归，知其用心远矣。彼蜉蝣者，失其心者也。"（张洪海：《诗经汇评》，南京：凤凰出版社，2016年，第351页）
⑦ 唐君毅：《庄子的变化形而上学与黑格尔的变化形而上学之比较》，载《唐君毅全集》第2卷《中西哲学思想之比较论文集》，北京：九州出版社，2016年，第210页。

格尔的绝对是超时间的,时空不过是其包摄的范畴而已,时间存于绝对之中,并不是有一超时间的绝对,与在时间中的现象相对,若如此则绝对不成其为绝对,绝对理念无所谓历史,历史是他从时间的范畴显现自身的形态,时间没于绝对中,与此相应,绝对本身便不能有变化,因为一切变化都要经历时间,而时间即只能存在于绝对中,所以变化也只能在绝对中变化,因此从绝对本身的观点看,一切变化便只能看作虚"幻";绝对本身只能是不变化而自己完成的。庄子的道则随时间而流转,或者就是时间的本质,绝对的流转即绝对的与时变化,绝对的由无而有、由有而无,即绝对的生生不已。① 的确,《庄子》"不主故常"(《天运》)的变化哲学与《周易》"唯变所适"是一致的,它们要求直面变化、承担变化,在"万化而未始有极"(《田子方》)的宇宙中,在"与时俱化"(《山木》)的过程中"与化为人"(《天运》),即成就承担时间与变化的历史性生存方式。

就这种"与化为体"的智慧而言,在最低限度上意味着不违时,在被时势包裹又充满着种种细微之几的总体化情势中,能够默化地以其行事转化形势。在此,从时之外闯入的概念规划与范畴设定,由于无法适应被时势包裹的复杂情境,因而是无济于事的:"而规规然求诸名象以刻画天地,不已固乎!"②面对复杂情势,对于任何理论掌控,都将导向凝固化的教条,教条不是问题的解决方式,而是问题的产生方式;而且,任何一种类型的教条,都是对道的偏离。真正能够理解时间的人,便是身在情势之中而又能够转化情势的人。"太上治时,其次先时,其次因时,最下彊违乎时。彊违于时,亡之疾矣。治时者,时然而弗然,消息乎己以匡时者也。先时者,时将然而导之,先时之所宗者也。因时者,时然而不得不然,从乎时以自免,而亦免矣。彊违时者,时未得为,而我更加失焉,或托之美名以自文,适自捐也。"③在这里,对待时间的方式被划分为四个层次:最高的层次是能够治理时间,实现对时间的把握,不仅如此,还可以根据天地之正而匡正时间、调动时间、调整时间,转化时间,治时者乃是真正意义上的时间的主人;其次,是先时而动,在趋向将然而未然的时刻先于趋向而行动,可以借助形势的潜能而实现微量行动的巨大创获,这实际上是调动隐含在时间及情势中的潜在动能为己所用,也就是将有限的行动置放在无法遏止的潜在势能之中,为行动的畅通及其功效的提升开创路径;再其次是因时,也就是就着时间的情势与节奏而展开行动,行动与时以及内蕴在时中的"势"保持同一步调与节奏。"君子之安其序也,必因其时。先时不争,后时不失,尽道时中以俟命也。"④

历史性生存方式是跟时间打交道,通过与时的关联而通达于道。之所以可能,正在于道的展开本身就必须通过人的存在,而人的存在本身又是具有时间维度的。"道有其秩叙,而人始成其为人;人有其知能,而道始显其为道。乃理与心相合之际,天与人相待之几,则有志于道者不可不察乎相因之实也。以明道而道大明,以行道而道大行,酌古人之教法而备其美,创未有之功能而极其用,道乃弘也。"⑤道虽然自在地是道,但唯有通过知道的人、通过行道的人才能充分显明其自身。"人心有觉,道体无为。故人能大其道,道不能大其人。"⑥人之所以能够广大其道,乃是因为人的存在提供了道在天地万物的整体秩序中本来没有的可能性,人通过其觉解而将目的观念、时间意识带入自然世界中,并以人文化成天下,从而得以建构文化的宇宙,不仅书法、绘画、科学,而且建筑、国家、伦理,甚至价值、意义与时空等等,都必须通过人的存在而显现,成为道的展开在自然世界所没有的新场域,这些都是人对道的秩序之拓展。

历史性生存与对时间—历史的意识有关。人之所以异于动物者,在于人能将过去、将来与现在关联

① 唐君毅:《庄子的变化形而上学与黑格尔的变化形而上学之比较》,载《唐君毅全集》第2卷《中西哲学思想之比较论文集》,北京:九州出版社,2016年,第224 – 227页。
② (明)王夫之:《船山全书》第1册《周易外传》卷7,第1111页。
③ (明)王夫之:《船山全书》第5册《春秋世论》卷5,第509页。
④ (明)王夫之:《船山全书》第1册《周易外传》卷1,第827页。
⑤ (明)王夫之:《船山全书》第7册《四书训义》卷19《论语·卫灵公》,第857页。
⑥ 同⑤。

起来,从而形成一种时间与历史的视域;之所以可能,是因为人有一种内在时间意识:"过去,吾识也。未来,吾虑也。现在,吾思也。天地古今以此而成,天下之亹亹以此而生,其际不可紊,其备不可遗,呜呼难矣! 故曰'为之难',曰'先难'。泯三际者,难之须臾而易以终身,小人之徼幸也。"①过去、未来与现在,这时之三际是人理解世界、建造人文世界的关键。基于内在时间的意识,罗素以为时间的流逝并不真实,只是我们的意识把时间分成了过去、现在和未来,然而,过去已不存在,未来尚未到来,因而似乎只有现在这个被紧缩在一个几乎没有任何范围的时刻,才是真实的。但这被视为只是人类的一种幻觉(illusion)。对罗素而言,"时间的重要是对实践来说而不是对理论来说的,它与我们的欲望有关而与真理没有什么关系……把事物描绘成从外在的永恒世界进入时间之流,较之把时间看作吞灭万有的暴君那种观点,更能使我们得到更为真实的世界图像。不论在思想上还是在感情上,认识到时间的无关紧要也就打开了智慧之门"②。罗素的结论与伐橄呵利《语赞》的如下观点相互呼应:"在一个愚昧的国家里,时间是最先显露出来的东西,而在一个睿智的国度中,时间消失了。"③智慧之门需要时间的终止,当时间在"刹那"(ksana)中成为跃入永恒的支点时,"时光停滞,寂静方生"④,智慧意味着那样一种摆脱时间与空间统摄的"瞬间",在那里,时间被永恒克服了。而在黑格尔那里的绝对当前正与这种刹那或瞬间相通,"永恒性并不是存在于时间之前或时间之后,既不是存在于世界创造之前,也不是存在于世界毁灭之时;反之,永恒性是绝对的当前(absolute present),是既无'在前'也无'在后'的'现时'(the now)","哲学是对所有事物(也包括时间)按其永恒规定的非时间性把握(timeless comprehension)"⑤。

但这种对时间的贬抑与对永恒的向往建立在这样的前提之上:过去已去,将来未来。船山对佛教时间意识的批评正针对此点:"若释氏之教,以现在为不可得,使与过去、未来同销归于幻妄,则至者未至,而终者杳不知其终矣。君子服膺于易,执中以自健,舍九三其孰与归!"⑥过去其实并没有过去,而是作为现在意识的构成部分的过去,即在意识中的识——记忆的保存;将来其实并非没有到来,而是已经是现在意识构成中的未来,即人的虑——期待意识。通过识、思、虑,过去、未来与现在交融,三维而一体,构成人的时间意识——"念"——的向度。"彼之言曰:念不可执也。夫念,诚不可执也。而惟克念者,斯不执也。有已往者焉,流之源也,而谓之曰过去,不知其未尝去也。有将来者焉,流之归也,而谓之曰未来,不知其必来也。其当前而谓之现在者,为之名曰刹那;谓如断一丝之顷。不知通已往将来之在念中者,皆其现在,而非仅刹那也。庄周曰:'除日无岁',一日而止一日,则一人之生,亦旦生而暮死,今舜而昨跖乎! 故相续之谓念,能持之谓克,遽忘之谓罔,此圣狂之大界也。"⑦船山区别了收摄过去与未来因而自身又是在时间中的"现在"与那种虽在时间中只是通过时间而消解时间的刹那,人的时间意识能够念念相续,即在其意识中将过去、未来皆与现在连接起来,形成一个将往古来今融合起来的视野,这就是人的"克念",是人作为历史性存在者的自身根据。我曾分析汉语的"向往"一词,字面上是面向过去,实际上是朝向未来,这一词语本身就是基于现在而沟通过去与未来,而这一汉语词汇本身就传达出汉语的

---

① (明)王夫之:《船山全书》第12册《思问录·内篇》,第404页。

② [英]伯特兰·罗素:《我们关于外在世界的知识》,任晓明译,北京:东方出版社,1992年,第150-151页。

③ 雷蒙多·帕尼卡:《印度传统中的时间和历史:时间和羯磨》,载路易·加迪等《文化与时间》,郑乐平等译,杭州:浙江人民出版社,1988年,第65页。

④ 同③,第84页。

⑤ [德]黑格尔:《自然哲学》,梁志学等译,北京:商务印书馆,2006年,§247Z,第22页。译文略有改动。在§258Z中,黑格尔直接区分了绝对的无时间性与时间中的持久性:"绝对的无时间性有别于持久性(duration);这是没有自然时间而存在的永恒性……永恒性并不是将要存在,也不是曾经存在,而是永远现实存在着。所以,持久性与永恒性的不同就在于持久性只是时间的相对扬弃,永恒是无限的持久性,就是说,不是相对的,而是自身反映的持久性;最不完善的东西如同最完善的东西一样,都不存在于时间之中,所以都是持久的。"(《自然哲学》,第50-51页)

⑥ (明)王夫之:《船山全书》第1册《周易外传》卷1《乾》,第831页。

⑦ (明)王夫之:《船山全书》第2册《尚书引义》卷5《多方一》,第389-390页。

时间理解,而"过去""未来"只是在佛教传入之后才出现的汉语词汇,但其传达的却是佛教的时间理解。①

但时间意识只是身体对时间的感知,身体自身其实也是一个结构化的时间器官,它在生命过程中的生物性与化学性的节奏运作与频率控制,都在意志甚至是意识的感知对象之外,或许只有在这种时间器官出了毛病的时候,我们才能意识到它的运作意义及其存在。这种如同生物钟一样的生命原时乃是宇宙大化进程的一部分,它超越了时间意识,正如四时运行的节律性变化只是宇宙气化过程的呈现,它是一种无法被充分把握的宇宙"天时"。宇宙天时与生命原时都可以在"天的机制"上来理解,即它并非有意识的行动所造成,它只是自然变化与运作过程呈现的节奏与频率,它们的统一性奠基于气化之理——即气化的节奏与韵律。必须强调的是,气虽然可以理解为力或能量,但气化本身是自然的,贯通意识活动与无意识的机体运作,因而在这里它本身并不能被思维赖以运作的语言及其概念所洞彻,后者对于气化而言,只具有象征性的意义,其所提供的只是理解气化的模型或形式,但却不能等同于气化本身。通过语言及其概念所建构的平滑的、均质的几何学空间,也就是热力学第二定律之前西方的古典力学的理想空间,并不是气化运作的场所,相反,气化在阴阳和五行的氤氲流荡中被导向了非模式化理解、无法被形式化定向的流变世界。以范畴表达的理想的模型与概念化规则在这里遭遇到它的边界,理解气化所需要的是一种节律的哲学,无论是与音乐相关的"律"还是与天文学相关的"历",都是这种节律哲学的不同侧面。在某种意义上,日本学者山崎正和的《节奏的哲学》可以为理解气化提供一种新的进路。在节律意识所连接的宇宙与人生中,时间本身就成了节律的展开形式,智慧并不是逃离时间,而是有意识的生命活动与自然的原时保持一致:"许多智慧学说恰恰在此见到自己的任务:让有意识构建的生命部分符合身体节奏。生命艺术在这个关联中将此理解为一种能力,即在自己身上感到的最好什么时候做什么事的能力。这里涉及积极工作与无意识的身体事件的同步化。"②进一步地,在由欲望与情绪以及社会化建构性力量意识打断了生命"原时"与宇宙"天时"的连续性的情况下,在新的地基上保持二者的一致,就像中医养生学所主张的那样,必须随着四时季节气候的变化而采取与之相应的生活方式,这种生活方式渗透在穿衣饮食睡觉起居工作等日常生活的方方面面。③

船山认识到,大自然的宇宙天时与生命原时,本来处在"除日无岁,无内无外,通体一气"的浑然不分状态中,在其中,"东西非东西而谓之东西,南北非南北而谓之南北""天无上无下,无晨中、昏中之定;东出非出,西没非没,人之测之有高下出没之异耳。天之体,浑然一环而已。春非始,冬非终,相禅相承者至密而无畛域。其浑然一气流动充满,则自黍米之小,放乎七曜天以上、宗动天之无穷,上不测之高,下不测之深,皆一而已"④。春夏秋冬、晨昏早晚等时间的点段划分与东西南北上下左右的空间方位区别,都不是宇宙天时与生命原时自身携带所有的本然分界,而是人通过其时空意识整饬浑然宇宙整体使之分殊化的显现方式。"无先后者,天也,先后者,人之识力所据也。……东西南北者,人识之以为向背也。今、昔、初、终者,人循之以次见闻也。物与目遇、目与心谕而固然者如斯,舍所见以思所自而能然者如斯,要非理气之但此为先,但此为后也。"⑤换言之,它不是天地万物自身的尺度,而是人用以理解和整饬天

① 参见陈赟:《回归真实的存在——王船山哲学的阐释》,上海:复旦大学出版社,2002年,第278-281页。案:张载云:"往之为义,有已往,有方往,临文者不可不察。"(张载:《张载集》,北京:中华书局,1978年,第54页)
② [德]吕迪格尔·萨弗兰斯基:《时间:它对我们做什么和我们用它做什么》,卫茂平译,北京:社会科学文献出版社,2018年,第177页。
③ 《黄帝内经素问》卷1《上古天真论》:"上古之人,其知道者,法于阴阳,和于术数,食饮有节,起居有常,不妄作劳,故能形与神俱,而尽终其天年,度百岁乃去。"卷2《四气调神大论》就具体落实这一构思:"夫四时阴阳者,万物之根本也。……所以圣人春夏养阳,秋冬养阴,以从其根。……故与万物沉浮于生长之门。……逆其根则伐其本,坏其真矣。……故阴阳四时者,万物之终始也;生死之本也;逆之则灾害生,从之则苛疾不起,是谓得道。"
④ (明)王夫之:《船山全书》第13册《庄子解》卷25《则阳》,第394-395页。
⑤ (明)王夫之:《船山全书》第1册《周易外传》卷7《说卦传》,第1078页。

地万物的尺度。人以其尺度整饬世界,正是人道之权能。在人以其权能整饬世界万物的过程中,也就可以立于变中之常,这是变化流动世界中的安定性。

## 三、"无常"之"化"与"贞一"之"德"

王夫之说:"正而待之,时有已往,有未来,有现在,随顺而正者恒正,则逝而不丧其体,即逝以为体,而与化为体矣。凶危死亡皆天体也。有以体之,则一息未亡,吾体不乱。歌声挈然当于人之心者,与天相禅,无终无始,生有涯而道不息,正平而更生者未尝不可乐也。故重言死,非也;轻言死,亦非也。纯纯常常,无始无卒,逝而不与之偕,人间无不可袭,天与人其能损益之乎?此段尤为近理,盖得浑天之用也。"①人以其贞一之德,以应对世界不测之变化,此贞一之德,是人自据之以为德,此即人之常。在"时穷于天,事贞于变"②的情况下,人以其随时自新而应天地之化,则虽与化为体而不失其常,在此,自己的时间意识不违、不泥于天地之化。"是知时者,日新而不失其素者也。故先时者,乘时者也;后时者,因时者也;然后其及时者,安时者也。斯则以为时之贞也。天且歆之,而况于人乎!易之时六十有四,时之变三百八十有四,变之时四千八十有六,皆以贞纪者也。故曰:'易简而天下之理得矣。'贞者,天之乾;时者,天之恒。何以知上帝之歆哉?知之以此而已。"③人的贞一之常是立足于人之所以为人之人道,不以外化而与之内化,而是体人道以为其所常。无论天地万事如何变化,人之所以为人者则为人之常,以此为德之据,而立于大化之流中,人才可以既随时变化,又不失其常。"夫天下之万变,时而已矣;君子之贞一,时而已矣。变以万,与变俱万而要之以时,故曰:'随时之义大矣哉!'大无不括,斯一也。……故君子之时,君子之一也。'学以聚之,问以辨之,宽以居之,仁以行之',括天下之变而一之以时,则时乎渊而我得之渊,时乎渚而我得之渚矣,恶乎游而不归,恶乎动而不静哉!是故君子之与道相及也,一者全而万者不迷;其次,专一而已矣。期之于渊,虽或于渚而不恤也,然而又已潜于渊,则得之也;期之于渚,虽或在渊而不虑也,然而又已在于渚,则得之也。"④

由此,历史性的生存意味着,在宇宙及其人类历史的大化之流中,以人之所以为人之道为存在之根据,而应对时世之变化;人之所以为人之人道就是人之性,乃是人从天道分殊而来,并据以为道而通极于天者。"时亟变而道皆常,变而不失其常,而后大常贞终古以协于一。……性丽时以行道,时因保道以成性,皆备其备,以各实其实……听道之运行不滞者,以各极其致,而不忧其终相背而不相通。……变不失常,而常非和会也。随变屡迁而合德,如温暑凉寒之交成乎岁,岁有常矣。杂因纯起,积杂以成纯;变合常全,奉常以处变;则相反而固会其通,无不可见之天心,无不可合之道符也。"⑤由此,历史性的生存的要义在于一方面随时而化,另一方面以常待变,合常变为一者系于时。时是天人之会,人的时间意识与生命原时、宇宙大时的交会点。王船山云:"可与知时,殆乎知天矣。知天者,知天之几也。夫天有贞一之理焉,有相乘之几焉。知天之理者,善动以化物;知天之几者,居静以不伤物,而物亦不能伤之。以理司化者,君子之德也;以几远害者,黄、老之道也;降此无道矣。"⑥对于时间的理解,是知天的关键。天既有贞一之理,又有相乘之几,知贞一之理可以德主化,从而达到贞一之常;知相乘之几则可以物我两不相伤,可以避害就利,但却达不到贞一之常。换言之,如果将知时完全托付给知几,虽可以远害就利,但人所以自据者被下降到只是以安全为目的的策略性时间,这是术而不是道的领地,一旦无害的时刻,其意义也就自行消解。相反,唯有将知时提升到贞一之理的层面上,人才能在永不停息的流动变化中不失其

---

①(明)王夫之:《船山全书》第13册《庄子解》卷20《山木》,第316-317页。
②(明)王夫之:《船山全书》第1册《周易外传》卷1《履》,第849页。
③(明)王夫之:《船山全书》第3册《诗广传》卷4《大雅》,第452页。
④(明)王夫之:《船山全书》第3册《诗广传》卷3《小雅·论鹤鸣》,第405页。
⑤(明)王夫之:《船山全书》第1册《周易外传》卷7《杂卦传》,第1112页。
⑥(明)王夫之:《船山全书》第10册《读通鉴论》卷2《汉文帝》,第117页。

常:"以人顺人,以物顺物,以言顺言,自可无为而无不为,以大备乎德。"①

人能持守性中之天道,以人道之大常合天,以应对不测之变化,则人之所以为人之道乃成流动变化着的宇宙中的贞一之常:"天有一定之常理,抑有不测之变化。道其常,则君子以人而合天,不容已于忧患之深,以求协于天心;观其变,则君子俟天以立命,但无负于上天生我之德,自乐天而不闷。此其心不可以忧言,不可以乐言,一忧一乐,天有不测之理,君子有不易测之心,一而已矣。"②要之,人之所以为人之德在船山那里,并非个体一己之德,此德乃文之德,客观化即为历史性的人文,内在化即为性中之品德。在历史中生存的意义在于,与其性中之德,推进文明的历史进程;以文明的历史,提升性中之德。"文,即道也,道,即天也。乾坤不毁,生人不尽,《诗》《书》、礼、乐必不绝于天下,存乎其人而已。"③正如道也不能被《六经》所穷尽,道总是随着时间的展开而向文明进程中的人敞开自身,并没有在时间性之外的道,由此历史乃是道之文的展开,而道之文的展开表现为内在之德与客观之文的互化,此一互化本身乃人之贞一之常,人以此应对天地万物在时间中的变化,变化仍然遵循死亡、衰老、腐朽的原则,一切的一切皆在不断地消逝,但一切的消逝都是一种自我更新,世界在这种消逝的更新中对人显现了天地的生生之德,而人则接续之,以有德之文或有文之德,屹立于历史的河流,逝者仍归其逝,然不逝者仍保持为不逝者,此即历史过程中显现的人之文化生命,在这个过程中,"由致新而言之,则死亦生之大造矣"④,文化生命接续了天地之德,以广天地之生,"圣人尽人道而合天德。合天德者,健以存生之理;尽人道者,动以顺生之几。百年一心……故曰:'先王以茂对时,育万物'"⑤。由此,人在时间与历史之中,"修德以俟时"⑥,践其人道,不是在黑格尔意义上作为永恒的非时间性的"绝对当前"⑦,而是在时间之中通过时间的持续而延续天地的生生之德,由此历史性的生存通极于道,而道即展开在历史过程中的每一个当下。"目前之人,不可远之以为道;唯斯道之体,发见于人无所间,则人皆载道之器,其与鸢鱼之足以见道者一几矣。现在之境,皆可顺应而行道;唯斯道之用,散见于境无所息,则境皆丽道之墟,其与天渊之足以著道者一理矣。目前之人,道皆不远,是于鸢得飞、于鱼得跃之几也。现在之境,皆可行道,是在天则飞、在渊则跃之理也。无人不可取则,无境不可反求,即此便是活泼泼地。邵子观物两篇,全从此处得意。"⑧以概念与理论的建构或可树立一个历史总体的模型或理想类型,或可探问人类历史的终极目的,这样追问历史方式之所以被需要,乃是历史过程的当下之虚无与焦虑;然而,即便把握此终极目的,即便获此理想类型,也并不能回返到历史中的当下生存,尤其是当下的行动,它只能让人逃离到概念或理念的世界中,以获得某种心理的与精神的安慰,但这种逃离向着概念或理念的逃离本身,其实会加剧当下之虚无感与焦虑感。毕竟,这种终极目的与理念的企慕无法转化为当前事务的秩序,无法使历史性生存者进入事务内部。但古典中国思想的建议是,任何一个历史中的当下都是活泼泼的,都是可以行道的"现在之境","无人不可取则,无境不可反求",因而皆可以为意义所充实。

---

① (明)王夫之:《船山全书》第13册《庄子解》卷25《则阳》,第402页。

② (明)王夫之:《船山全书》第8册《四书训义》卷28《孟子・公孙丑章句下》,第287页。

③ (明)王夫之:《船山全书》第7册《四书训义》,第566页。

④ (明)王夫之:《船山全书》第1册《周易外传》卷2《无妄》,第888页。

⑤ (明)王夫之:《船山全书》第1册《周易外传》卷2《无妄》,第890页。

⑥ 汉代扬雄云:"阴不极则阳不生,乱不极则德不形。君子修德以俟时,不先时而起,不后时而缩。动止微章,不失其法者,其唯君子乎!"(扬雄撰、司马光集注:《太玄集注》卷9《玄文》,刘韶军点校,北京:中华书局,1998年,第206页)程颐:"君子修德以俟时而已。"(《二程集》,第896页)

⑦ 黑格尔认为:"时间按其概念来说,本身是永恒的,因为时间既不是现时,也不是某个时间,反之,作为时间的时间是时间的概念,而时间的概念同任何一般概念一样,本身是永恒的东西,因而也就是绝对的现在。""最不完善的东西之所以持久,是因为它是抽象的普遍性,例如,空间、时间本身就是这样,太阳、元素、石头、山岳、一般的无机自然界以及金字塔之类的人工产物也是这样。""理念或精神凌驾于时间之上,因为这类东西是时间本身的概念;它自在自为地是永恒的,没有被卷入时间过程中,因为它没有消失于自己的过程的一个方面。"(参见黑格尔:《自然哲学》,第51页)

⑧ (明)王夫之:《船山全书》第6册《读四书大全说》卷2《中庸》第14章,第503页。

在世界历史中,我们不仅遭遇自己,还遭遇他者,遭遇不可料知的场域、形势,我们不能预知所有这些,它们也超出了我们的掌控能力。但位居主体权能之内的也是将我们引向事情本身的东西在于:为各种无法预知的新情势做准备,以便在适当时候以适当方式介入事务而等待时机——这就是自我修德的积累。其意义在于,了解历史上前人所遇各种情境,以及前人应对之道,吸取智慧,随时以应万变。《庄子·秋水》云:"知道者必达于理,达于理者必明于权,明于权者不以物害己。"如仅以道为所信与所望之事,则知道不必达;如以达理乃为纯粹沉思之理论化"行动",则达理不必明权。权指向面对具体事物之具体实践,无法以概念化普遍方式获致,唯有从历史事件中学而习之。行权的目的并不在于安全与避害,而在于反经——合于事理而体道之全。《春秋公羊传》桓公十一年传:"权者何?权者,反于经,然后有善者也。"唯有反经,才能从随时因事而行权的被动状态中解放出来,会变于常:"欲为功于天地者,自有密运之权,斯以变而不失其正。"①面对历史无常变化,真正能够让人克服历史性焦虑与虚无的便是以常寓变:"君子常其所常,变其所变,则位安矣。常以治变,变以贞常,则功起矣。象至常而无穷,数极变而有定。无穷,故变可治;有定,故常可贞。"②由此在历史河流中,一切皆流,今水非昨水,人类不能改变天地之变、万物之化,不能让历史的河流凝固,但人类可以自有其常经,此不在天地万物而在人。"天地固有其至变,而存之于人以为常。尽天地之大变,要于所谋之一疑;因所谋之一疑,通天地之大变。变者非所谋,谋者不知所变。变在天地而常在人。四营十八变之无心,人自循其常耳,非随疑以求称所谋而酌用其多寡也。执常以迎变,要变以知常。故天地有《易》而人用之,用之则丽于人,而无不即人心之忧。故曰:变在天地,而常在人。"③但此在人之常既不能被设置在历史的终结之处,也不能作为主宰历史的既成法则与现成规律而存在,历史永远是开放的,意外之事总是有可能不期然而然地突然到来。

由此,历史性的生存方式,不是被导向一个在未来的某个"一旦"可以完成历史本身的目的,而是此时此刻所蕴含的每一个具体性的当下。任何类型的以完成为内涵的"一旦"只要被引入历史中,都必将导致历史的终结。④ 在中国古典思想中,并没有历史的终极完成或终极目的的观念,一切类型的"既济"都被转化为"未济",当完成本身成为新的再开端时,它就变成"大始",即以一个阶段性的完成作为出发点的日新运动。"乾知大始。"⑤乾为天之德,乾的本性就是大始,即不断地重新开端,任何完成都是新的开端,但所有的开端都没有最后的终点,所以并不存在历史的终结,而只有历史的当下开端:"夫天,吾不知其何以终也?地,吾不知其何以始也?天地始者,其今日乎!天地终者,其今日乎!观之法象,有乾坤焉,则其始矣;察之物理,有既济未济焉,则其终矣。"⑥相较而言,在西方,只有在绝对哲学失效之后,历史之终极完成的观念才真正褪色,尽管仍有回潮。"一个完成的历史的全貌将不会得到呈现。我们不再相信它的可能性,也不相信它的有用性。无论人类的命运是怎样的,它都不是个别思想家能够完全把握而且攥在手中的东西。"⑦而克服历史终结症候的根本便是给予时间以应有的尊重,历史并不会导向时

---

① (明)王夫之:《船山全书》第1册《周易外传》卷5,第957页。

② 同①,第994页。

③ 同①,第1059页。

④ 王夫之指出:"朱子于《大学》补传,亦云'一旦豁然贯通焉','一旦'二字朱下得骤。想朱子生平,或有此一日,要未可以为据也。孟子曰'是集义所生者',一'生'字较精切不妄。循循者日生而已,豁然贯通,固不可期也。曰'一旦',则自知其期矣。自知为贯通之'一旦',恐此'一旦'者,未即合辙。……'忽然上达',既与下学打作两片,上达以后,便可一切无事,正释氏'砖子敲门,门忽开而砖无用'之旨。释氏以顿灭为悟,故其教有然者。圣人'反己自修'而'与天为一',步步是实,盈科而进,岂其然哉!故曰天积众阳以自刚,天之不已,圣人之纯也。'发愤忘食,乐以忘忧,不知老之将至',圣人之上达,不得一旦忽然也,明矣。"(《船山全书》第6册《读四书大全说》卷6《论语·宪问篇》,第813-814页)

⑤ 《周易·系辞上传》。

⑥ 同①,第992页。

⑦ [德]戈洛·曼:《从柏拉图到黑格尔的历史哲学基本问题》,载《中国现象学与哲学评论》第24辑《现象学与历史理论》,上海:上海译文出版社,2019年,第192-193页。

间之外，那是一种非时间性的时间，即弥赛亚的时间，终末论（引者按：eschatology，又译为"末世论"）的时间，那种不是时间的时间及其与时间的脱离才是历史终结症候的病理根源。而在中国思想中，由于没有终末论，并不需要预设绝对性的终极目的，也就没有产生在时间中通过时间而克服、扬弃时间的需要与必要，相反，历史性生存的意义在于打开往来古今融通的视野，而将其贯注在时间之内的每一个当下，充实当下。

# 安全感、确定性与生活政治

朱 承[*]

（华东师范大学 中国现代思想文化研究所暨哲学系，上海 200241）

杜威在《确定性的寻求》开篇中写道："人生活在危险的世界中，便不得不寻求安全。"[①]没有人愿意处在生死未定、朝不保夕、颠沛流离、危机四伏的状态之中，寻求确定的安全状态是人们对生活的基本要求之一，"君子安其身而后动"（《易传·系辞下》），确定的安全状态是人发展和完善自身的前提。在哲学史上，霍布斯把寻求和平或自我保全作为至高无上的自然法，马斯洛将"安全需要"作为人的基本需求，他们将自我保全作为思考社会、人生问题的前提，正是认识到了个人自身安全性对于人类知行活动的无比重要性。人寻求自身的安全，但不确定的危险无时无处不在，除了来自自然界的生存危险之外，人还得常常处在防不胜防的同类相害处境之中。在同类相害的处境里，来自共同体对个体的损害就是其中突出的一种。

众多独立个体因血缘地缘、生产生活或者精神意趣等缘由结成了类型多样的共同体，人们期望在共同体里获得安全感、归属感以及自身更好的生存与发展。然而，事情的发展常常总是与人的美好愿望相违背。人们期望在人群共同体里获得安全，而最大的不安全却总是来自共同体及其内部成员之间，内乱、剥削、专制、压榨、封锁、欺凌、监控等导致不安全、不确定状态的因素往往都是在共同体内部产生，诚如墨子所言："臣子之不孝君父，所谓乱也。子自爱不爱父，故亏父而自利；弟自爱不爱兄，故亏兄而自利；臣自爱不爱君，故亏君而自利，此所谓乱也。"（《墨子·兼爱上》）"乱"意味着不安全、不确定，而这往往发源于与自己共在的共同体成员。在政治共同体内部，人们寄望于作为共同体意志代表的政府能够保护自己，然而很多生活中不确定、不安全的因素却也因糟糕的政府权力及其运用而来，随意发动与其他共同体的战争、因权力纷争造成社会动乱、征收过多的赋税、固化身份等级形成并扩大人群之间的不平等、限制自由而带来民众生活困顿与怨怼。共同体政治的悖论就在于，一方面人们为了安全不得不结成共同体并让渡自己的部分权利，然而另一方面政治共同体的权力意志和统治行为常常又能给人们带来新的危害。在人类发展的历程上，人们不得不隶属于各种体制的政治共同体，一方面在一定程度上得到政治共同体的庇护，但另一方面也有可能受到来自共同体内部的戕害。换言之，生活中的确定性的安全感缺失既可能因外部力量（如外部侵略、自然灾害等）而导致，更有可能由政治共同体内部问题而引起。

在人类历史上，政治共同体的最高力量是政府行使的政治权力，政府所代表的政权对外代表共同体参与与其他政治共同体的交流（包括战争），对内则对所有成员行使最高权力或者是代表成员行使最高权力。为了保证政府权力的最高权威，并维持权力效能的普遍性和深入性，政治共同体的活动及其意志总要渗透到人们的日常生活中来，期待全体成员按照政权意志来行事，于是人们的日常生活总是要受到政治活动、政治价值、政治意志的影响。比如说，在中国传统政权治理体系中，政府推崇以礼治国，那么民众的日常生活就多要受到礼乐典章制度的制约，要按照礼乐制度来安排自己的言行，做到"非礼勿视，非礼勿听，非礼勿言，非礼勿动"（《论语·颜渊》）。又比如，在政教合一的国度里，政权意志通过宗教信

---

* 作者简介：朱承，华东师范大学哲学系教授。

① 约翰·杜威：《确定性的寻求：关于知行关系的研究》，傅统先译，上海人民出版社，2004年，第1页。

仰的形式传递到民众中去,民众要按照教规来安排个体的言行举止和文娱生活,从而来维护政教合一的政权体制。政治权力意志借助于衣食住行、文娱活动、礼仪仪式等方式并以引起情绪和想象的符号进入了民众的日常生活空间,民众由此来感知并服从政治意志,将政治意志落实在自己的日用常行之中,由此来体现对政权的服从,我们将这种民众的日常生活受到政权意志最广范围、最大限度制约的状况,称为"生活政治"①。"生活政治"发生在人们的日用常行之间,为政者的政治力量、政治活动和政治意志弥散在民众的日常生活中,依据政治价值来规范日常生活,并在日常生活中安顿政权所期待的政治信念,使得政权主导的价值观念无处不在,从而来促使民众生活与政权意志的一体化。

就追求安全的生活而言,弥漫在民众日常生活里的"生活政治"具有确定性与不确定性。所谓"生活政治"的确定性,指的是无论在什么样的共同体里,既然要寻求政治共同体的保护,那么民众的日常生活是一定会受到政治因素的影响,人们已无法彻底脱离政治回到自然的原初状态。所谓"生活政治"的不确定性,则在于民众生活受到怎样的政治影响以及影响程度如何是有所差异的,由于政权传统、政权体制等因素的不同,政治对生活的波及面和影响度也是在不断发生变化的。简言之,人们始终处在确定存在着的"生活政治"之中来应对"政治"对"生活"不确定性的影响,在这个过程中,人们对于日常生活安全的感受与期待也随之发生变化。

民众因历史或现实的原因结成政治共同体,其主要目的之一在于获得共同体对于其人身和财产权利的保护,期望共同体的存在及其壮大有利于个人的自由全面发展,"在政治共同体之中"这一事实已成为人们生活的先在性前提。既然如此,共同体的集体意志就不可避免地要融入民众生活,要求民众个体要服从集体的意志并实现协调一致,这是以共同体意志来保护民众的必然结果。在外部力量入侵、重大自然灾害发生等紧急状态的时候,共同体必然要求所有成员万众一心、同仇敌忾,以协调一致的意志和力量抵抗入侵者、防御自然灾害,这既是共同体的集体意志,也是共同体之所以存在的核心理由,更是民众自我保全的一种集体需求,在这个过程中,民众生活自然会受到政治意志的全面影响。除了外敌入侵、重大灾害等非常态时刻,在常态时刻,民众也必然遵循着先在性政治共同体所制定的法律、政策等规范性要求,并以此来安排自己的日常生活,不能突破共同体成员共同遵循的规范,展现出一种自觉自愿的姿态来接受政治意志对于日常生活的要求。就此而言,"生活政治"的存在和延续具有确定性,共同体的集中意志对个体的影响也是持续存在着的。

虽然人们不可避免地处在"生活政治"的处境之中,但不同的共同体、共同体的不同政治意志或价值观念对人们生活的影响却有着不确定性。有的共同体重视民众的生活自由,采取不过多干涉民众生活的治理方式;而有的共同体则强调群体生活的一致性,为政者对民众具体生活有着强力的干涉,希望用自己的意志来全面影响共同体成员的生活,用庄子的话讲就是:"君人者以己出经式义度,人孰敢不听而化诸?"(《庄子·应帝王》)在同一个共同体内部,不同历史时期所信奉的政治意志或价值观念,由于政权的更迭、为政者的更换、为政方略的变革等原因,政权对民众日常生活的管控程度也有所差异,有的时候呈现宽松灵活的姿态,这时候,共同体在法律框架内尊重民众在日常生活领域内的"自作主宰";而有的时候则呈现严格一律的情势,这时候,共同体常常要求民众在日常生活中严格服从政权意志,或者以奖惩的方式引导民众履行政权意志所期望的生活方式,甚至以法律框架外的长官意志、例外制度来约束民众的日常活动,换言之,此时民众生活受到政治影响的程度较大。由此来看,"生活政治"的波及面、影响程度具有不确定性,随着共同体和为政者意志的差异而有所差异。

由于人们不得不生活在各种政治共同体之中,故而"生活政治"必然对人们的日常生活产生影响,这是确定的;但由于共同体的不同、为政者的变化、为政方略的差异,使得"生活政治"对于民众生活影响的广度与程度是不确定的。如前所述,人们结成政治共同体,目标之一是期待在政治共同体里获得更多的

---

① 朱承:《礼乐文明与生活政治:〈礼记〉与儒家政治哲学范式研究》,人民出版社,2019年。

关于生存和发展的安全感,政治共同体的意识形态叙事也指向为了民众更好地生存与发展。民众的日常生活是区别于公共政治生活而言的,包括了人们个体性的衣食住行、文娱活动等,属于私人领域,选择何种生活方式,在一定程度上反映了民众个体的意志自由、生活能力与兴趣偏好等。能够自主选择日常生活的方式是民众安全感的重要体现,这样能使民众对自己的生活有确定性的规划与期待。明确的法律规范的存在,是民众生活确定性的保障。既然"在政治共同体之中"具有先在性,那么政治共同体的法律制度对共同体成员就普遍有效,人们在法律框架内来规划与安排自己的日常生活,也是一种生活确定性的表现。但如果外力特别是超越法律框架之外的行政力量过多介入日常生活,个体就部分地丧失对于日常生活方式的自主权,其表现形式常常是被动地接受行政力量的安排、组织、规训和监督。对于民众来说,日常生活将因为不确定的政治意志和无法抗拒的行政力量之介入而走向不确定,个体很有可能产生对自己命运前途的无力感,甚至造成安全感、信任感的丧失。民众可以把握自己的意志、能力与爱好,依据自己才性能力实现自己的生活追求,但在"生活政治"极端化的情势下,对共同体的政治力量常常却无能为力,在政治意志、行政力量全面介入生活的情况下,人们可能会丧失了对生活自主的权力,就像进入了战争、灾害等紧急状态那样,失去对于生活的主导权、主动权,从心理上来说,这种不确定性难以带来必要的安全意识。除非是具有从属性、依附性人格的个体,否则没有人愿意自己个体的日常生活被外部力量所掌握、操弄和监控。由是可知,由政治意志和力量的过多介入所带来的不确定性日常生活,不是人们所期待的有安全感的生活。

我们都确定地处在"生活政治"之中,无所逃于天地之间。"生活政治"对于每个人都有影响,但不同的共同体、共同体的不同时期存在的"生活政治"对人们日常生活的影响是不确定的。既然"生活政治"无法避免,那么在共同体政治长期持存的人类社会里,人们就应该考虑以恰当的方式来与"生活政治"共存。就此而言,发挥"生活政治"的积极性影响,使得人们在共同体享受到安全、保障、发展机会以及对未来生活预期的确定性;同时,减少因"生活政治"给个体自由发展带来的限制,避免因个体无法把控自己命运而造成的无力感,特别是要减少政治意志变化、行政力量干涉所带来的人们对日常生活不再有确定性预期之类的情形,消除政治不确定性给人们所带来的焦虑和不安:这些构成了深入考量"生活政治"的不确定性并维护日常生活确定性从而捍卫自身安全感的契机。

# "群己权界"中的道德权利与伦理秩序<sup>*</sup>

## 徐 嘉<sup>**</sup>

（东南大学 人文学院，江苏 南京 210096）

**摘 要**：道德权利理论不是伦理学中的固有论题，其近几十年的兴起缘于维护个体利益的需要。而带来的难题是，哪些道德权利必须保护，道德权利不可僭越的边界又是什么。通常采用的以静态的、原子式的方式抽象地分析道德权利，并将道德权利与道德义务关联讨论的方法，不能解答以上问题。对此，"群己权界"的辩证思维方式提供了一个有益的思路。因为个体的"道德权利"与群体的"伦理秩序"处于一个复杂的张力结构中，两种力量相互制约、相互规定，共存于一个动态的、平衡的统一体中。伦理秩序必须尊重个体的生命权、尊严权等基本道德权利，而道德权利也不能冲击伦理秩序的有序、和谐和公正原则。此外，在正常情况下，可以允许道德权利的边界有一定的模糊性，但在特定时期、非常状态下，个体的道德权利受到一定限制，而要保证伦理秩序的优先性。

**关键词**：群己权界；道德权利；伦理秩序；自由

"道德权利"不是固有的、传统意义上伦理学体系中的论题，但却是当下伦理学不得不面对的问题。一种现实的社会力量要求以"道德权利"来保证个体行为的合道德性或正当性——这一问题起源于伦理学之外，却需要以道德哲学的方式加以解决。通常的研究方法是静态地、抽象地分析道德权利的概念、本质、内涵，这是必要的，但对于现实的社会生活却没有解释力，因为个体的"道德权利"与群体的"伦理秩序"处于一个复杂的张力结构中，道德权利的合理性是在多重伦理关系中确定的。于是，"群己权界"的讨论方式彰显出巨大的理论意义，不但可以对"道德权利"追本溯源，清晰地呈现这一问题是如何出现的，而且这一思维范式超越了静态的、抽象的道德形而上学的研究方法。

1903 年，严复在翻译 19 世纪英国哲学家约翰·穆勒（John Mill，今译密尔）的《论自由》（*On Liberty*）时，将书名译作《群己权界论》，从那时起，"群己权界"所阐发的"自由"思想启蒙了一个时代，影响遍及政治学、法学、哲学等诸多领域。<sup>①</sup> 而近一段时间以来，"群己权界"以丰富的内涵和辩证的思维方式又展现出其在伦理学领域的意义，即在"群"与"己"的张力结构中，群体生活所必需的伦理秩序与个体应享有的道德权利是如何相互影响、相互制约，从而达到一种平衡状态的。所谓"群己权界"，"群己"指群体（或社会公共领域）与个体，"权界"指权利的界限，也就是个体行为的权利与社会对个体的约束都有其界限，互相不可僭越。对此，严复有一个经典的说明：

　　自由者凡所欲为，理无不可，此如有人独居世外，其自由界域，岂有限制？为善为恶，一切皆自

---

\* 本文系江苏省道德发展智库、江苏省公民道德与社会风尚协同创新中心项目"中国传统礼乐文化的伦理机制研究"（2242018S10016）研究成果。已刊发于《学海》2022 年第 4 期。

\*\* 作者简介：徐嘉，东南大学人文学院教授。

① 密尔所讨论的"自由"不是指自由意志，而是指行为的自由，其核心观点是：在不涉及他人利益的行为上，个人有完全的行动自由，他人和社会都不得干涉。因此，密尔所说的"自由"是个人所拥有的政治、法律意义的权利。严复将"自由"译为"群己权界"，是根据中国历史文化传统与当时的国情做出的一种创造性诠释，即强调了个体与群体处于一个互动的关系中，而不是静态、孤立地讨论个体权利或者"自由与权威之间的斗争"。

本身起义，谁复禁之？但自入群而后，我自由者人亦自由，使无限制约束，便入强权世界，而相冲突。故曰人得自由，而必以他人之自由为界。①

独居世外者有无限的自由，但凡生活于群体之中的人则应相互尊重他人的自由，每个人的自由以他人的自由为边界。自由的理念是抽象的，表现于社会生活中，即是权利。严复说："权利人而有之，或国律之所明指，或众情之所公推。"②此论断言简意赅地指出了两种不同的权利，"国律之所明指"是国家政治、法律所规定的"群己权界"，简洁、清晰而明确。而"众情之所公推"的公序良俗与伦理道德上的"群己权界"，则复杂、朦胧而模糊。

伦理意义上的"群己权界"是指个体的道德权利与群体（社会）的伦理要求的分界。或者说，个体要求道德权利，群体要求伦理秩序，从而表现为伦理秩序与道德权利的相互制衡与约束。个体道德权利与群体伦理秩序的和谐是社会生活的重要保障。在理想状态下，群体的伦理秩序规定了个体的道德权利，个体的道德权利以伦理秩序为指南，二者应该是和谐一致的。但实际情况是，道德权利确实受到伦理的规定，应当符合伦理规范的要求，否则不能得到伦理道德上的承认，但是，道德权利又是一种"权利"，"权利"的本质是赋予人正当地索取和要求利益的资格，或者说道德权利是以道德认可的方式赋予个体行为的正当性。正因为伦理秩序与道德权利的出发点不同，二者在理论与现实中都难以完全一致，从而呈现出复杂的关系。

对于社会整体来说，个体对伦理秩序的认同或共识是保证正常社会生活的基本前提，特别是对于某些重要的伦理规范来说，在特定的情况下，失去伦理共识即意味着社会秩序面临着崩溃与涣散的危险。对于个体来说，随着权利意识的不断增强，相应地要求道德权利的范围不断扩大，但是要在合理的范围内，不能模糊了"道德"的内涵，否则会造成"群己权界"的混乱，而对伦理秩序产生巨大的冲击。更为重要的是，在一般情况下可以"和而不同"的伦理秩序要求与道德权利观念的差异，在某些非常时期会变得异常严峻而突出。可以说，如果二者没有一个合理的平衡状态，人类社会可能会失去自主与自律而产生严重的后果。我们都看到了，从 2020 年以来的抗疫过程中，不同程度的个体权利优先的思维、行为方式，裹挟着整个世界，在争论与矛盾中一路狂奔，人人陷于其中而难以独善其身。因此，厘清伦理秩序与道德权利的界限是必要的：什么样的伦理秩序是合理的，哪些道德权利不可侵害，二者如何形成合理而正当的边界。

## 一、道德权利：起源与内涵

在中国现代伦理学体系中，对道德权利的研究始于 20 世纪 80 年代中期，而在三十多年的研究中，学者们对于什么是道德权利并没有一致的认识，在道德权利的概念、内涵、特点等基本问题上充满了分歧与争论③，甚至有学者直接否定道德权利这一范畴的科学性，认为不用道德权利这一范畴，也能保证道德对人们利益的维护，因为道德通过约束个体行为维护整体利益，约束个体权利间接地维护着人们的利益，因此，道德权利不是一个必要的、科学的伦理学范畴。④ 现在看来，这一论断固然不科学，但却提出了一个很有价值的问题：有没有必要增加一个传统伦理学中没有的道德权利概念？事实上，道德权利不是狭义的伦理学所关心的论题，产生道德权利的力量源头在伦理之外，只有溯本清源才能厘清道德权利的意义及其本质特征。

简言之，道德权利的理论源头是"自由"，以及由"自由"而产生的"权利"观念。当权利观念的核心个

---

① 严复：《群己权界论》，载汪征鲁、方宝川、马勇主编《严复全集》第 3 卷，方宝川、马勇点校，福州：福建教育出版社，2014 年，第 254 页。
② 同上书，第 319 页。
③ 杨义芹：《道德权利问题研究三十年》，《河北学刊》2010 年第 5 期。
④ 马尽举：《道德权利不是一个科学的伦理学范畴》，《河南大学学报（哲学社会科学版）》1989 年第 3 期。

体权利的范围不断扩大时，道德权利理论就应运而生了。当道德权利意识逐渐深入人心而成为一种普遍的社会共识时，即要求固有的伦理规范进行一定的调整，使得伦理要求与个体道德权利相契合，或者至少不与社会公认的重要的个体权利观念相抵牾。这一过程相当漫长，从自由、权利到道德权利的出现，经历了数百年时间。

一般而言，自启蒙运动以来，"自由"逐渐成为现代社会的基础价值。自由的基础含义是不受限制和束缚，不受控制、强迫或强制。其在中文里的意思是"由于自己"，由自己做主而不由外力。在西方哲学史上，研究"自由"的学者层出不穷，而康德的论证具有典型意义。他继承了卢梭的政治哲学，认为自由是人的本质特征，是天赋的、与生俱来的权利。自由有两种不同的意义：在道德中的自由是一种"理念"或"内在的自由"，是人们建立或选择道德法则的自由，这是"理论上的权利"。在政治、法律中的自由则是"权利"，是"外在实践的自由"，这是"应用的权利"。简言之，康德认为，人类社会的道德、政治、法律的核心都是"自由"，这也是现代社会的基本特征：每个人都拥有以自由为核心的权利，并通过法律与政治使之成为现实。康德之后，密尔在讨论自由时，直接把主题指向社会自由与公民自由，而不是抽象的意志自由，即"社会所能合法施用于个人的权力的性质和限度"①，也就是为公民自由的限度和社会能够对公民施加强制的限度奠定原则。在密尔看来，对个人事务的干涉，无论是通过法律的惩罚还是社会舆论的道德压力，都必须遵循其在《论自由》中提出的自由原则。简单说，第一，个人的行动只要不涉及自身以外他人的利害，个人不必向社会负责交代。第二，对他人的利益有害的行动，个人则应当负责交代，并应承受社会的或者法律的处罚。② 由此看来，密尔所说的自由，不是无条件的、不言自明的绝对价值，而是个体在与他人、社会的利益关系中，确定的一个合理的行为边界。在20世纪初，当"自由"还不为国人所知的情况下，严复将《论自由》译为"群己权界"十分准确地诠释了密尔的原意。

在一般意义上，权利和自由是互释的——权利的本质是自由，是获得合法承认的自由，自由是权利的根基，自由的现实化即为权利。因此，权利源于"自由"的理念，自由在先。就自由与道德的关系而言，"自由"在很多情况下指"自由意志"，在这个意义上，"自由"或"自由意志"是主体进行道德选择的前提，在逻辑上先于道德。因为如果人没有自由意志，即意味着其行为完全被决定了，没有行为选择的自由就无所谓善恶，不负任何道德责任。行为主体只有在意志自由的情况下，自主选择并诉诸行动，才能在道德上进行评判。而本文所讨论的自由与道德权利的关系，不是自由意志与道德权利的关系，而是要探讨自由的理念成为现实的权利之后，或者说个体权利在政治、法律意义上得到保障之后，权利进一步衍生出道德权利后而引起的问题。

总体来说，对个体权利的保护经历了"自然权利时代""政治实现时代""国际法制化时代"。③ 如果说启蒙时代前期的哲学家还在依据"自然法"的思想论证权利，个体权利是所谓的"自然权利"，纯粹的"理念"状态，还缺乏现实性，那么，到了康德、密尔对"自由"进行论证时，则不再以"自然法"（自然法来自神法，并依附于神的存在）为依据，而是直接诉诸人的"理性"，自由不再是抽象的、应然意义上的"理念"，而是通过法律保护而使自由变成了个体的现实权利。1776年，边沁（Jeremy Bentham）在《万全法简论》（*Pannomial Fragments*）中的观点极具有代表性，他说："权利是法律的果实，仅仅是法律的果实。不依靠法律的权利是不存在的——不存在与法律相悖的权利——法律之前也不存在权利。"④因此，从"权利"的近代起源来看，首先出现的是法律意义上的权利，即法律赋予人实现其利益的一种资格和保障。从1776年美国的《弗吉尼亚权利法案》《独立宣言》和1789年法国的《人权与公民权利宣言》，个体权利特别是人权才开始受到法律的保护。但是，这只是在若干国家成为政治和法律意义上的现实，而且在这

---

① 约翰·密尔：《论自由》，许宝骙译，北京：商务印书馆，1959年，第1页。

② 同①，第112页。

③ 甘绍平：《人权伦理学》（序言），北京：中国发展出版社，2009年，第2－3页。

④ Jeremy Bentham, *The Works of Jeremy Bentham*, Vol Ⅲ, Edinburgh: William Tait, 1838－1843, p. 221.

些国家还不是每个人都拥有同等程度的权利。二战以后，个体权利开始受到国际法律秩序的保护。联合国大会首先通过了《世界人权宣言》(1948)，随后又通过了《经济、社会及文化权利国际公约》《公民权利和政治权利国际公约》(1966)，个人权利明确受到国际法的保护，并且随着时间的推移，这些国际法公约的影响越来越大。可以说，现代国家的法律都体现了这种精神。《中华人民共和国宪法》(2018 年修正)也明确说明："国家尊重和保障人权。"2020 年，中国进一步推出了《中华人民共和国民法典》以保护个体权利。目前，世界范围内对于个人的基本权利的讨论未有定论，各种理论之间不尽相同，但也达成了一定的共识：比如生命权(生命不受非法侵害)、自由权①、财产权(支配自己正当所得)、尊严权(人格尊严，是生命权和自由权的延伸)、公正权(每个人都受到公平合理的对待)等等。从社会发展趋势而言，个体权利得到了越来越具体的保护，而个体的权利观念也越来越深入人心。

在一般意义上，个体权利是法律赋予权利主体作为或不作为的许可、认定及保障。而随着社会的进步，权利的内涵不断扩大，对权利的认定越来越多，已不再局限于个体物质上的"利益"得失，而是包括了个体的尊严、自由等等内容。权利也不断扩大，包含了被伦理道德、法律、政治或习俗认定为正当的行为。在西方伦理学史上，格劳修斯、霍布斯、斯宾诺莎、洛克、康德、黑格尔都从不同角度讨论了权利与伦理、道德的关系，因为他们在研究权利的本质时，发现了权利与伦理、道德的密切关联。而在 20 世纪，在西方的权利理论的发展不断深入的过程中，对权利的合道德性、权利的道德属性的研究越来越多，道德权利正是在这种情况下走进了伦理学研究的视野。而在中国伦理学研究中，21 世纪初亦有了研究道德权利的专门著作。② 所以，对个体权利的承认与保护延伸出了对道德权利的要求，这是伦理学必须面对的时代课题。对个体权利的保护也成为伦理原则的重要目的，是伦理原则的合理性的重要尺度。因此，就道德权利的起源及其社会意义而言，可以认为，道德权利即是符合伦理道德的个体享有的维护自身权益的行为权。也就是说，根据自己的理性来决定做或不做某事，或者要求他人做或不做某事，并且这种行为选择与要求符合伦理原则、道德规范和内心良知的认可，他人不能以伦理原则、道德规范来干涉或指责他。所以，合理地赋予一种行为的道德正当性，有助于个体保护自己的权益，在这个意义上来说，道德权利是一个社会文明的尺度或标志。

就当下中国社会来说，一方面，个体的道德权利被侵犯，以道德的名义，要求、胁迫他人并左右其行为的道德绑架依然常见。另一方面，随着权利意识的深入人心，个体对道德权利的伸张有时也会超过边界。这是中国社会存在的双重问题。道德绑架与过度的道德权利主张不受到抑制，都会使不合理、不正当的行为成为常态，其后果是，当这些行为长期得不到纠偏，会使其在不知不觉中成为伦理上的"应然"。就前者而言，如果每一次的天灾都强迫企业家捐款，以后就会形成一种社会舆论和民众思维上的习惯。捐款是"份外的善行"，不能以是否捐款和捐款多少来批评企业家，这是侵害企业家道德权利的道德绑架。就后者而言，如果一个人摔倒在马路上，路人视而不见，这种行为获得了社会舆论的认可，而没有受到道德上的批评与谴责，渐渐地就会成为一种默认的道德权利。广场舞扰民、公共场合喧哗、高铁霸座等行为，如果成为常态而没有受到社会舆论的批评、道德上的谴责，那么，这些行为也会被赋予道德权利。道德权利意味着一种行为如果获得了伦理道德上的承认与认可，必然成为众人的思维定式和行为习惯并延续下去，最后成为伦理秩序的一部分。所以，如果不合理地赋予某种行为以道德正当性，这种行为很可能成为人们的选择，会破坏一个社会的伦理风尚与公序良俗。而在非常时期，其带来的危害更加巨大。新冠疫情期间以自由的名义要求个体权利隐瞒行程，封控时期跑步、拒绝核酸检测，在明确的法律禁止之前，这些行为如果不受到道德上的强烈批

---

① 把自由视为个体权利的一部分，指的是自由理念的具体化，如人身自由、言论自由、宗教信仰自由等等。
② 包括余涌的《道德权利研究》(中央编译出版社，2001 年)；甘绍平的《人权伦理学》(中国发展出版社，2009 年)、《自由伦理学》(贵州大学出版社，2020 年)。

判,社会必将陷于混乱。自由的理念赋予个体道德权利,这是人类社会的巨大进步,但是超越限度的道德权利,会给人类社会带来难以预料的隐患。

## 二、道德权利的限制:道德义务还是伦理秩序

谈及道德权利,习惯上会涉及道德义务,有权利必然有义务,将道德权利与道德义务关联讨论有其理论价值。但是,道德权利的出发点是保障个体利益,其带来的实际问题与挑战是,随着权利的核心"人权"的不断扩大与复杂化,个体道德权利的边界也开始变得模糊不清——哪些权利不可侵害,哪些行为不可僭越,这是道德权利与道德义务关联讨论无法解决的问题,因为这是由道德权利与伦理秩序的相互影响和制约所决定的。那么,为什么对于道德义务的讨论不能回答道德权利的边界问题呢?

关于道德权利与道德义务的关系,有两种思考方式:(一)一个人拥有某种道德权利,以他履行相应的道德义务为条件;(二)一个人拥有一项道德权利,则他人要承担相应的义务,反之亦然,一个人的道德义务必然赋予他人道德权利。就第一种思考方式而言,一个人有要求他人诚实的权利,则以他自己诚实为义务,自己的诚实与他人的诚实是"同类"的权利和义务;然而,一个人有不参加慈善的道德权利,那么他的"相应的"道德义务是不接受他人的慈善捐助,还是反对他人的慈善行为? 一个人有道德权利要求医生对自己"救死扶伤",但他的"相应的"道德义务却不是对他人的"救死扶伤",而只能是在自己的能力范围内做好帮助他人的事,这就是说,这些情况下道德权利与道德义务是不同类的行为。就第二种思考方式而言,如果一个人的道德权利"对应"的是他人的道德义务,那么,道德权利与道德义务应该具有明确的"逻辑相关性",比如一个人有要求被尊重的权利,他人就有尊重他的义务。但事实上,道德权利与道德义务并非一定具有逻辑相关性。比如甲有要求乙让座的权利,乙却没有必须让座的义务。或者一个人有参加慈善活动的道德义务,但这种道德义务却不能成为他人的道德权利。所以,道德权利与道德义务并不是一定具有"逻辑相关性"。[1] 对此,密尔(John Stuart Mill)曾经指出,道德义务分为完全强制性义务与不完全强制性义务,后者是指那些虽有义务性,但却可以任凭主体的意愿,何时何地实行或者不实行[2],即这种道德义务不赋予他人道德权利,不具有"逻辑相关性"。对此,康德说:"仁爱和尊重人类权利这两者都是义务;然而前者是有条件的义务,反之后者则是无条件的、绝对命令的义务。"[3]仁爱之心可以是一个人自觉地去履行的道德义务,却不是受惠者可以要求的道德权利。对此,罗尔斯(John Bordley Rawls)更加直接,认为仁慈、怜悯、自我牺牲,并不是道德义务,是不能被强制要求的份外行为[4],这就在源头上切断了慈善这样的行为与受惠者的道德权利之间的联系。所以,道德权利与法律权利不同,法律权利是受到法律保护的利益与要求,义务是法律强制的贡献或付出,权利与义务必然统一。而站在道德权利的立场上,罗尔斯的观点是有道理的,任何人不能强制他人必须慈善,这不是义务,这是份外之事,否则就是道德绑架。美国法理学家博登海默(Edgar Bodenheimer)将此阐述得更加清晰,他认为,有两类不同的道德规范,第一类道德规范对于一个有组织的社会是必不可少的,包括避免暴力伤害、忠实地履行协议、调整家庭关系、对群体的某种程度的效忠等等。第二类道德规范包括有助于提高生活质量,增进人与人之间的紧密联系的原则,但是这些原则远远超过了维持社会生活的要求,"慷慨、仁慈、博爱、无私和富有爱心等价值都属于第二类道德规范"[5],这些行为不能被强制,因此不构成道德义务。

---

①　余涌和王海明都对这一问题进行了研究,参见余涌《道德权利研究》(中央编译出版社,2001 年,第 69 页)、王海明《伦理学原理》(北京大学出版社,2005 年,第 237 页)。

②　约翰·穆勒:《功利主义》,徐大建译,上海:上海人民出版社,2008 年,第 50 页。

③　康德:《历史理性批判文集》,何兆武译,北京:商务印书馆,1990 年,第 143 页。

④　约翰·罗尔斯著,何怀宏等译:《正义论》,何怀宏等译,北京:中国社会科学出版社,1988 年,第 111 页。

⑤　博登海默:《法理学:法律哲学与法律方法》,邓正来译,北京:中国政法大学出版社,1999 年,第 373 - 374 页。

　　可以看出,道德权利是"我可以合乎道德地做或不做什么",道德义务是"根据道德要求我应该做什么",坚持道德权利的要义在于"可以不付出"以保护个体的权益,履行道德义务的要义在于"强制性付出"以维护社会公共利益和群体正常的生活,二者或者不是同类的行为,难以关联比较,或者因为"不完全强制性义务"而难以有直接的逻辑相关性。更重要的是,讨论道德义务不能解决道德权利的真正问题,即道德权利的边界在哪里与制约道德权利的力量是什么。如果说法律权利是一种权力规范,明确而刚性,那么,道德权利是伦理原则和伦理规范赋予的,是非权力规范,模糊而柔性。习惯上,维护伦理的力量来自社会舆论、公序良俗、个体的良知。因为每个人对此的认知和认同有共性亦有差异性,所以,在道德权利问题上的难点是,道德权利有的明确,有的模糊,道德权利有时被侵犯,有时又过度扩张。而当个体对自我的道德权利过度伸张时,从道德义务出发并不能对此进行有力的约束。

　　我们认为,道德权利是被伦理秩序限制与规定的,离开了"伦理"的维度,道德权利与道德义务是无根的,或者说缺乏意义的。黑格尔有一段经典的论述:"在考察伦理时永远只有两种观点可能:或者从实体性出发,或者原子式地进行探讨,即以单个的人为基础而逐渐提高。后一种观点是没有精神的,因为它只能做到集合并列,但精神不是单一的东西,而是单一物与普遍物的统一。"[①]在本文的语境中,也可以这样说,"原子式"地讨论道德权利有着天然的局限,"集合并列"无法还原真实的社会样态。伦理实体(包括家庭、集体、社会、国家等等)中蕴含的伦理要求,不是个体道德义务的罗列、相加就能达到的。道德权利亦是如此,只有从伦理实体出发,在个体性道德与普遍性伦理的关系中,道德权利才能得到合理而现实的表达。

　　我们可以笼统地说伦理、道德是调整人和人之间关系的、为社会所认可的特殊的行为规范,其不同于法律规范、政治规范的特殊性在于,它是由风俗习惯、良知、社会舆论来维护和发挥作用的。而从相区分的意义上来说,道德是个体性的、主观性的规范意识与行为,伦理是社会性的、客观性的规范要求,是群体、共同体要求的行为准则,侧重于社会整体的和谐、有序而对个体行为的引导与制约。当社会的伦理要求成为个体的规范意识并诉诸行为时,即成为个体的"道德",故而黑格尔称其是"一种伦理上的造诣"。可以说,个体的道德权利具有"道德"的特性。因此,在社会生活中,"伦理"认可与制约了道德权利的内容与范围,而个体对自我道德权利的认定,既有"伦理"的要求,亦是个体自由意志的选择。这里的复杂性在于,家庭、集体、社会、民族国家这些伦理实体以及各类共同体,都有各自内在的伦理要求,一个人在家庭里有父慈子孝的人伦要求,在职场中需要爱岗敬业精神,在社会生活中应与他人平等仁爱相互尊重,作为国家公民则要遵循爱国主义原则。因此,"伦理秩序"是群体的伦理要求,是建立在伦理原则与伦理规范基础上的秩序,并在诸多伦理实体的规范要求中,呈现出一种由高到低的伦理价值序列。卢梭曾经区分过"众意"与"公意",以"公意"来解释"伦理秩序"亦是合理的。在卢梭看来,"公意"着眼于公共利益,而"众意"着眼于私人利益。"众意"是个别意志的总和,而"公意"是在个别意志的争执和各持己见中,以共同利益的方式显示出来。[②] 伦理秩序即是如此,超越了因人而异的道德权利,提取了众人的最大公约数,而形成了伦理规范与伦理共识。

　　道德权利是从维护个体利益出发的思考,伦理秩序则是为了维持群体或社会生活的公共要求,二者的关系并不是互相排斥的,它们之间有所对峙,大多数情况下处于一个张力结构中。伦理秩序是实现个体道德权利的条件,即伦理是赋予个体道德选择的客观性、合理性依据。同时,个体对道德权利的主张又与其自由意志密切相关,即在维护自身利益的同时又要求行为得到伦理道德上的认可。因此,伦理秩序与道德权利处于一种动态平衡的对立统一体之中。人是具有充分自我意识的生命,个体的利己性冲动与超越私心的高尚追求都是正常的,既有可能以自我为中心而只考虑利己的行为,也有可能超越一己

　　① 黑格尔:《法哲学原理》,范扬、张企泰译,北京:商务印书馆,1961年,第173页。
　　② 卢梭:《社会契约论》,李平沤译,北京:商务印书馆,2011年,第33、35页。

之私而与他人共同达到某种和谐——伦理秩序是一种规范道德权利的基本机制。我们不能断然地认为伦理秩序优先或者道德权利优先。伦理秩序总是约束性的,一定会使个体失去一定程度的自由,即限制其道德权利。同时,因为法律对个体权利的肯定与保护,又使得伦理秩序必须保证个体基本的道德权利。换句话说,伦理秩序不能为了某些公共利益损害个体基本的道德权利。

## 三、伦理秩序下道德权利的底线与限度

道德权利是有底线的,伦理秩序虽然是为了维护群体、整体利益,但也不能逾越这一底线。在现代社会,个体权利是政治、法律、伦理上的重叠共识,而法律对个体基本权利的尊重和保护,即个体的生命权、自由权、尊严权、公正权等等,强烈地影响了伦理原则与伦理规范。可以说,某项行为被法律赋予了合法权利,受到法律的保护,其同时也就具有道德权利,伦理原则、道德准则不能与此相违背。甘绍平教授认为:"自由是一切道德价值的基础与前提,自由为道德奠基。从逻辑上讲,自由先于、优于和高于道德(规范)。"[①]确切地说,就意志自由是道德的前提而言,自由是道德的基础。就自由的理念而得以确立的人的基本权利(如生命权、尊严权)而言,伦理规范、道德准则不能凌驾于个体生命、尊严权之上。个体有维护自己生命、尊严的道德权利,维护生命、尊严的行为,理应是伦理道德上的正当。这即是个体的道德权利的底线,即使是为了维护伦理秩序,也不能无视这个底线。

伦理秩序固然不能损害个体的这些基本的道德权利,那么,道德权利的限度在哪里,或者说伦理秩序的哪些方面是不能破坏的? 从人类社会的发展历程来看,个体权利的范围日益扩大,个体的尊严、主体地位等道德权利的要求也越来越高,如果道德权利过度伸张,也会对伦理秩序造成伤害,对群体的社会生活带来冲击。在法律层面上,"法无禁止即可行",但即使在法律层面有行为的权利,在道德权利上却不一定成立。比如在公共场合喧哗的行为在法律的约束之外,但无视公德要求,即可以在道德上进行批评。但是,道德权利的复杂性在于,伦理规范本身不是完全清晰的,而且不同的人对于伦理道德的认知与认同也存在着巨大差异。因此,道德权利观念的多元化常常会与社会伦理秩序发生冲突。伦理、伦理秩序的产生,首先是为了维护人类群体的生存、社会的生活秩序,体现为"公意"而不是"众意"。对此,我们认为,伦理秩序的意义在于追求群体或社会整体的稳定、合理和有序,最大程度地实现群体或社会整体的利益,因此,伦理秩序天然地对道德权利形成了限制力量。这种限制包含伦理秩序的三个层次的目标:"有序""和谐""公正",这既是伦理秩序的意义和价值,亦意味着个体的道德权利不能凌驾于"有序""和谐""公正"之上。

"有序"是伦理秩序的基本要求。包括两个方面:其一,在具体的伦理实体中,个体的道德权利不能破坏确定的、稳定的伦理关系。比如在家庭中,父慈子孝、兄友弟恭是一种伦理上的"有序"(平等是政治、法律意义上的关系),为人子而不孝不是道德权利。如果这样的行为成为道德权利,即破坏了家庭中确定的、稳定的伦理关系,意味着家庭伦理秩序的混乱与崩溃。其二,每个人都存在于多重的伦理实体之中,从家庭、社区、集体到社会、民族、国家,每一个伦理的实体都有其内在的伦理规范,个体的道德权利应当遵循伦理价值的大小序列。美国哲学家莱茵霍尔德·尼布尔(Reinhold Niebuhr)指出,每一个群体都有自利倾向,或者说,群体是一种较大范围的利己主义。[②] 这是说,每一个群体的伦理要求都以自己的整体利益为目标。因此,不同群体在伦理要求上存在差异并难以兼顾。面对这样的问题,个体的道德权利如何界定? 实际上,没有一个简易原则或万能公式可以对此进行精确的判断,个体的生命、财产、尊严与不同群体的公共利益何者优先因事而异,但是,道德权利的伸张不能混乱、颠倒伦理价值的大小序列,最重要的是,这种"有序"要求一般是客观的、社会公认的,并且得到大多数人的认可的。

① 甘绍平:《自由伦理学》,贵阳:贵州大学出版社,2020 年,第 5 页。
② 莱茵霍尔德·尼布尔:《道德的人与不道德的社会》(导论),蒋庆等译,贵阳:贵州人民出版社,1998 年,第 4 页。

在伦理秩序中,"和谐"是对"有序"的一种必要的补充。伦理秩序虽然没有法律那样的强制性,但是,在中国传统社会中,分明有一种厚重的、不容违反的伦理氛围,因此,"有序"是伦理秩序所追求的目的,但仅仅"有序"是不够的。梅因(Henry Maine)在分析古代社会与近代社会在结构上的差异时认为,古代社会是"一个许多家族的集合体",近代社会是"一个个人的集合"。① 古代社会以家族为单位,现代社会以个人为单位,前者注重秩序的有序,后者强调自由的价值。伦理秩序的"有序"突出了义务和服从的重要,但如果相当多的人在"有序"中并没有享受到好的生活,那么,"有序"就成为一种枷锁。所以,有学者认为,中国传统社会是"宗法-礼俗"的,现代社会是"公民-权利"的,中国现代性伦理秩序构建的逻辑出发点是个人权利。② "宗法-礼俗"的社会是"有序"的,严格的等级、尊卑、主从伦理关系(如三纲五常、三从四德)确实井然有序,但随着社会的进步,这种有违自由、平等、正义等现代理念的伦理形态已经不符合时代的要求。对于现代社会的伦理秩序来说,"有序"之外,亦要有"和谐",不是整齐划一的"有序",而是允许有一定的"和而不同"的宽容度。伦理秩序的和谐性,即是在正常的社会生活中,尊重每个人的自由意志,允许多种道德选择并存,维护社会伦理的自由性和社会生活的丰富性,这也是现代社会的进步所在。道德权利对伦理秩序"和谐"原则的尊重,在本质上是对他人的权利的尊重,"己所不欲,勿施于人"是达到和谐的重要方式,如果认为自己的道德权利无条件优先于他人的权利,即是对伦理秩序"和谐"原则的破坏。

"公正"是伦理秩序所要体现的根本原则。伦理秩序的"有序"并不一定"和谐",伦理秩序的"和谐"也不一定"公正",伦理秩序的公正是比有序、和谐更高的要求。公平、公道、公正、正义是意义相近的概念。在日常生活中,多用待人公道,如公平竞争、公平与效率等。在比较正式表述中,如对于法律原则、伦理原则等更常用公正概念。相比之下,正义更庄重更神圣,并具有强烈的价值评判意味。具体而言,公正是"没有偏私、给人所应得"的行为。比如权利与义务相等、德福一致等无法量化却又不得不精确辨别的行为,皆以公正为价值追求。为此,罗尔斯(John Bordley Rawls)在《正义论》中设计了著名的"无知之幕":在人们商量给予一个社会、一个组织里的不同角色的成员以正当对待时,也就是讨论和确定正义原则时,最理想的方式是每一个讨论者都在幕布后面,而并不知道自己在社会中是什么角色——只有在每个人都受到无社会差异的对待时,才是"正义"原则的体现。这一设想也适用于"伦理-道德上的公正",即平等地考虑他人的需要与自己的需要之间的不同,使自己的需要与他人的需要达到不偏不倚。如果把这一问题的范围具体到家庭伦理、职业伦理、社会伦理乃至环境伦理、生态伦理中去,那么,诸多的伦理关系意味多层面的伦理规范要求,在个体与群体或伦理实体的利益分殊中,如何调整、协调、平衡各方的关切与冲突。"伦理秩序上的公正"即是具体地考量如何实现伦理道德上的公正原则,在多重群体或伦理实体的不同乃至冲突的行为选择中,体现出"没有偏私、给人所应得"的价值追求。"没有偏私"意味着站在客观公平的立场上的判断,而"给人所应得"则是复杂的等利等害原则③,当然,这是价值意义上的,而不是量化意义上的。就个体的道德权利来说,伦理秩序的公正原则是完全不容僭越的,与公正相背离的行为不能成为道德权利。

个体的道德权利与社会的伦理秩序是一个张力结构。个体的利己性冲动是正常的,合理的利己行为享有道德权利,过分的利己行为不被赋予道德权利。同时,伦理秩序的本质是客观的、面向整体利益的,伦理秩序尊重个体的道德权利,道德权利的边界与限度亦受伦理秩序的约束,即是个体的道德权利的伸张不能破坏伦理秩序的有序、和谐、公正,这是道德权利的合理性的重要依据。而伦理秩序对道德权利的限制,也是对"人得自由,而必以他人之自由为界"的原则在伦理领域中的具体化表达。

---

① 梅因:《古代法》,方孝岳等译,北京:商务印书馆,2017年,第83页。
② 高兆明:《现代性视域中的伦理秩序》,《南京师大学报(社会科学版)》2003年第6期。
③ 王海明:《伦理学原理》,北京:北京大学出版社,2005年,第222页。另外,对脆弱群体的关怀、老弱病残的特殊照顾,亦是一种公平。

### 四、非常时期的伦理秩序与道德权利

从道德权利与伦理秩序的视角看待中国当前的现实问题,一是转型期的伦理秩序与道德权利的分歧,二是非常时期的伦理秩序与道德权利的冲突。

就前者而言,一方面,中国厚重的伦理传统使得伦理秩序有很强的延续性,伦理秩序越强势,道德权利越弱势,伦理秩序与道德权利相互宽容的模糊区域也就越小。另一方面,社会的快速发展也使现代中国伦理的社会基础发生了根本变化,在从宗法家族社会到公民社会的转型过程中,随着权利观念的普及和深入人心,道德权利的伸张造成的与伦理秩序的紧张、对峙也成为很长一段时间上的常态。就后者而言,在全社会性的危机面前,社会伦理秩序与个体道德权利之间有着常态化的冲突。2002 年"非典"暴发期间和 2020 年以来的新冠肺炎疫情,都是典型的"非常时期"。非常时期的伦理秩序的要求、表现方式完全不同于常态下的伦理秩序——在正常时期,伦理秩序不带有严格的强制性,或者说有相当的宽容度。而在非常时期,伦理秩序要求全社会如同一个整个的个体那样统一行动。一方面,伦理秩序要求和引导个体趋向于"无私",甚至放弃一部分道德权利。如前所言,权利是自由的实现,但抽象的自由是难以确定权利的合理的边界的。道德权利亦是如此。新冠肺炎疫情发展到现在,世界范围内,因为明确的法定权利的保护,使得大多数国家不能严格约束个体的行为,而道德权利的模糊不清又使得不服从防疫措施成为一种道德上的正当。另一方面,各种类型的群体(共同体)亦从自身的目的出发,以小共同体利益冲击着社会利益。对此,美国学者尼布尔的研究很有启发意义。他认为,群体(各种集体、团体)比个体更缺乏理性去抑制他们自私的行为,群体的道德低于个体的道德。因为建立一种足以克服本能冲动又能凝聚社会理性的力量非常困难,而且群体的利己主义与个体的利己冲动纠缠在一起时,"只表现为一种群体自利的形式"[①]。这种"不道德"的小共同体掩盖了自私的个体的意志,使个体在其中毫无压力,因此会造成严重的后果,没有人会因为不道德的行为而受到舆论的批评。所以有学者指出,20 世纪以来,人类最大的灾难不是由不道德的个体引起的,而是由自私的群体造成的。[②] 那些将人类文明推向毁灭边缘的大规模战争、生态危机、核污染等等,都是由集团、国家、社会这一类的群体或集体造成的。在非常时期,各类群体(共同体)从自我出发的伦理要求放大了对伦理秩序的冲击,各种各样的群体、集体从小共同体的目的出发,以伦理要求的方式维护自身的利益。医院、学校、社区,乃至地区、城市,都可能以这种方式行事,而不顾他人的需要。

新冠肺炎疫情防控时期是典型的非常时期,社会需要统一的行动,伦理秩序的有序、和谐、公正是每个人利益的最大保护。也可以这样认为,非常态时期更要求伦理秩序优先。甚至伦理秩序的公正原则要提高到带有"正义"意味的原则——正义比公正具有更加神圣和庄严的价值。如果说"没有偏私、给人所应得"是公正原则,那么什么是正义呢?同样是疫情,医疗资源充沛的地区比医疗资源贫弱的地区承受力强;同样的地区,享有保障的精英人群比脆弱人群更能抵御疫情;此外,体弱者看重生命保障,体健者重视经济上的得失。伦理秩序要维护"没有偏私、给人所应得"的公正,也应该考虑到不同个体的差异性,这才是比公正更严肃、更神圣的正义的伦理秩序。正义虽然难以精确定义,但无视某些群体的正当需要,比如在生命垂危时刻因为非常时期的规定而不能进入医院的要求,肯定不是正义的伦理秩序。

那么,强调伦理秩序的优先性会有负面影响吗?个人的权利、道德权利会被侵害吗?伦理秩序的尺度是复杂的,当个体最为重要的道德权利与群体最为看重的伦理秩序发生冲突(比如中国传统社会中"忠孝不能两全")时,不同的群体、集体因为利益差异,对非常时期的伦理要求很难有完全相

---

① 莱茵霍尔德·尼布尔:《道德的人与不道德的社会》(导论),蒋庆等译,贵阳:贵州人民出版社,1998 年,第 3 - 4 页。
② 樊浩:《伦理的实体与不道德的个体》,《学术月刊》2006 年第 5 期。

同的认识。因此,对于个体来说,在非常时期的道德权利与正常时期相比,无疑是受到很多限制的。在一般情况下,个人有选择是否参加体检的自由,他人不能因此以伦理道德的要求进行强制,这是个体的道德权利。但是,在疫情时期,躲避核酸检测却不能成为道德权利,这样的行为对于社会安全构成了威胁,也危害了伦理秩序所要求的有序、和谐和公正原则。另外,隐私权是个体的权利,维护个人的隐私是不是个体的道德权利?《中华人民共和国民法典》中规定了"隐私权和个人信息保护",当个人的信息秘密对于社会与他人不构成任何影响与危害时,对自己的隐私是否向他人公开以及公开的人群范围和程度等具有决定权,这一方面体现了现代社会对个人权利的保护,对个体尊严的尊重,另一方面也体现了社会秩序的意义,即维护了个人的生活安宁、安全感,以及人与人的和谐共处。当然,隐私权体现了他人与社会对个人的尊重,同时也意味着每个人对他人的尊重。所以,在正常情况下,隐私权既是法律权利,亦是道德权利。但是,在非常时期,比如新冠疫情防控时期,"隐私权和个人信息保护"在法律层面有着非常复杂的规定与解释,比如有"个人生活自由权""情报保密权""个人通信秘密权""个人隐私利用权"等等,但是在道德权利方面,相对要简单而容易判断,当权利主体按照自己的意志从事或不从事某种与社会公共利益无关或无害的活动时,隐私权是道德权利,反之,个人的行为不具有道德权利,即使不违反法律,亦不应享有道德权利。

所以,在非常时期,人类社会更需要一种伦理秩序优先的思维方式与行为规范,相比于正常时期,伦理秩序对个人的道德权利的限制大大增强,在正常时期的许多行为虽然不高尚,但是却是道德权利。在非疫情时期,有发热症状时可以拒绝就医,可以出入公共场合,但是在疫情时期这样的行为却要受到社会舆论的约束与道德上的指责。正因为许多行为是与社会公共利益有关或有潜在的危害,所以道德权利的范围缩小了。近日,一则信息也证明了非常时期对道德权利的限制。2022 年 5 月 26 日,上海交通大学学生逗玩流浪猫被全校通报处分。恰逢上海疫情防控期间校园处于封闭管控状态,学生逗玩流浪猫被抓伤后,伤口处置和打疫苗均有困难,造成学校大量人力、物力的消耗。① 而从社会反应来看,大多数人表示支持学校的做法,也就是说,在平常时期无疑具有道德权利的行为,在非常时期却更加强调了伦理秩序的优先性。应该说,这不是社会文明的退步,而是一个理性的社会的应有面貌,无视社会与群体的要求,只强调自我的权利与道德权利,是一种道德上不成熟的状态。

最后,我们要说,"群己权界"是一个很有意义的讨论架构,孤立地、原子式地讨论自由、权利或者道德权利是抽象的、静态的,虽然有其价值,但这是逻辑的,不是历史的、现实的社会样态。这样复杂的问题,尤其在非常时期,只有在群己关系这一统一体中的讨论才有合理性。或者说,人是社会性的存在,权利与义务、道德权利与伦理秩序是统一体中相互影响、相互制约的力量。没有一项权利或道德权利是无条件的,同样,伦理秩序也不是具有天然的合理性,没有一成不变的秩序。伦理秩序是自然形成的传统与人为建构的统一,是一个维护社会有序、和谐、公正乃至正义的价值序列,是随着时代与具体社会状态而变化和发展的。当前的中国社会,我们常常可以看到伦理秩序对个人的正当道德权利的侵害的事例,这是因为各个层面的伦理实体的多样的规范要求,以"伦理"的名义,侵入了个体权利的领域。伦理秩序是一种"公共理性",其最大的危险性在于,各种群体、集体、组织从各自的目的出发,产生了"不道德的伦理实体"。只有当伦理秩序不是出于某些特殊群体的利益要求,而是服务于尽可能广大的社会的公共利益时,伦理秩序才是合理的。对于个体的道德权利来说,如果从自由的理念出发,只是强调权利和自主的意义时,有时会陷入"自我中心主义",而过度张扬个体的道德权利,结果就会导致人的道德性沦丧、社会关系紧张,危及社会共同体的有序;一个社会的文明尺度,一方面在于伦理秩序对道德权利的认可,另一方面是个体对伦理秩序的理解与认同。不打疫苗固然是一种道德权利,但认同个体对社会的道德责任,未尝不是社会文明程度的表现。当然,实践上"群己权界"中的伦理秩序与道德权利是复杂的,需要

---

① 《上海交大学生逗流浪猫被全校通报处分:对同学、对学校都极不负责任》,https://new.qq.com/rain/a/20220526A06TU900。

一个理性而公正的"伦理场域"的机制,使得伦理秩序与道德权利在一个张力结构中,相互协调、互动,处于一个和谐的状态中。

在这篇文章即将结束时,一波疫情接近尾声,雨中的核酸检测点上,长长的队伍正静静地等待着。被限制的自由才是自由的保障,道德权利需要理性的自律,也需要伦理秩序的导航,合理的道德权利本质上也在实现着伦理秩序的价值。

# 论道德偶然性

庞俊来*

(东南大学 人文学院,江苏 南京 210096)

**摘　要:** 道德是偶然的吗? 道德偶然性理论何以可能? 回答它们需要回应"道德的偶然性""道德内偶然性""道德间偶然性"三个基本问题。"道德的偶然性",通过对道德与偶然性关系的历史梳理,呈现人类道德认识中的偶然性谱系,揭示道德偶然性世界观的出场;"道德内偶然性",在道德偶然性世界观中,阐释道德偶在、道德偶性与道德偶然的道德哲学范畴,探究道德偶然性理论话语体系;"道德间偶然性",说明道德成为偶然之后,个体的道德行动与社会的伦理准则如何可能,回答道德偶然性的实践问题。道德偶然性理论将为后现代语境中的道德认知、道德行动与道德治理敞开全新的理论视域。

**关键词:** 偶然性;道德偶然性;道德偶在;道德偶性;道德偶然

道德是偶然的吗? 长期以来,"伦理学是一门实践哲学,正如理论哲学要清楚地说明一种必然的思维的体系,实践哲学也要彻底地阐明一种必然的思维的体系"[①]。道德必然性一直是伦理学、道德哲学研究的基本的知识目标。随着多元文化主义兴起、后现代文明发展以及互联网时代的到来,偶然性得到越来越多的关注。自然科学家宣告"确定性的终结"[②],人文社会学者提出"自由主义社会的偶然"[③]。诸如道德相对主义、道德境遇主义、道德虚无主义等道德偶然性议题不断涌现,但是,"道德偶然性"概念一直没有得到学界明确的表述与清晰的界定。"道德偶然性"能否获得认同,期待对于这一理念的三重论证:一是道德的偶然性,涉及道德与偶然性关系,对道德偶然性世界观进行论证;二是道德内偶然性,涉及道德语言,探究道德偶然性的哲学范畴;三是道德间偶然性,涉及道德实践,回答道德偶然性之后的道德现实可能。

## 一、"道德的偶然性":道德偶然性世界观的历史逻辑进程

"道德的偶然性"是道德属性问题,涉及对于道德本性认识以及对道德根本看法的世界观问题。道德属性问题是道德哲学史上的原初性问题,伦理学、道德哲学是在对道德偶然性事实回应中,建构了道德必然性认知逻辑的。道德偶然性世界观在道德必然性之"形而上学终结"中渐渐凸显。

在道德哲学史上,第一个揭示道德偶然性问题的人是苏格拉底,苏格拉底通过对"美德是否可教"的追问,揭示了"道德的偶然性"问题。"美德是否可教"包含着一个前提与两个问题:一个前提就是人的道德来源问题;两个问题,即谁是道德的教师、道德教育的内容是什么。在《普罗泰戈拉》中,苏格拉底指出美德是"偶然碰上""自己吃进去的",因而,"我们最聪明的、最优秀的同胞也不能个别地将他们拥有的美

---

\* 作者简介:庞俊来,东南大学人文学院教授。

① 费希特:《伦理学体系》,梁志学、李理译,北京:商务印书馆,2010 年,第 4 页。
② 普里戈金:《确定性的终结:时间、混沌与新自然法则》,湛敏译,上海:上海科技教育出版社,2009 年,第 4 - 6 页。
③ 理查德·罗蒂:《偶然、反讽与团结》,徐文瑞译,北京:商务印书馆,2002 年,第 67 - 98 页。

德赋予他人"①。从人身上拥有的"美德"是"个别的""偶然的"前提出发,否定了"人"作为道德的传授主体资格,揭示了智者派将道德当做技艺传授的荒诞。否定了道德主体,只是说明了作为"人的道德"的偶然。苏格拉底更为彻底地通过对于道德教育内容的探讨,揭示了"道德"本身的"偶然",即"道德的偶然性"。虽然在《美诺》篇中,苏格拉底说,"其实我根本不知道品德是不是可以传授的,因为我并不知道品德本身到底是什么"②,并最终走向"美德即知识"的道德普遍性知识的追求,但是"道德的偶然性"问题从此却一直伴随着人类道德必然性追求的历程。

在形而上学史上,第一个提出"偶然""偶然性"范畴的哲学家是亚里士多德。"偶然(属性)的命意是凡附属于某些事物,可以确定判明为附隶,但其所以为附隶者既非必需,亦非经常。"③亚氏同时指出,"属性,实际仅仅是一个名词,这是自然间的遭遇""诡辩论者总是纠缠于事物之属性""在实是的许多命意中我们现须说明,关于偶然属性是不能做成科学研究的"④。如此,具体到道德偶然性问题,如果道德属于"属性"范畴,那么道德就是"偶然"的,是不可研究的对象;如果道德是属于"实体""实是"范畴,那么道德就是研究的对象。换言之,道德如果作为"人的道德",是人的"属性",因其偶然性,自然就不是研究的对象。如果道德是"实体""实是"的范畴,自然就需要问一个"道德""本身""是什么"的定义问题。这正是《美诺》所讨论的主题,以力求走出道德偶然性困境。正是在这个意义上,亚里士多德批判说,"苏格拉底正忙着谈论伦理问题,他遗忘了作一整体的自然世界,却想在伦理问题中求得普遍真理,他开始用心于为事物觅取定义"⑤。在亚氏看来,苏格拉底追问"德性是什么",离不开道德所依附之人的"实体"认识,离不开人的实体所依附的自然整体的形而上学认识。这样,亚里士多德就回避了道德偶然性问题,从而将苏格拉底揭示的道德偶然性的道德哲学问题转向了形而上学问题。在后来的《尼各马可伦理学》中,亚氏指出:"研究还是从我们所知道的东西开始为好,所以那些想学习高尚和公正的人……最好是从习性或品德开始。始点或本原是一种充分显现后,就不须再问为什么的东西。"进一步遮蔽了道德偶然性问题,将对道德偶然性事实存在的问题转化为对道德"始点或本原"的必然性的认知,因为一旦认识到了"始点或本原","道德的偶然"就是一个无须再问的问题。

道德必然性的追问在康德那里达到了巅峰,康德区分了道德的质料与道德的形式,提出"人们是否有必要制定出一个纯粹的完全清楚了一切经验、一切属于人学的东西的道德哲学"⑥。康德从通俗道德哲学出发,逐步清除掉具有偶然性的道德经验与道德质料,从而走向道德形而上学,最后达到"实践理性"的"绝对命令",将"合乎道德"的"偶然性"上升为"出乎道德"的"必然性"。但是,在道德形而上学的追问中,康德不可避免地面临两个问题:一是道德形而上学是在理性限度内思考的;二是在理性限度内的实践理性面临纯粹理性中的"自由与必然"的二律背反。作为纯粹理性终点、实践理性起点的"自由意志"依然具有"偶然"的阴影。黑格尔沿着康德的理性主义继续前进,不同于康德拒绝道德质料,黑格尔肯定偶然性与道德偶然性的作用。"虽说偶然性只是现实性的一个片面环节,因此不可与现实性本身相混淆,但偶然性作为理念的一个形式,也是在客观世界里有其存在的权利。""特别重要的是对意志方面的偶然性做出适当的评价,在说到意志自由时,它常常单纯被理解为任性,即具有偶然性形式的意志……无疑(任性)按其概念来说是拥有自由意志的一个重要环节。"⑦黑格尔对于道德偶然性的承认是有限度的,"克服偶然是认识的任务","在实践领域里非常重要的事情是不要停留在意志的偶然性或任

① 柏拉图:《柏拉图全集》第一卷,王晓朝译,北京:人民出版社,2002年,第440-441页。
② 柏拉图:《柏拉图对话集》,王太庆译,北京:商务印书馆,2004年,第155页。
③ 亚里士多德:《形而上学》,吴寿彭译,北京:商务印书馆,1959年,第116页。
④ 同③,第120-121页。
⑤ 同③,第16页。
⑥ 康德:《道德形而上学原理》,苗力田译,上海:上海世纪出版集团,2005年,第3页。
⑦ 黑格尔:《逻辑学:哲学全书・第一部分》,梁志学译,北京:人民出版社,2002年,第270页。

性上",黑格尔批评近代人"把偶然性抬高到不适当的地位,无论在自然界方面还是在精神世界方面,都把偶然性实际不具有的价值赋予了偶然性"①。黑格尔将康德的知性范畴发展成为"绝对精神"辩证运动的"总体性"。这样,偶然性在必然性体系中,只是一个过渡性环节。"道德的偶然性"只是一种自由意志的"任性",是一个需要扬弃和发展的环节。黑格尔在一种绝对必然性的体系里承认偶然,承认偶然的地位的同时彻底地征服了偶然,连"道德"也只是精神哲学的一个环节,道德偶然性问题在黑格尔那里被终结了。

苏格拉底从生活本身出发,发现道德的偶然性内容;通过自身的道德生命悲剧,揭示了道德偶然性在场的灾难。由此,使得西方的道德哲学一直以来都是拒绝偶然、害怕偶然,从而走上追问伦理道德必然性的形而上学之路。从柏拉图到黑格尔,道德必然性逐步发展成为自圆其说的严密体系,道德偶然性也一步步被遮蔽。现代伦理学进入元伦理学的语言分析。不同于苏格拉底去定义"美德是什么"的道德生活问题,摩尔直面"善是什么"的概念定义问题。最终的结果是:"什么是善?我的回答是:善就是善,并就此了事。……我相信善的东西是可以定义的,然而我仍旧断言,'善'本身是不可能下定义的。"②摩尔元伦理学对于"善"的概念的分析,使得道德偶然性从苏格拉底的"生活的偶然"走向"概念的偶然"。沿着语言哲学分析的路径,维特根斯坦走得更远,"伦理学是对有价值的东西的探索,或者是对真正重要的东西的探索,或者说,伦理学是对生活意义的探索,或者是使生活过得有价值的东西的探索,或者是对正确生活方式的探索"③。维特根斯坦区分了有意义语言与无意义语言,语言的界限在于语言所表达的命题是否有意义。伦理学语言是无意义语言,"写作或谈论伦理学或宗教的人,就是要反对语言的界限……伦理学想要谈论生命的终极意义、绝对的善、绝对的价值,这种伦理学不可能是科学。它所说的东西对我们任何意义上的知识都没有增加任何新的内容"④。这样,伦理与道德就被驱逐出了必然性科学的领地,在人学意义上,伦理道德只是"记载了人类心灵中的一种倾向"⑤;在现象学上,伦理道德现象就是一种道德偶然性现象,因为说"它们(伦理或道德)是一种经验时,它们确实是事实;它们在某时某地发生了,持续了一定时间,因此是可以描述的",但是"从我几分钟前所说的内容出发,我必须承认,说它们有绝对价值完全是胡说"⑥。由是观之,摩尔从概念的偶然性出发否定了伦理学的形而上学的逻辑必然性可能,维特根斯坦则通过语言意义的区分揭示了伦理学作为意义的"目的偶然性"。这样,建立在形而上学基础上的柏拉图、康德、黑格尔的伦理必然性遭到了逻辑解构,建立在目的论基础上的亚里士多德幸福论伦理学遭到了价值解构。道德偶然性成为一个公开的事实,情感主义伦理学凸显。

维特根斯坦是一个转折点,要而言之,苏格拉底发现了道德偶然性,柏拉图在苏格拉底的道德悲剧反思中害怕道德偶然性,亚里士多德通过实体与偶然范畴的区分回避道德偶然性,康德试图在道德形而上学中拒绝道德偶然性,黑格尔在绝对必然性的体系中承认道德偶然性的地位并试图征服道德偶然性。在经历了发现偶然,到害怕偶然、回避偶然、拒绝偶然,再到承认偶然、征服偶然,人类终于开始有能力正视并进入拥抱偶然的时代。

不同于前现代的苏格拉底面对道德生活本身的偶然性,经过现代知识化的后现代道德面对的是道德知识的偶然性问题。进入拥抱偶然的时代,道德不再是"是什么"的定义问题,也不是"是与应该"关系的逻辑问题,而是"在规范的多元状态下……道德选择在本质上不可避免地是摇摆不定的。我们的时代

---

① 黑格尔:《逻辑学:哲学全书·第一部分》,梁志学译,北京:人民出版社,2002 年,第 269 页。
② 摩尔:《伦理学原理》,长河译,上海:上海世纪出版集团,2005 年,第 4 页。
③ 维特根斯坦:《维特根斯坦伦理学与哲学》,江怡译,杭州:浙江大学出版社,2011 年,第 2 页。
④ 同③,第 8 页。
⑤ 同④。
⑥ 同③,第 7 页。

是一个强烈地感受到了道德模糊性的时代"①。人类从古典的"寻找"一种知识,进入到"选择"一种知识的时代。现代的人面对道德生活有无数自洽的理论,多元主义成为时代的基本特征。"道德模糊性"渐渐产生了"道德偶然性"的实在感,每一种道德理论在源头上都有"形而上学"的支撑。后现代伦理学在两个维度上纵深进入偶然性的视域。一是将形而上学与伦理学分离开来,提出一种"无本体的伦理学或无形而上学的伦理学"。伦理学不能理解为"一个原则系统的名称……,——而是(要)把它理解为一个相互联系的关注系统"。伦理学"像一张有很多腿的桌子,它晃得很厉害,但很难翻倒"②。二是从道德本身的内涵出发,寻找"本真性的伦理"。对"超然合理性和以共同体纽带的原子主义"的必然性批判之后,伦理学还能够建立在什么基础之上呢?"道德,在一种意义上,具有一个内部的声音","这是当代文化的大规模主观转向的一部分,是一种新形式的内向","它给予'做你自己的事'或'找你自己的满足感'这类想法以意义"③。这样,当年康德断言的"以任性的自由为对象的实践哲学需要一种道德形而上学"④就成为一种多余,道德必然性的要求也随之成为累赘。

可是吊诡的是,在道德哲学中,"道德偶然性"一直未成为伦理学或道德哲学的基本概念。其中,部分的原因在于,在道德理论中我们对于道德怀疑论与道德虚无主义的拒斥与恐惧,以及由此而来的对于人之为人的道德本性的彻底否定的现实担忧。更为根本的原因在于,在一种"必然-偶然"辩证统一的形而上学范畴中,道德偶然性言说无法去除"形而上学悖论":道德偶然,但不可说。当我们说道德是偶然的,我们不仅是要说道德内容的偶然性,更是要说道德本身的偶然性。但是,当我们说出"道德是偶然的","道德是偶然的"本身却成了一种必然性命题。因而,如果道德是偶然的,那么道德就是不可言说的,因为一旦我们能够将道德的偶然性说出来,恰恰说明它是必然的,而不再是偶然的了。

因此,关于道德偶然性,我们需要一个哥白尼式的革命,一种世界观的革命。正如地球绕着太阳走的"日心说"彻底改变太阳绕着地球转的"地心说"一样,道德偶然性世界观是一种"偶然-必然"逻辑,不是道德必然性的"必然-偶然"逻辑。道德偶然性世界观,以偶然性为世界的本质,以偶然性世界观为道德的世界观前提。道德偶然性需要表达的是一切都在偶然性世界里去看待道德必然性议题,"道德的必然是在偶然性中得到解释和认知的",不再是"道德的偶然是在必然性中得到克服和认知的"。由此,道德偶然性是从承认道德的事实性、经验性的偶然出发,去理解、认识进而建构道德行动中具有必然性性质的道德规范、道德规律,建立面向未来道德实践的行动指南。要而言之,道德世界观的哥白尼式革命所确立的道德偶然性世界观,使建立在偶然性基础上的道德从一种规范性、原则性的"应该"走向一种事实性、描述性的"是",从一种理想主义走向一种建构主义,从一种绝对主义走向开放主义。

## 二、"道德内偶然性":道德偶然性如何言说?

行文至此,我们都是在一般意义上使用一些关于道德偶然性的概念。因为,过往的伦理学家们或者是在一种道德必然性中谈论道德偶然性问题,或者是止步于揭示道德偶然性的存在而对道德偶然性的内涵语焉不详。更重要的原因在于,道德必然性被消解之后,伦理道德变成了维特根斯坦式的"不可言说"与逻辑实证主义"认知上无意义"的判断⑤。从"道德的偶然性"走向"道德内偶然性",首要的任务就是对道德偶然性的基本概念与范畴做明晰的界定。正如九鬼周造在研究偶然性问题时敏锐地指出的那样——"关于偶然的理论之所以常常显得不明晰,当然首先是因为问题本身就很难,但我认为主要的原因在于提出问题的出发点,没有基于某种原理来对偶然性的样态进行区分,没有明确意识到要对该问题

---

① 鲍曼:《后现代伦理学》,张成岗译,南京:江苏人民出版社,2003年,第24页。
② 普特南:《无本体论的伦理学》,孙小龙译,上海:上海译文出版社,2008年,第19、25页。
③ 泰勒:《本真性的伦理》,程炼译,上海:上海三联书店,2012年,第33—38页。
④ 李秋零主编《康德著作全集》,第6卷,北京:中国人民大学出版社,2007年,第223页。
⑤ 普特南:《事实与价值二分法的崩溃》,应奇译,北京:东方出版社,2006年,第11页。

进行统一把握"①。道德偶然性也需要对其进行明确界定的理论自觉。

　　在一般的意义上,当代伦理学被划分为"规范伦理学""元伦理学""应用伦理学"。虽然理论家们不一定都认同这种划分,但是对这三种划分背后所涉及的伦理道德的研究问题应该是没有异议的。规范伦理学重点探讨道德原则——"指导我们如何行动和怎么生活的原则"——的内容;元伦理学关心道德原则的性质,即道德原则的起源、普遍性、真假问题等;应用伦理学侧重于实践中道德原则的应用。② 从这个分类中,我们可以看出伦理道德的核心问题在于道德原则,规范伦理学比较注重在经验世界的日常生活里探讨道德原则,而元伦理学则比较注重形而上学层面对道德原则做哲学的思考,应用伦理学则是在实践世界里探讨道德原则应用的可能。围绕"道德原则"这个核心,伦理道德应该有三个相关的主题:一是道德原则的前提问题,即道德事实的存在,只有道德事实的存在才有道德原则的诞生,抑或说需要道德事实的存在来印证道德原则的可能;二是道德原则的知识性问题,也即道德原则的真假性、普遍性与永恒性问题;三是道德原则的实践问题,也即如何进行面向未来的道德行动。由此,我们发现将产生三种道德偶然性,也即"道德事实的偶然性""道德原则的偶然性""道德行动的偶然性"。

　　说到"偶然性",常伴随"偶性""偶在""偶然"几个相似性的概念。学界很少有明确细致的界定与划分,在这里,我们明确将偶然性问题归结为三个基本概念:偶在、偶性与偶然。在原初的意义上,"偶在"代表"偶然性的存在"的客观事实与原始样态;在知识论意义上,"偶性"代表着对于"偶在"的认识与性质定位,是一种"偶然性的属性";在一种实践论或现实性上,"偶然"代表着一种"潜能",一种"可能",是一种模态,是一种"偶然性的偶然";在更具一般性的意义,我们使用"偶然性"概念作为"偶在""偶性""偶然"背后所统摄表达的意义。由是观之,我们可以据此将道德偶然性问题界定为"道德偶在""道德偶性""道德偶然"三种基本样态。"道德偶在"在原初存在论意义上探讨关于"道德事实的偶然性"问题,"道德偶性"在知识论层次上探讨"道德原则的偶然性问题","道德偶然"在实践论应用上回应"道德行动的偶然性问题",三者共同构成"道德偶然性"理论的形而上学内涵。

　　"道德偶在"作为一种"道德事实的偶然性",首先在休谟"是"与"应当"的区分中凸显出来。当休谟将"是"与"应当"间的"因果性"关系切断,自然产生"是"与"应当"二者本身应该如何理解的问题。休谟说,"理性要么判断事实,要么判断关系"。但是,当"是"与"应当"关系被切断后,我们该如何判断"事实"? 在道德偶然性里,我们首先面对的就是如何确证我们拥有的美德经验事实的真实性与永恒性,休谟通过对"罪恶"事实的分析,为我们揭示了"道德偶在"的存在。休谟说,"我们称之为罪恶的那个事实存在于何处,指出它来,规定它的时间,描述它的本质或本性,说明发现它的那种感官或能力。……你们不能说,这些东西自身永远而且在一切条件下都是罪恶"③。在这里,休谟为我们揭示了没有了"是"与"应当"关系的指引,道德事实本身必然面临偶然性的现实。后来维特根斯坦正是延续休谟的这一思路,说伦理或道德"是一种经验时,它们确实是事实,它们在某时某地发生了,持续了一定时间,因此是可以描述的",道德事实成为一种仅有描述功能的陈述句。"某人某时做了某件美德的事或不德的事",可能具有以下的内涵:第一,它是事实存在着的;第二,它也可以不存在,不是经常存在的,只是一种可能性;第三,它可以在这里存在也可以在那里存在,不具有固定性;第四,它可以这样存在也可以那样存在,可以以这种方式存在也可以以那种方式存在;第五,它可以在这类生物中存在也可以在那类生物中存在,在同一类生物(比如,人类)中,可以在这个生物身上(这个人)存在也可以在那个生物(那个人)身上存在。这样的道德事实只是一种"偶然的存在",也即"道德偶在"。由是观之,后现代语境中的"道德境遇"

---

　　① 九鬼周造:《九鬼周造著作精粹》,彭曦、江丽影、顾长江译,南京:南京大学出版社,2017年,第69页。
　　② 程炼:《伦理学关键词》,北京:北京师范大学出版社,2007年,第1页。
　　③ 休谟:《道德原则研究》,曾晓平译,北京:商务印书馆,2001年,第139页。

"道德距离""道德运气"等新兴的道德范畴都可以归结在"道德偶在"中加以审视与考察。

如果说"道德偶在"是对道德偶然性的事实性、经验性、存在性的描述,那么"道德偶性"就事关"道德的原则"与"道德的理由"。如果道德事实是一种"偶在"的话,那么,在"道德偶在"的不同的道德事实之间,如何生成共同的道德原则与道德规范,从而形成我们共有的道德知识?这就涉及"道德偶性",也即"道德原则的偶然性问题"。在道德必然性的逻辑里,道德原则、道德规范、道德知识是普遍的、必然的,但这种必然性与普遍性源于何处,主要有自然主义、理性主义与神秘主义三种说辞。在知识论的视域中,理性主义一直是主流。但是,近代以来,"一切能够以数学用语公式化表述的客体的属性,都可以被理解为客体自身(作为物自体之客体)的属性"①。这样的一种形式化、普遍化的要求一直都是近代知识论对科学知识的基本要求,这种要求后来渐渐转化为逻辑学与语言学所要求的严格必然性。但是,这个问题一遇到道德就会出现问题,道德规范、道德原则、道德知识如何通过数学化的公式、形式化的逻辑与符号化的语言表达出来?于是,语言哲学家们直接就将伦理道德问题剔除出了科学必然性的领域,使其成为经验偶然性的问题。这样,在道德偶然性视域中,失去先验性的道德原则,如何理解基本的道德事实以及关于这些基本道德事实的知识就成为重要的问题。这正是当代道德哲学家乔纳森·丹西关心的问题,"在一个特定的案例中,关于某事的事实(p),是做某事(q)的一个道德理由(R)吗?"以及基于这样的一种道德知识本身是偶然的吗?在丹西看来,"假设p、q之间存在某种关系,即pRq,如果p、q只能借助经验(后天、偶然)得知p或q,那么我们对于pRq也同样如此"②。由此看来,"某种道德事实"与"做某事"都是具有后天偶然的经验性质,那么基于"某种道德事实"去"做某事"的"理由"这种"道德知识"也就一样具有了"后天经验"的"偶然性质",这是一般的经验主义者都能接受的观点。但是,丹西更进一步说,如果没有"某种道德事实"的经验是不可能获得"做某事"的"理由"的这种"道德知识",事实上是一种"仅凭经验方法才能获得的知识",那么,这种"道德知识"的性质是什么?丹西说,它们是先天的偶然的道德知识。也就是说,这样的道德知识本身既是"偶然的",又是先天存在的。这正是我们用"道德偶性"来表达"道德偶在"意义上"道德原则的偶然性"。有了对于"道德偶性"性质的揭示,我们就可以理解当代道德哲学中道德特殊主义、道德相对主义、道德多元主义等道德理论涌现的道德偶然性背景。

在阐释了存在论意义的"道德偶在"与知识论意义的"道德偶性"之后,道德偶然性理论还需要理解与厘定实践论意义的"道德偶然"问题,即"道德行动的偶然性问题"。从传统的道德必然性世界观出发,在面对众多道德知识的选择时,道德个体有可能获得"整全"的道德知识之后进行"理性"的抉择吗?在后现代语境与知识爆炸时代,在现实上能够把握这种"整全性"道德知识不过是一种"理想主义"的"信念",那么由此而来,我们只有"理性"地"不行动"。显然,这个结论无法为当代人的道德生活开辟道路。休谟之后,随着对因果关系的质疑,虽然有康德式"绝对命令"的挽救,但是在实践上也只是具有一种"形式"的完美,后现代人们的道德行动的逻辑逐渐地让位于"相关性"的类比。因而,建基在道德事实的偶在与道德原则的偶性基础之上的道德行动,显然就是一种"道德偶然"。道德行动涉及道德实践,也涉及"道德实现",最后通过"道德现实"呈现出来。黑格尔说,"可能性与偶然性是现实性的两个环节"③。黑格尔认为在现实性中存在着可能性与偶然性的环节,但在绝对知识的"总体性"悬设中,他又认为这种"偶然性"的现实环节是必须要得到扬弃的。到了互联网时代与后现代社会,我们发现作为道德的个体获得这种"总体性"的"整全性"道德知识之不可能性,"终极目的"的意义世界开始消解。这样,作为一个在多元文化中存在的个体,我们的道德行动去除了"总体性"可能之后,只具有了"可能性"的潜在与"偶

① 梅亚苏:《有限性之后:论偶然性的必然性》,李竹渝译,北京:科学出版社,2018年,第9页。
② 同①,第118页。
③ 黑格尔:《逻辑学:哲学全书·第一部分》,梁志学译,北京:人民出版社,2002年,第269页。

然性"的现实环节,道德行动的偶然性成为一种常态化样态,"道德偶然"成为最真实的道德生活实践。接受"道德偶然",承认道德行动的偶然性,我们也就可以理解苏格拉底提出的一个美德的人何以不能教出美德的学生、一个美德的人何以不能在每个行动中都保持美德的样态,而后现代语境中的"道德勇气""道德想象""道德创新"等新兴道德范畴也获得其可能的理论支撑。承认了道德偶然,承认了道德行动的偶然性,我们才更能体会"道德是一件永远有待完成的任务"。

在自然科学与社会科学呼唤与拥抱偶然性的后现代语境中,道德偶然性迟迟没有获得明确的界定与阐释,乃是因为我们对于道德偶然性的话语范畴无所适从。事实上,道德偶然性话语范畴已经包含在后现代伦理学的语境之中,包含在描述伦理学的客观基础之中,呈现在道德特殊主义、道德相对主义等理论建构之中。不同于"应该"的道德书写,道德偶然性的话语是一种"是"的道德偶在的描述;相对于对"主体"的本质追问,道德偶然性话语是一种对主体的"可能性"的道德偶性的揭示。同样,不同于对道德规范的普遍"必然性"认识的坚信,道德偶然性话语更倾向于在道德偶在与道德偶性基础上,"建构"出人类道德规范,这种规范本身是一种道德偶然世界观视域里的经验、社群与历史的"相对性",具有条件性,而不具有绝对真理性与普遍性。道德偶在、道德偶性与道德偶然构成了言说"道德内偶然性"的话语结构,为道德偶然世界观里各种后现代道德范畴的出场提供了道德语境。

### 三、"道德间偶然性":道德偶然性实践如何可能?

"有趣的哲学通常是一个根深蒂固但已麻烦丛生的语汇和一个半生不熟但隐约透露伟大前景的新语汇之间,或隐或显的竞赛。"①道德必然性话语在道德哲学中有根深蒂固的传统,但是现在"麻烦丛生",道德偶然性话语虽然"隐约透露",但是还看不到"伟大前景",根本的问题在于"新词汇"需要经过生活的检验。通过"道德的偶然性",我们期待一种道德偶然性世界观出场,通过"道德内偶然性",我们对道德偶然性理论进行了问题域界定。接下来的问题是,在一种道德偶然性的世界观中,在一种道德偶然性的理论话语中,个体会有什么样的道德生活,社会面临什么样的道德问题,道德偶然性话语如何在道德实践中获得认同。换言之,就是如何在偶然性世界观中看待"道德间偶然性",并为我们所在的道德偶然时代提供道德实践方法与道德行动指南。

人类进入道德偶然时代是一个不争的事实,这构成了我们理解后现代社会的客观基础,是社会现实敞开了道德偶然性问题,不是道德偶然性问题逼迫了社会道德实践。在信息社会中,由于互联网虚拟世界的出现,当代文明中的每个人都拥有了柏拉图《理想国》中牧羊人巨吉斯所具有的隐身的"魔戒"。这个"魔戒"具有双重作用,一是使得自由意志的想象得到满足,二是感受到各种道德知识的多元性与道德规范的模糊性。前者使得个体的道德信念得以动摇,后者使得个体的道德选择变得困难。当代文明里的人的"偶然感"增强,或者说"偶然性"成了当代人的基本标识,"现代人是偶然的人,广而言之,偶然性是人的境况的主要组成部分之一"。在前现代社会中,"一方面血缘关系,另一方面户籍通常被视为一个人存在的决定性因素",因而人"被抛入世界上"所揭示的"偶然性"生命体验还不是那样的强烈。当代人"生来就是没有终极目的的可能性集合,而且这个没有社会图案的新生的可能性集合无法在预先确定好目的地的框架中进行选择",这样当代人具有了双重"偶然性":被抛入这个世界的出生的偶然性与在这个世界生活的存在的偶然性。② 不同于前现代社会——人类从混沌的状态走来,"寻找"一种道德知识用以确立人类的普遍性的道德意义,以引领人类走出愚昧和落后——当代文明人拥有无数关于生活意义的道德知识,我们开始"选择"一种道德知识,以求走出人类自身加于自身的不成熟状态。前者是人类学的,普遍主义的,目的论的,进而也是必然主义的逻辑。后者是个体的,特殊主义的,经验论的,进而

---

① 罗蒂:《偶然、反讽与团结》,徐文瑞译,北京:商务印书馆,2003 年,第 18 页。
② 赫勒:《道德哲学》,王秀敏译,哈尔滨:黑龙江大学出版社,2014 年,第 6 页。

也是偶然主义的。一旦人们接受了道德偶然性的世界观,道德成为一个个具有偶然性的个别现象,那么面对道德碎片化的事实,我们如何行走于道德偶然性的事实之间?道德偶然时代个体的道德实践主要有二:一是成为你自己的道德选择,二是承担自由选择的道德责任。

既然道德事实是偶在的,既然道德原则与道德理由是种偶性,既然道德行动具有偶然,那么,个体的自我的可能选择是什么,我选择的道德根据是什么?偶然性时代个体的道德实践只能是:成为你自己。"如果你不选择你自己的生活,而是让他人为你选择,那么你就没有任何终极目标出现在你生活的地平线上。你毕生都将是偶然的……相比较而言,选择你自己的终极目标、命运、生活的图式等就是选择你自己,这不仅仅是言语的描述。"①面对碎片化的道德事实与各种自洽的道德体系,"我信即我在","明知不可为而为之","道德是永远有待完成的任务"。"选择自己的生活"既是对道德偶然性的积极承认,也是一种"道德勇气",更可能走向成就自我的"道德创新"。对应于道德选择的"成为你自己",道德责任成为道德偶然时代道德实践的重要根基。不同于道德必然性中的道德责任,道德偶然性中的道德责任是一种个体的担当与道德相关性的要求。在自由意志与决定论的视域中,道德责任常常被剔除出道德实践的范畴。因为,在黑格尔意义上,"自由是对必然的认识",自由受制于必然性与决定论,我个体的行为就不应该有道德责任的说法。如果我认识到了必然,也就不存在道德责任了,因为已经同一了。如果我没有认识到必然,无知者无所谓道德与否,道德责任也就被取消了。道德必然性体系中的道德责任始终有着决定论的隐患。但是在道德偶然性中,道德责任完全是一种道德选择的自然要求,虽然道德行为本身不具有普遍性,道德也不具有永恒性,但是"我"在偶然性中坚持一种道德实践与道德行为,使得"我"与偶然性发生了关联,这种相关性构成了道德责任的基础:我选择,我负责。偶然性时代里的道德是一种个体的道德,是一种选择的道德,更是一种具有真正道德责任与道德真诚的道德。

赫勒说:"成为偶然的在双重意义上既是福祉也是祸根。"②道德偶然对于个体或许是一种道德解放,但是对于社会伦理却是困难重重。一个信奉"偶然"的社会的道德规范如何可能?坚持偶然性的后现代伦理学"拒绝从事道德研究的现代方法——即用政治实践中的强制性的、标准的规则和在理论上进行绝对性、普遍性、根本性的哲学追问作为对道德挑战的反应"③。从历史的维度来看,个别的道德事实是建基于一定的道德境遇,而一定社会的伦理习俗是相对于一定社会群体的,这样"道德判断的真值或辩护不是绝对的,而是相对于某个人群"④,道德偶然性在规范伦理学上就表现为道德相对主义。从道德理论建构来说,建基在"道德偶在"与"道德偶性"基础上的伦理理论主要表现为消极的道德虚无主义理论和积极的道德建构主义理论。如果道德原则、道德规范、道德知识只是一种"道德偶性",那么,我们的行为何去何从?道德在人类生活中还具有什么样的地位?我们的人生还有无意义?道德虚无主义将偶然性原则在道德中贯彻到底,使得"伦理学本身被诽谤或嘲弄为一种典型的、现在已被打碎的、注定要成为历史垃圾的现代束缚""人们没有它(伦理学)也能生活得很好"⑤。道德虚无主义试图彻底摧毁道德规范,进而取消"道德",这也正是政治哲学家们所害怕偶然的地方。事实上,与道德虚无主义同生的是从"道德偶然"出发的道德建构主义,建立在"道德偶然"基础上的是"一种从道德困境中解脱出来的社会生活,抽象的'是'不再为'应该'所引导,社会交往已经从义务和责任中脱离出来"⑥。换言之,道德规范不是从逻辑中推理出来,从而进行演绎的"应该",而是从"是"

① 赫勒:《道德哲学》,王秀敏译,哈尔滨:黑龙江大学出版社,2014年,第6—7页。
② 同上书,第9页。
③ 鲍曼:《后现代伦理学》,张成岗译,南京:江苏人民出版社,2003年,第4页。
④ 程炼:《伦理学关键词》,北京:北京师范大学出版社,2007年,第114页
⑤ 同③,第2页。
⑥ 同③,第3页。

中归纳、"建构"出来的。

面对道德偶在的经验,传统伦理学用"超验"的"灵魂""上帝"来说明其不可捉摸的可能性。近代道德形而上学用"先验"的理性发出"应该"的"绝对命令",试图征服道德偶然性。在道德偶然世界观里,承认道德的偶然性,"后真相"成为常态。在全球化时代,这种先验知识因其地方性而失去了发生效益的"群体",使得道德规范失效。道德偶然性使得道德必然性逻辑失效,人类的道德规范变成了一种条件性控制,"我们已经看到传统物理学如何徒劳无益地力图使大量的观测结果与基于日常经验导出但已上升为形而上学的因果论的先验概念一致","今天,次序已经颠倒过来了:随机性已经成为一种基本概念,表示定量法则的一种技术","在通常的经验范围内,涉及因果律及其属性的绝大多数的结果,均可由统计学的大多数定律圆满地加以说明"。① 同样,道德偶然性时代的道德规范正渐渐让位于一种建立在大数据与算法伦理基础之上的"行为统计"与"道德算法"。② 道德规范不再是"应该"的逻辑推演,而是道德经验的"统计"归纳,一种道德规范成为社会的主流,不是观念世界里的想象,而是现实世界里"行为统计"得出的发展"趋势"。道德规范不是"反思的平衡",而是"偶然性的综合"。

当然,在道德偶然性的世界观里,不是说道德行动中没有好坏、善恶之分,而是说道德中的好坏与善恶的呈现是偶然的、随机的。也不是说我们不需要道德的好,而是说我们无法在道德的好坏与善恶之间做出必然的、确定性的选择。换言之,偶然性世界里的社会道德愿景如何? 对于偶然性的个体来说,"认识到自己、直接面对自己的偶然、对自己的原因追根究底的过程,与创造一个新的语言、独创一些新的隐喻的过程,是一而二、二而一的"③。在偶然性世界里,真理不是被发现的,而是被创造的。道德偶然性的个体价值在于发现道德,发现新的美德,发现人自身突破人自身的美德极限。这样的发现是偶然的、有条件的,需要境遇的,无法预测的,但却是人之为人的真正价值。道德创新是道德偶然性世界里的个体道德价值,不断地成为自己、发现自己,寻找人类未曾发现的新道德,就是道德本身最高的价值。后现代的道德偶然性的"优势所允许的对道德自我条件的理解未必会使道德生活更舒适些",但却"可以梦想使道德生活变得更加道德一点"④。正是这种建基在道德偶然性之上的个体自由选择,造就了一个道德多样化的世界,由此也带来了偶然性时代的社会道德风险。脱离普遍主义的道德观,人类的道德规范不再拥有"应该"的绝对性。功利主义的"绝大多数人的最大利益"不再是道德发生的目的与动机的"先验性",而是让位于"行为统计""后验"的"真相"。在不可穷尽的经验数据之间,任何一种道德规范在一定的社群之中不可避免地具有风险性。偶然性世界里的道德决策与道德规范的选择某种程度上就是道德风险的评估。由此而来的是,道德规范以应用伦理学的方式通过民主决策程序进入到社会风险的管控之中,道德风险成为偶然性时代道德考量的重要机制。道德风险评估与控制也成为社会科学管理的重要内容,成为评估一个社会伦理尺度的重要手段。

道德风险是偶然性社会里的伦理预防,但是在现代性的狂飙突进中,"人类的行为结果的规模已经超过了行为者的道德想象力。不管是有意的还是不知不觉的,我们的行为对版图和时代的影响太遥远了"⑤。换言之,"行为统计"也永远无法评估人们的道德行为,一定的道德后果是必然伴随的。由此而来的问题就是偶然性世界里,"道德治理"成为社会与国家常态性的道德行动。不同于道德必然性规范提供"应该"的道德命令,道德治理侧重于对于道德后果的方向性纠正,这个方向性不是"应该"意义上的坚持,而是建立在行为统计意义上"概念"的"反思性平衡"。"道德治理"不追求形而上学的绝对普遍性,而是建基在社会流动与客观偶然基础上动态的道德事实观察与道德风险评估,进而形成某种动态的道

---

① 劳:《统计与真理——怎样运用偶然性》,李竹渝译,北京:科学出版社,2004 年,第 15 页。

② 田海平、郑春林:《人工智能时代的道德:让算法遵循"善法"》,《东南大学学报(哲学社会科学版)》2019 年第 5 期,第 12 页。

③ 罗蒂:《偶然、反讽与团结》,徐文瑞译,北京:商务印书馆,第 43 页。

④ 鲍曼:《后现代伦理学》,张成岗译,南京:江苏人民出版社,2003 年,第 18 页。

⑤ 同④,第 255 页。

德治理的平衡机制。

最后,道德偶然性的根本确立需要人类道德世界观的转型,正如从古典的幸福走向中世纪的上帝,从中世纪的上帝走向现代的自由一样,从现代走来的后现代需要一种确证,这种确证就是"相信对确定性的阻抑是道德之收获",而且认为这种收获是"作为一个道德之人所能够合理期望的最大收获"①。"上德不德""最大的道德就是没有道德",道德偶然性理论正是这样的道德,我们正处于这样的世界观进程之中,这个确认与揭示既是道德哲学的任务,也是道德生活的目的。

---

① 鲍曼:《后现代伦理学》,张成岗译,南京:江苏人民出版社,2003 年,第 261 页。

# 道德运气和艺术运气

石可*

（南京大学 艺术学院，江苏 南京 210013）

**摘　要：** 本文讨论以道德运气学说为参考，将类似理论模型应用在美学和艺术学领域中的可能性：即讨论美学运气和艺术运气的观念。关于道德运气的哲学研究，尤其是伯纳德·威廉姆斯的奠基之作，和托马斯·纳格尔分辨出的四种类型的道德运气，可以在很大程度上迁徙到相关美学讨论中——并且因为美学问题的自身特点，与道德运气的论辩形成一个有趣的对照性悖论。道德运气作为一个概念可以成为伦理和审美之间的连接点，在现场表演等艺术形式中实现。很多艺术—美学现象，在表演性中表现为艺术运气。以此在目前较多的现象学解释之外，为偶然性作为美学机制提供另外一个解释框架。我试图证明，在艺术创作中，运气是一种积极的美学元素。

**关键词：** 道德运气；艺术运气；美学运气

在这篇文章中，我想讨论这样一种可能性：以道德运气学说为参考，将类似理论模型应用在美学和艺术学领域中。也就是说，讨论美学运气和艺术运气的观念，并进一步说明，道德运气作为一个概念可以成为伦理和审美之间的连接点，（尤其）在现场表演等艺术形式中实现。很多艺术—美学现象，在表演性中表现为艺术运气，以此，可以在目前较多的现象学解释之外，为作为美学机制的偶然性提供另外一个解释框架。具体来说，关于道德运气的哲学研究，尤其是伯纳德·威廉姆斯的奠基之作[①]，和托马斯·纳格尔分辨出的四种类型的道德运气[②]，可以在很大程度上迁徙到相关美学讨论中——并且因为美学问题的自身特点，与道德运气的论辩形成一个有趣的对照——如果这两者不能形成严格的哲学意义上的对题。在具体的写作过程中，我会用一个自己的实践作研究（PaR）艺术创作案例中的直接经验，作为"数据"来进行讨论。这篇论文属于艺术学领域，或说是使用跨界（学科）视角的探讨。

## 一、道德运气

好心和好结果在道德评价中到底是什么样的参数，是道德哲学中的一个经典辩难。如果做一个过度简化的总结，关于道德行为的判定，在哲学立场的光谱上，我们可以找到两个端点，一是以超验的理念主义为思想基础的动机主义或意图主义，好的道德的本质即善的意愿本身，而任何外在因素无法干扰对之的判定。以及在日常道德直觉的意义上，认为好心和好意就足以成为道德善的判定条件。二是以功利主义为代表的结果主义，即对道德行为的判定只依赖于其产生的善-福利的结果。

康德是前者的典型代表。或者说，康德的相关学说是当代哲学家在这个问题上常用的起始点。纳

* 作者简介：石可，南京大学艺术学院研究员。

① Williams，Bernard. *Moral Luck ：Philosophical Papers，1973—1980*. Cambridge Cambridgeshire：Cambridge University Press. 1981，pp. 20 - 39.

② Nelkin，Dana K.，"Moral Luck"，*The Stanford Encyclopedia of Philosophy*（Summer 2021 Edition），Edward N. Zalta（ed.），URL ＝ <https：//plato. stanford. edu/archives/sum2021/entries/moral-luck/>.

格尔《致命问题》(Mortal Questions)中"道德运气"一节的开篇①就引用了康德《道德形而上学的奠基》中的著名段落②：

> 善的意志并不因它造成或者达成的东西而善，并不因它适宜于达到任何一个预定的目的而善，而是仅仅因意欲而善，也就是说，它就自身而言是善的；而且独自来看，其评价必须无可比拟地远远高于通过它为了任何一种偏好，甚至人们愿意的话为了所有偏好的总和所能实现的一切。即使由于命运的一种特殊的不利，或者由于继母般的自然贫乏的配备，这种意志完全缺乏贯彻自己的意图的能力，如果它在尽了最大的努力之后依然一事无成，所剩下的只是善的意志（当然不仅仅是一个纯然的愿望，而是用尽我们力所能及的一切手段），它也像一颗宝石那样，作为在自身就具有其全部价值的东西，独自就闪耀光芒。有用还是无效果，既不能给这价值增添什么，也不能对它有所减损。有用性仿佛只是镶嵌，为的是能够在通常的交易中更好地运用这颗宝石，或者吸引还不够是行家的人们的注意，但不是为了向行家们推荐它，并规定它的价值。

也就是说，对于康德来说，宇宙间可以等量齐观的两个本质性的"事物本身"，天上的星星和作为人的理性预装软件的绝对善，是起始性公理性的存在，故而除了善意本身之外的其他因素都不该被当作道德判定的条件。就这个话题，威廉姆斯明确提出了反对意见③。或者更具体地说，他的立场要复杂微妙得多。事实上，他既不同意泛康德主义的超验—纯粹的立场，也不认同功利主义和结果主义，也不认同自己的学说与虚无主义的道德相对主义同路。对他来说，道德运气是一个"矛盾修辞"④。在所有影响道德评判的"外部"因素中，威廉姆斯找到一个令人意想不到的切入点：运气。他挑战为康德的道德理论辩护的论点，认为在评价道德状态的时候，运气的成分必须被考虑在内。之后纳格尔对威廉姆斯的论证做出了推进和回应，采取相似的立场并有所修正。在他看来，如果某人做的事，其重要方面之一取决于他无法控制的因素，但我们仍然在这方面把他作为道德判断的对象，这就可以被称为道德运气⑤。两位著名当代哲学家70年代的两篇论文开启了道德运气这个哲学命题。之后，不少哲学家参与了讨论，就这个问题的各种细节展开繁复的辩论⑥。

根据康德伦理学（以及其他许多同路的说法），道德的本质是，它即它本身。对某人的道德—道德行为—道德状态进行评判，应不受其他因素的影响。这之中就包括不受运气的影响，因为一个人的美德或恶习应该由意志或意图来判断，而后者理应在主体的完全控制之下。这种基于恒定、连贯的主体性的假设，可以表述为"控制原则"(CP：control principle)：只有在我们被评估的内容取决于我们能控制的因素时，我们在道德上才是可被评估的。由此的推论是，如果两个人之间唯一的差异是由他们无法控制的因素造成的，那么他们被道德评价的方式就不应该不同。但是，如果我们严格坚持这个规则，就"不可能在道德上评估任何人的任何事情"⑦，因为几乎任何事情都可以被认为是外部的，因此，运气问题的重要性就出现了。内尔金由此总结出道德运气的定义：尽管一个能动者(agent)被评估的重要方面取决于他

① Nagel，Thomas. *Mortal Questions*. Cambridge England：Cambridge University Press. 1979.

② 在此采用李秋零译本。[德]康德《康德著作全集（第4卷）》李秋零译. 北京：中国人民大学出版社，2005年，第401页。

③ Williams，Bernard. *Moral Luck：Philosophical Papers，1973—1980*. Cambridge Cambridgeshire：Cambridge University Press. 1981.

④ Williams cited in Nelkin，Dana K.，"Moral Luck"，*The Stanford Encyclopedia of Philosophy* (Summer 2021 Edition)，Edward N. Zalta (ed.)，URL = <https://plato. stanford. edu/archives/sum2021/entries/moral-luck/>.

⑤ Nagel，Thomas. *Mortal Questions*. Cambridge England：Cambridge University Press，1979，pp. 25 - 38，p. 59.

⑥ Cf. Nelkin，Dana K.，"Moral Luck"，*The Stanford Encyclopedia of Philosophy* (Summer 2021 Edition)，Edward N. Zalta (ed.)，URL = <https://plato. stanford. edu/archives/sum2021/entries/moral-luck/>

⑦ Ibid.

无法控制的因素,但当其依然可以被正确地视为道德判断的对象时,道德运气就会出现①。

控制原则符合现代性建立后原罪观念崩溃后的道德直觉,"在反思之前,人们不能因为不是自己的过错而被道德地评估,这在直觉上是合理的"②。但是我们在政治历史反思的时候也经常会遇到"坚持原则/平庸的恶"和"枪口抬高一寸/系统性腐败"的两难道德处境,比如纳格尔指出的两种典型情况:非自愿的行动,或者代理人不可能知道其行为后果的情况③。且如他所发现,在实际情况中,代理人从未真正满足控制原则这个道德直觉条件,所以在真实的道德评价中经常出现标准不连贯的情况。相应地,控制原则的推论则是能动者控制之外的因素在道德上无关紧要。所以,纳格尔指出,我们在道德评价的实践中实际上经常无视这个原则,也就是"双标"。他进一步把运气影响评价的情况细化为四类:结果性运气,结果导向的不同,如醉驾司机因为偶然性造成(撞死小孩儿)或者不造成严重后果(安全到家);构成性运气,即我们倾向于指责能动者的负面品格,如贪婪冷酷,而非他们的行动;环境性运气,能动者身处的环境,能动者的出身、阶级、性别等"命"或者现象学术语所称的"给定性(givenness)"的因素;因果性运气,能动者道德行为的先行事件,此时因果律和自由意志产生矛盾。

对于本文来说,在众多立场中尤其值得关注的是围绕后果主义的运气,也就是事态的最终发展决定我们对能动者的道德评价,在实践中显露的成王败寇的倾向,以及一种宿命论的,类似舍勒悲剧观④那样的释然:"在某种意义上,这个问题没有解决办法……随着某人所做的事情的外部决定因素逐渐暴露出来,在它们对后果、性格和选择本身的影响中,人们逐渐明白,行动是事件,人是事物。最终,没有任何东西可以归于负责任的自我,而我们只剩下了我们在更大的事件序列中的一部分,它可以被痛惜或赞美,但不能被指责或赞美"⑤。

纳格尔也总结了对道德运气的三种态度:1. 不接受(在此语境中称为怀疑主义)。2. 接受道德运气的存在。3. 兼容主义者(compatibilist)。道德运气的论证最终看起来总似乎有二律背反的特色:一个人对自由意志和决定论之间关系的看法,完全会影响他对威廉姆斯—纳格尔的例子(酒驾司机、纳粹信奉者等)的看法。假设一个人是一个兼容主义者,那么,应如何看待运气被先导环境所决定,取决于如何在广义上思考控制的条件。假设此人是不兼容主义者,那么,环境性的运气,或构成性的运气,都不妨碍结果主义的评价,那么结果主义实际上变成了道德运气的一种情况,而自由意志理论在此失效。

值得注意的是,威廉姆斯和纳格尔的论证具有哲学抽象推证的特征,但在论证过程的思想实验中,道德运气命题中的"运气"有更具体的指向。酒驾的司机运气不好撞死了人,所以遭受严重的道德指控,或者运气好,没有出任何事故,人们倾向于较少地对之进行道德指责⑥(围绕这一思想实验例证有后续一系列相对立场的论证⑦)。或者纳粹支持者在三十年代的德国,因为历史进程最终一定会作恶,但假如他有运气,在当时被派送常驻阿根廷,就没有机会直接作恶⑧。相似的其他例子也都关于道德主体行恶,或有恶念,或有行恶意图与动机,因为运气没有既遂,所以是否应该免于相应于此恶意的道德评价,这些思想试验很少谈到"好心办坏事"这种历史道德领域更常见的情况,也很少涉及从善意到好事,以及

① 原文斜体加重。内尔金为斯坦福线上百科全书撰写了"道德运气"的词条,即 Nelkin, Dana K., "Moral Luck", *The Stanford Encyclopedia of Philosophy* (Summer 2021 Edition), Edward N. Zalta (ed.), URL = <https://plato. stanford. edu/archives/ sum2021/entries/moral-luck/>

② Nagel, Thomas. *Mortal Questions*. Cambridge England: Cambridge University Press,1979,p. 25.

③ Ibid. ,36.

④ Max Scheler, "On The Tragic", CrossCurrents, 1954, Vol. 4, No. 2.

⑤ Op. cit. ,37. 本文作者试译。

⑥ Williams, Bernard. *Moral Luck: Philosophical Papers, 1973—1980*. Cambridge Cambridgeshire: Cambridge University Press. 1981,pp. 28.

⑦ 例如,参看:Thomson, Judith, "Morality and Bad Luck", in *Moral Luck*, D. Statman (ed. ), Albany: State University of New York Press. , Henning Jensen,Jensen, H. 1984, "Morality and Luck", Philosophy, 1993,59:323 - 330.

⑧ Nagel, Thomas. *Mortal Questions*. Cambridge England: Cambridge University Press,1979,p. 26.

运气导致好的道德结果时,道德主体该如何得到称赞和奖赏的情况。后来的辩论中,也多延续了这种倾向。显而易见,如果谈到应用层面,道德运气的话题和结论似乎更适用于法哲学、政治哲学,乃至历史哲学的领域。

## 二、美学运气

有意思的是,威廉姆斯和纳格尔都举了高更抛家搞艺术的事例①,来说明遗憾和预测在结果主义的意义上如何影响道德运气在道德判定中的作用,而两者的主要分歧也在对这个事例的看法不同。虽然高更无法预知自己是否能获得成功,而这种成功无论在世俗还是艺术成就的意义上,都在实践理性的角度,确实影响到对他的评价。但此时的结果主义评价都和一般被接受的艺术-美学判断无关:因为是明显的外部评价或“功利”评价。对这里处理的话题来说,这给出一个有趣的提示。醉驾司机的运气影响到对他的道德评价,乃至进一步社会和法律该如何对他进行责备和处罚,但高更的例子影响的是社会如何对他进行人生意义、艺术价值和实际利益——哪怕是死后——的判定。

事实上,我们可以用道德运气命题为参照系和模版,从和传统不同的角度,来处理很多美学和艺术学中的问题,比如艺术家意图、意图谬误和艺术价值问题,比如自由意志和艺术价值偶然性的问题,比如艺术世界问题,等等。事实上,道德运气的讨论也启发了其他哲学领域类似的思考,比如认识论中的“认知运气②”。但除了安娜·克里斯蒂娜·丽贝尔罗(Anna Christina Ribeiro)迟至2018年正式提出“美学运气”的论证之外,美学领域基本上没有相关的讨论。丽贝尔罗③以纳格尔的四种道德运气为范本,确立了四种美学运气:构成的(constitutive)、后天培育(upbringing)、社会地理(sociogeographic)和环境(circumstantial)。在阐述她的主要主张之前,丽贝尔罗专门区分了艺术运气和美学运气的区别。对她来说,“艺术运气指艺术作品及其环境在超出艺术家控制的情况下增加或减少其价值;美学运气则关于美学主体和他们关于审美价值的经验之间的关系(其中一些美学价值会涉及艺术作品)④,而根据分析美学的研究传统,她给自己限定的讨论范围是后者。也就是说,“审美运气存在于这样一个事实:一些不由我们选择的因素使我们能够体验到某些美,而不是其他美”⑤。

也就是说,她的角度是美学研究传统中较为经典的角度:品味。她的论述有一个康德主义前提:有一个具有好艺术品质-艺术价值的好艺术品放在那里让主体去欣赏,欣赏不来是没品味,没品味因为没运气。在今天的艺术理论中,这显然只占据现行实践的很小一部分。康德主义的道德哲学和康德美学,既然共同构成一个理论体系,在理论模态的意义上是平行同构的:审美是无功利性的,美则是纯粹普遍的内在属性。而如果休谟和之后类似的主张提出有个人化品味的存在⑥,反证康德式纯粹主义美学中普遍性审美客体性质的不可能,那么休谟也只是到此为止,并没有给出差异性的品味存在,乃至品味有好坏,以及品味如何习得的具体原因和机理。那么,主体控制之外的运气造就美学品味这个结论,以及分析这些运气和相应审美评价的构成,就一定不再是非美学问题(比如被归类为艺术史或者艺术社会学的话题),而且从创作角度出发的“艺术运气”问题(本文的重点)也不该被排除在美学讨论之外。或者,进一步说,美学运气的讨论范围放弃了艺术家意图和作品关系、艺术家意图和接受、艺术材料在意义层面的自动生成、艺术风险和失败等最为明显的方面,是非常可惜的。

① Nagel，Thomas. *Mortal Questions*. Cambridge England：Cambridge University Press，1979，p. 28，note 3；Williams，Bernard. 1981. *Moral Luck*：Philosophical Papers，1973—1980. Cambridge Cambridgeshire：Cambridge University Press. pp. 22 - 38.

② Pritchard，Duncan.，“Epistemic Luck”，*Journal of Philosophical Research* Vol. 29，2004，pp. 194 - 222.

③ Ribeiro，Anna Christina，“Aesthetic Luck”，*The Monist*，vol. 101，2018，pp. 99 - 113.

④ Ibid.，100.

⑤ Ibid.，101.

⑥ Hume，David.，“Of the Standard of Taste”，in *David Hume：Selected Essays*，ed. Stephen Copley and Andrew Edgar，Oxford：Oxford University Press，2008，pp. 133 - 154.

也就是说,丽贝尔罗以康德主义的假设来反对康德主义美学,她认为美学运气的存在,说明"我们的审美自我可以被训练,可以有审美顿悟和审美转换……从我们的[标准]审美身份出发的差异既不常见[原文如此],也不完全取决于我们,这挑战了康德的主观普遍性,这种主观普遍性强调也证明了审美判断,以及这种判断在具有足够差异的审美特征的个人之间的可交流性"。丽贝尔罗把论证的重点放在后天培育和环境运气上。或者说,按照她的论证路线,这四种运气其实是一种而不必归类。因为这背后的假设是,某些艺术作品具有固有的,好的美学属性,主体只有通过运气才能有学习的条件来感知到这些属性。这样划定讨论的领域,让丽贝尔罗意义上的美学运气,更适用于跨文化话题和美育的话题,所以她也提到了布尔迪厄的习性这样的观念。根据布迪厄的观点,习惯(habitus)是一个持久的、可转换的"处置"系统,由主体作为代理人对决定性的社会结构(如阶级、性别和种族角色)或他们遇到的外部条件(领域)做出反应而形成的。这些"处置"维持着某些后天的感知、思考和行动方案的模式,因此"既不是完全自愿的,也不是完全不自愿的"①。

席勒在《美育书简》②中提到的游戏冲动,说明随机性本身在审美过程中的重要性,但无论是感性冲动还是理性冲动,无论是好品味还是坏品味,我们都可以辩称这些统统是构成性的,按照控制原则都不该算做审美评判的因素。但这种宿命论的话题和关于自由意志的传统辩论同构:难道因为审美能力的来源超出主体的控制,主体就失去了一切控制和自主性吗? 极端宿命论要成立,就必须证明主体的一切代理力都来自外部,这显然是不成立的。也就是说,正是随机性的存在,才让真正的主体责任成为可能。这和道德运气辩论中威廉姆斯的立场类似,也就是他说道德运气是一个"矛盾修辞"的意涵所在。也在这个意义上,我们可以看到在道德运气的领域里发生的内容和细节丰富的很多辩论,都可以平行移动到美学领域。

这个问题的另外一个角度是从观众接受和审美判断出发。在一份关于伦理学与美学关系的全面调查报告中③,诺埃尔·卡罗尔为对人工美学文本(即艺术品)进行伦理批评/伦理方向的艺术批评辩护,并持一种调和性的立场。他针对的还是受康德主义影响,在现代性以及之后形成的传统:把道德领域和美学领域彻底隔绝开。此时,美学文本是免疫于道德批评的,因为这正是审美无功利的重要一方面。但这样的模式,实在无法抵挡和应对我们对叙事内容的道德信息有所反应的自然冲动,以及由此带来的种种实践问题,以及艺术家道德方面的行动和其艺术之间的美学关系。具体而言,反驳艺术的伦理学批评,主要有这样几种传统的反对意见:"自主主义"论点,"认知琐碎"论点,以及"反后果主义"论点。在描述评价了种种立场之后,卡罗尔把自己定位为"温和的伦理学批评"。根据认知琐碎论,即使是艺术,也有可能在某种情况下传达真正的知识,但在它自己的术语系统中,很少能发现什么真知。卡罗尔的角度则是在阅读和批评的意义上,直接链接审美和伦理判断。而关于道德和艺术价值之间互动的具体机制,宋慕洋(音)在论证道德价值和艺术价值的关系时认为④,艺术品传递的道德美德或缺陷,实际是一种艺术美德或缺陷。她认为无论证明或反驳此观点,都需要首先区分两种互动:内在价值的互动和语境性价值的互动。有两种常用于建立语境性价值互动的策略:(1)认为作品的艺术价值对其道德美德或缺陷的反事实依赖(counterfactual dependence);(2)论证作品的艺术价值(或缺陷)和道德价值(或缺陷)的原因相同。宋慕洋认为这些策略都是失败的,而道德和艺术价值之间互动的新研究方向应该在于"落地(grounding)"和"(跟随卡罗尔论证的)解释(explanation)"这两个观念。这两种观念都有一定的因果论

① Bourdieu, Pierre. *Outline of a Theory of Practice*, Cambridge:Cambridge University Press,1977,p. 73

② [德]席勒:《审美教育书简》,冯至、范大灿译. 上海:上海人民出版社. 2003 年,第 117 - 128 页.

③ Carroll, Noel. "Moderate Moralism. " *British Journal of Aesthetics*, 1996,Vol. 36, pp. 223 - 238; "Art and Ethical Criticism: An Overview of Recent Directions of Research. " *Ethics*, 2000,Vol. 110, pp. 350 - 387.

④ Song, Moonyoung. "The Nature of the Interaction between Moral and Artistic Value". The *Journal of Aesthetics and Art Criticism* 2018,Vol. 76:3, pp. 285 - 295.

一决定论因素。在本文的论证意义上,美学运气更值得发掘的方面,在于被丽贝尔罗和宋排除在外的方面,即艺术创生过程中的偶然性。

## 三、艺术运气

如果传统的美学判断主要发生在对作品的感知和接受一端,那么扩而大之,运气却是我们对艺术其他各种层面进行判定的常见习惯:天才观和游戏观——缪斯之神的青睐,"祖师爷赏饭"。或者说,在这个问题上,传统上艺术场域中很多看法就天然采取一种兼容主义(作为道德运气辩论中的术语)态度。因为,一方面,虽然有现代主义—后现代主义对技巧的全面解构,但天才和神秘很难被逐出实践中的判断;但另一方面,对艺术家和作品的判定,基本上也还是遵循控制原则(CP,还是从道德运气辩论中借用而来):此时运气被当作当然的因素。根据康德美学,审美自主性的无功利性(冷漠/无涉)对运气是免疫的,因为艺术美来自天才的想象的自由游戏:此处的关键词是"天才""自由""游戏"。

对于艺术创作者来说,创作作品很大程度上有运气的成分,创作出伟大的艺术作品更是一个无法提前计划的撞大运的事,这是一个从创作角度很普遍的经验,而这也绝不是贬义。从这个意义上讲,认为艺术价值完全在于艺术家,而与观众无涉的论证是谬误的,因为这种论证的关键步骤中,描述或说想象的,从意图到作品的过程,更像是在描述一个工人、项目经理或车间主任的工作过程,而非一个艺术家的工作特征:这里的假设是,艺术家工作是为了彻底实现某种已知的,预期中的效果或审美属性。

回到道德运气的讨论,根据控制原则,一个人不需要为超出自己控制的优劣势负责。而如果一个人不该对这些负责,那么他就不配得到这些优劣势。而如果一个人不配拥有这些优劣势,那么以一种更平等的方式重新分配商品,消除这些优劣势,并没有错。或者说,应不应该以平均主义的名义剥夺因为这些优劣势带来的利益,是消极("negative")的道德运气争论试图回答的问题。道德运气中的"运气平均主义(Luck Egalitarianism)"在实践中的应用或许符合我们的道德直觉,但基本上有悖于我们的历史经验。而道德运气问题本身的解决则指向这个连带问题的解决。如上所述,艺术运气的运用场景大部分在于奖赏而非罚则(比如高更的例子,当然艺术家的个人厄运到底是好运还是厄运,则又开启另一条逻辑线路)。或如纳格尔对说,有数种类型的运气,不仅影响我行动,而且影响能动者形成的每一个意图和其意志的每一次发挥。一旦认识到这些类型的运气,我们就知道,能动者的行动所依赖的因素中,没有一个对运气免疫。道德运气的提出让我们不至于苛责,而艺术运气则把天才问题调和成概率问题。

博尔赫斯的小说《巴比伦彩票》里,一个想象中的象征性社会中,好坏的命运不断被彩票重新安排,这可说是结果主义的最佳寓言。从结果主义的角度,威廉姆斯用高更的例子来说明道德评判有以成败论英雄的倾向,即"在不确定性下做决定(decision under uncertainty)"。威廉姆斯认为我们很有可能根据高更这样的画家成功与否对他进行不同的道德评判。[①] 但回到美学领域,传统上我们却很少这样判断:这太市侩而反艺术了。但如克劳迪娅·米尔斯所论证的,类似此处"艺术运气"的"艺术知行合一(artistic integrity)"问题所表明的那样,完全圣徒化的要求职业艺术家,只考虑美学"内部"因素(不管都意指为何)是不合理的[②]。但此处,威廉姆斯的"不确定下的决定",或"必要性",引出的是更美学"内部"的事:艺术风险和美学必要性(aesthetic necessity)。实际上这关乎才能(talent/gift)观,如果天才(genius)的意义过于绝对,就已经蕴含了丽贝尔罗所放弃的另一方面的美学运气的哲学假设,从来如此:我们判定谁是艺术家,以及艺术家的好坏,并相应赋予社会性奖赏,正是因为他是一个才能意义上的幸运儿。在这里,我想深入讨论的是另一个方面的意义,利用偶然性和运气来创作。关于道德运气的辩

① Williams, Bernard. *Moral Luck: Philosophical Papers*, *1973—1980*. Cambridge Cambridgeshire: Cambridge University Press. 1981, pp. 28.

② Mills, Claudia., "Artistic Integrity", *The Journal of Aesthetics and Art Criticism*, 2018, Vol. 76(1), pp. 9 - 20.

论中,最关键的因素之一是意图或意志的功能。在这个意义上,奥斯汀表演性所固有的偶然性的审美潜力,将道德运气与审美-艺术运气联系起来。

## 四、一个主观和表演性的例子

到此为止,一般情况下我们讨论"艺术运气"的语境往往是再现性艺术。这里的再现性艺术,并非传统意义上的"摹仿"艺术,即以虚构式的叙事元素、人物形象为特征之一的艺术,也包括现代主义兴盛之后,那些被看作是再现性艺术对立面的艺术作品。因为,即便是抽象主义艺术,或诉诸纯粹形式快感的美学主义艺术,或从艺术家意图的角度,"为艺术而艺术"的作品,从接受美学的角度讲,它们依然遵循某种深度模式,总脱离不开某种程度的符号学关系。在这样的模态中,讨论美学运气的具体机制,可以用讨论道德运气的研究为参照和模版,而两者之间是平行关系。卡罗尔论文中所列举的种种对作品中道德状况和信息的美学评判立场,以及他自己给出的解决方案,依然不能解决关于这个问题的核心疑难:某些作品就是道德败坏而艺术成就极高的,比如《洛丽塔》、里芬施塔尔或小津。某些伟大艺术家就是道德败坏的,艺术成就不能构成他们脱罪的理由。认为非善而美是伪美,并不能解决这个问题,因为这只是符码代换的语言操作。杜甫海纳从审美态度的角度,试图将另一个传统伦理-美学疑难,即解释艺术家败德或不负责任与伟大艺术作品为何几乎互相成为充分条件。他认为把审美态度和审美客体分开就能解决这个问题①,这样人和作品彻底分离成两个感知客体。这样的操作也不尽让人满意,因为"国家不幸诗家幸"而要求艺术家追求不幸,毕竟在直接攻击我们的道德直觉,而在具体实践中,也被一些思维模式,比如浪漫主义,反向操作成导向法西斯的社会性规条。对此,现代主义为此的辩护也只能依赖于唯美主义这样蛮不讲理的断言式操作,召唤康德,将一切伦理和道德判断逐出审美领域。

但如果在此时引入奥斯汀意义上的表演性(performativity),即艺术作品本质上是"言语行动(speech act)",是具事件性的人类活动而非仅仅这种人类活动的物质性遗迹,那么道德运气和美学运气在存在论上的同构状态,可以给上述问题的切入角度提供一些提示。在继续讨论之前,在这里先提供一个具体的作品案例。

我与斯蒂芬-罗宾斯合作的表演《美好的一天》在英国以英文实施。它有三个版本:一是在布里斯托尔大学戏剧系的二号剧场;二是在布里斯托尔 Arnolfini 画廊的黑暗工作室(在《我是你最糟糕的噩梦》的现场艺术平台上演出,2007 年 3 月 18 日);三是在 Arnolfini 画廊的灯光工作室(港口城市艺术节的一部分,2007 年 9 月 30 日)。

在表演空间里,有纸质标签,有的挂在天花板上的链条上(第三个版本),有的挂在把表演者绑在柱子上的链条上(第二个版本),有的放在桶里(第一个版本)。每个标签的一面是"打破禁忌"的文本,即不同社会、政治或宗教背景下的冒犯性、政治不正确或亵渎性的文本,处于不同的冒犯"级别"。这些文本大多是奥斯汀意义上的"陈述话语"②。标签的另一面是对会引起疼痛或不适的行动的指示,作为声明所带来的可能的后果或惩罚。这些标签是由表演者写的,没有详细的沟通或共识,然后随机地洗牌。在表演之前,表演者都没有看到任何标签的组合结果。

以这个作品的第三个版本为例,两个表演者先用剪刀、石头、布的游戏决定出一个暂时的"赢家"。他"赢得"随机挑选一个标签的权利,并选择大声朗读文本或执行另一侧描述的动作。每隔 30 分钟,当

---

① Dufrenne, Mikel. *The Phenomenology of Aesthetic Experience*, Evenston: Northwestern University Press, 1973, pp. xivi—xilx. 对此《红楼梦》里通过贾雨村之口有一个很有意思的威廉姆斯式结果主义解释,认为世间历朝历代有才有情之人是天地间秀气(才)和邪气(无德)两不相下,不能互相消弭,只有"必至搏击掀发后始尽。故其气必赋人,发泄一尽始散",从许由、陶潜一直到明皇徽宗,是"情痴情种、逸士高人"还是"奇优名娼",完全在于托生技术。冷子兴听后,回答"依你说,'成则王侯败者贼'了"。[清]曹雪芹,高鹗. 红楼梦. 北京:人民文学出版社,第 30-31 页。

② Austin, John. L. *How to do Things with Words*, Cambridge, MA: Harvard University Presss, 1975, pp. 98-132.

伴随表演的背景音乐结束时,表演者收集"处理过的"标签,把它们放入粉碎机,然后重新播放背景音乐,重新开始整个过程①。

## 五、偶然性和不确定性

我在获得道德运气的知识,并在产生把它和美学运气—艺术运气的想法之前设计了这个作品的游戏机制,这一点是关键的。简单地讲,这件作品以直觉的方式提出了和道德运气论证提出的相同问题,在某种意义上,以艺术的方式确证了它的存在:在不失去审美价值的情况下,艺术可以用来发现和表述知识。一方面,它偶然地"再现"了哲学家们关于道德运气思考的具体情境。另一方面,这些情景是以奥斯汀式表演性的方式生成出的,并非传统再现叙事艺术的"再现"方式,而是把哲学思考中的思想实验切实化成具体事实。在扮演(enact)人在历史境遇中的难处时,运气即是这个作品所要探讨的内容,也是它的具体美学机制。因为美学因素的存在,从能动者的意图这个角度来看,具体的辩证过程要比威廉姆斯—纳格尔的论证复杂一层:忽略掉当今愈演愈烈的,言论自由和政治正确之间的冲突,比如,日常状况下,主体避免身体痛苦,所以,在理性人自私的意义上,选择不良言论带来的社会危害,还是选择带来身体痛苦,是基于主体会天然避开身体痛苦的假设。但是在当代表演艺术的语境中,艺术家往往会因为美学原因主动选择身体疼痛。

但人生境遇中普遍存在的运气,和任何艺术作品中都存在的偶然性的因素(比如艺术史上柏拉图式的"文章本天成,妙手偶得之"的观念传统)和有意为之的作为美学因素的随机性艺术策略,又是两码事。实际上,从达达主义、未来主义开始到偶发艺术,"机遇和不确定性"在当代艺术表演中,已经发展为比较成熟的技法:在实践上从来就承认运气是审美的固定组成部分。融合有意和无意是任何表演的核心,艺术学者们一直致力于揭示出它们如何和美、崇高等等这样的经典范畴一样,作为一种重要的审美属性存在,因为但近年也有学者开始超越单纯对偶然性如何影响文本的描述,把重点放在对机会和不确定性有意使用的系统理论整理上。②

丽贝尔罗讨论她意义上的美学运气时,提到布尔迪厄的习性(habitus)观念作为旁证。这很容易理解,因为布尔迪厄终生工作的主线之一就是证明审美偏好的阶级—文化建构性,在丽贝尔罗的概念里,能不能欣赏高雅艺术是环境运气的体现。但另一方面,关于习性,布尔迪厄这样写道:

> 即使当它们作为一个项目或计划明确和清晰的目的的实现而出现,由习性[布尔迪厄]产生的实践,作为使能动者能够应对不可预见和不断变化的情况的战略生成原则,它们明显地由未来决定③。

如果把它放到艺术家创作的语境中理解,这是一个平行于道德运气论辩中功利主义结果主义的美学立场。在艺术作品中使用竞争性游戏,引入了另一种实现艺术家意图的方式。如果在道德领域,从自由意志到慎思(deliberation),再到决定到行动,构成道德评价的对象,那么通常意义上理解艺术家"做决定",都是感性的、直觉的,其运气被评价的方式,几乎完全是控制原则的反面。如威廉姆斯的研究表明,现实实践中没有人是圣人,能完全以康德要求的方式作出自己的艺术决定。而主动利用偶然性,在现场以竞争性游戏的方式,戏谑性地把过程和结果交还上帝,则是通过依赖一种"放弃"的机制而不是有意的选择来即兴创作。然而这种"放弃",类似于梅洛—庞蒂的"解脱"④,决策的目的是获得行为的先验事

---

① 此作品具体的分析和描述,请参看:石可:《肉身化与非肉身化》,重庆:重庆大学出版社. 2017年,第271-274页。

② Wilcox, Dean, "How Do You Read a Sign that No One Has Ever Seen Before?: A Post-Semiotic Analysis of Chance-Driven Events". *Journal of Dramatic Theory and Criticism*, 2008, Vol. 22(2), pp. 103-117.

③ Op. cit. , p. 72.

④ Merleau-Ponty, Maurice. , *Phenomenology of Perception*, London: Routledge, 2002, p. 436.

实,"所谓的动机并没有给我的决定带来负担;相反,我的决定使动机有了力量……实际上,评价是在决定之后,是我的秘密决定使动机曝光"①。用道德运气或艺术运气的话语来说,利用偶然性创作,就是主动把运气明确引入,因为道德理性和审美理性的对立,实际上是道德运气中结果主义的反面。和历史、政治与法律中的评价和罚则不同,"马后炮"或"事后诸葛亮"实际上是一种评价上的褒奖,从这个意义上,我们可以重新理解威廉姆斯对高更人生的态度,不仅仅停留在《月亮与六便士》或《逍遥游》(马骅)中描述的,放弃现世生活,对亲友不负道德责任,以求精神飞升这个层面。或者说,我们获得一个理解超现实主义者们的角度,而他们自己是无法缘得到的。

控制原则和道德运气的论辩说明,"决策"总是一项结合了意识和无意识的任务,这涉及意志这个模糊的领域。如果对自由意志和自由言论的探究是一个太大的问题,那么至少这个作为文本性的相对性链条提出了在体现的主体性方面自我作为他者的问题。在表演中,有一个特殊的时刻,我面临着在"消耗一把盐"和相对温和的"声明"之间的选择。作为我表演前心态的一部分,第一个原则是我要避免身体上的疼痛(这是我对许多激进的身体表演的个人回应)。一把盐似乎是一个可控的、无害的风险,而且作为一种行为艺术的行动是"令人兴奋的",但温和的声明作为表演材料似乎无聊。之后发生的事情则超出我的预料,我因为脱水而完全失去了精神和身体的控制。我仍然有意识,但我的身体机能下降了很多,以至于我无法应付任何"选择",所以我只是在每一轮中选择了"声明"。我也不能清楚地读出声明(英语是我的第二语言,因此我的发音可能不够清楚,让听众无法理解,这种可能的混乱是为主题服务的)。我仍然可以完成任务,在有我的身体作为暗示的情况下发挥道德的相对性,但不完全是服用盐之前的样子。此时,不论是结果主义,还是控制原则,还是四种美学运气,似乎都失效了。所有的"计算"和"设计"为可能的选择作为一个象征性的姿态,在这一刻之后失去了意义,(讽刺的是)达到了预期的美学目标。

也就是说,"风险"和"失败"的意义在这里,格兰特援引海德格尔来证明风险或冒险,以及它体现的"即兴"的意味是表演艺术、前卫戏剧,乃至传统戏剧的固有性质,那是一套现象学方法和学统的证明②。在这里,盐的时刻是从美学运气角度提出的证明:非自愿行为并不一定是自由意志失效的证据。

## 六、结论:美学和道德论的接口

然而美学运气或艺术运气的讨论到底证明了什么呢?虽然没有言明,康德道德律令中的绝对性,要求的是一种从《中庸》到王阳明的"至善"。形成教条主义之后,在真正的道德实践中往往造成伪善甚至大恶,后现代主义认为这是逻格斯中心-理性主义-启蒙理想造成的问题,这条批判线路某种程度上导向神秘论和野蛮主义。相比之下,威廉姆斯等人用道德运气来解毒这种绝对主义就有效且合理得多,彼得·布鲁克导演,彼得·魏斯编剧的政治戏剧经典《马拉/萨德》也为我们呈现了有关这个问题最直观的剧场美学意象。平行移动到美学领域,卡罗尔试图找回对艺术文本(中的再现对象)进行道德-伦理方面批评的可能性;丽贝尔罗的论证落在品味和欣赏的社会文化建构,更多可应用在跨文化和美育的问题中。这篇文章则期望把讨论引入艺术创作和艺术意图与实现的领域。道德运气的争论不仅关系到无处不在的道德褒贬实践,而且关系到伦理学、法律哲学和政治哲学中其他核心辩论的解决③。对这里的议题更有意义的是,"运气甚至可以影响我们'意志'和其他内部状态"④。

离开卡罗尔为伦理学与美学关系划定的领域,通过美学运气我们可以找到三个道德和美学的连接

---

① Merleau-Ponty, Maurice. ,*Phenomenology of Perception*,London:Routledge,2002,p. 435

② Grant, Stuart. "What if?: Performance is risk", *About Performance*. No. 12, 2013,pp. 127 – 144.

③ Nelkin, Dana K. , "Moral Luck", The Stanford Encyclopedia of Philosophy (Summer 2021 Edition), Edward N. Zalta (ed. ), URL = <https://plato. stanford. edu/archives/sum2021/entries/moral-luck/>

④ Feinberg, J. , in ibid.

点:其一,除了从现象学-存在论高度理解和阐释的艺术风险,艺术风险的意义更来自艺术意图到接受的一整个链条。而以艺术运气的角度理解,以新批评派为代表的艺术文本本位主义强调的,竭力去除"意图谬误",反对"过度阐释"就是一个不合理的要求;尊重一个作为艺术家的自我和尊重一个艺术家的观众在理性上互不抵消。极端作者论是不合理的。其二,关于艺术人格完整(artistic integrity)的讨论。类似于康德主义的道德要求,以康德主义美学为基础的实践看法,如果在创作过程中,艺术家将一些其他的——竞争性的、分散注意力的或破坏性的——价值置于艺术品本身的价值之上,从而违反了他们自己的艺术标准,他们就缺乏艺术人格上的完整性。艺术运气可以辅助米尔斯的证明。即,艺术人格的完整性并不要求坚决拒绝承认对其他价值的承诺,也不要求对自己的艺术一心一意的奉献。正直的艺术家不需要成为僵硬的狂热者。他们可以通过自己的艺术谋生,改变自己对作品的看法以吸引观众,随着艺术家的成长不断提高自己的艺术标准,并平衡投入艺术的精力和投入家庭、朋友和自我照顾的精力;他们可以尊重道德的要求[1],而非一定要当阿尔托式弃绝尘世的圣徒,或存在主义英雄式的以败德应对荒诞。其三,对于本文更重要的结论,关于艺术运气,与意图与奖赏的关系。对于艺术家的"真正"奖赏,是承认其做出了伟大的艺术作品;再之后是否有相连带的社会奖赏,是一个外部的艺术社会学问题。但实践中艺术市场和言说建构往往把两者混为一谈。在本文的语境里,第二步是不值得考虑的。而关于第一步,如果像丽贝尔罗那样,承认好艺术的好艺术性,是一个蕴含在艺术作品上固有性质,那么,这个性质的出现,往往不是自由意志控制的结果,很多艺术家的技术就是练习如何失控(比如格洛托夫斯基后期的演技训练)。但和道德运气的论证一样,威廉姆斯说,道德运气说明,人的道德生活需要一种"实践上的必要性"[2],以我的理解,这种必要性使道德运气摆脱虚无主义与相对主义,道德实践才会积攒一定的"福报",产生好的道德结果。那么,在创作性的工作中,一样需要一定的主体选择,遵循艺术家常谈到的"美学必要性(aesthetic necessacity)"的原则,以一种知天命,尽人事的态度来赌出"好"艺术的概率。

实际上,威廉姆斯提出道德运气的背景是对分析哲学式道德哲学的抽象化、教条化的不满,他想要恢复古代伦理学探讨福气(幸福)问题时显示的哲学能量,即求问"人应该过什么样的生活"。功利主义和康德主义的道德哲学将之变化成为要服从什么样的道德规则的问题。威廉姆斯的努力逆转这个过程[3]。而应该过什么样的生活,或者说福气,或者说和命的周旋,正是伦理学和美学共同的领域:当代艺术实践如此关心艺术和生活的界限,艺术运气可以提供一个新的阐释-实践路径。在最终回顾时,艺术关于如何美好地度过一生。

威廉姆斯提出道德运气,其态度是一种即反意图主义,反对康德主义的纯粹性的"奇特道德体系"[4],又反功利主义(后果主义)的调和。有趣的是,他一生都对命运多舛的艺术家生平感兴趣,"我对与道德价值相对的美学价值的兴趣相伴随,就与我对作为反道德法则的人物的艺术家的兴趣相伴随"。同时,道德运气也不是导向虚无主义的相对主义[5],这也和美学思考同构:如果说,在道德领域,道德运气的提出是为了反击至良知,至善的不可能性,和最终必定导致的败德和虚伪,说明美学运气存在则是为了解除浪漫主义以来,以审美成就和天才模式为蓝本进行的审美-政治压迫。如果不可能以控制原则来评判艺术家和艺术品,那么,上述的第三点还有一个重要的推论:从丽贝尔罗的角度,即观众是否可体会某种美,其实依赖于外部的运气出发,和道德运气说明的那样,善恶都以种子(潜能)的方式平均存

① Mills,Claudia.,"Artistic Integrity",*The Journal of Aesthetics and Art Criticism*,2018,Vol. 76(1),pp. 9 - 20.

② Williams, Bernard. *Moral Luck* : *Philosophical Papers*,1973—1980. Cambridge Cambridgeshire:Cambridge University Press. 1981,pp. 124 - 126.

③ Ibid. , p. 15.

④ Ibid. , p. 22.

⑤ Ibid. , p. 26.

在于每一个主体性，它们的显现取决于运气的激发，美则以同样的模式需要另一个意识和语境的激发，美学性质不是康德式属性，而是表演性。也就是说，关于幸福的论断①，同时成立于我们的道德生活和美学生活，或者说，在现代性之前，这两者并不是截然分开的。正如威廉姆斯反对"完整性（即言行一致）"，或者说反对"致（至）良知"，因为这最终表现为一种"道德沉溺"。同样，在美学的领域，纯粹的美感也是有害的，这不是鼓吹相对主义，而是解释艺术创作中"无心插柳柳成荫"的必然性，解释为什么几乎所有伟大的书法作品，都是实用书信和手写公文。威廉姆斯提出道德运气，是为了让我们重新审视生活中"准确，真实，诚实（真理与真实性），内在理由"②，何为命以及如何应对这种命：③在一个人生活的绝大部分时间或者甚至只是一段时间里，其可以，或者"应该"，具有一个根本计划（ground project）或者一系列这样的计划，而这种计划与他的存在密切相连，并在很大程度上给与他的生活以意义④。同样，这种"匹夫不可夺其志"的计划，正是在艺术运气的提示下，我们从事艺术和审美的理由。

---

① Grant，Stuart. "What if?：Performance is risk"，*About Performance*. No. 12，2013，p. 20.
② Ibid. ，p. 31.
③ Ibid. ，p. 34.
④ Ibid. ，p. 18.

# "非常伦理"及其文明史意义

胡珍妮[*]

(东南大学 人文学院,江苏 南京 210096)

科技革命、气候变化、新冠疫情、老龄化加速使人们陷入价值迷失和精神困顿之中,并昭示一个"非常时代"的来临。面对百年未有之大变局和接踵而来的非常态事件,人们一直追求和依赖的伦理学资源和知识场域已经无力回应和指导他们在"非常时代"所遭遇的"非常难题",伦理学亟须完成一次深刻的自省,以解答非常态境遇下人类如何安身立命的根本问题。为此,江苏省道德发展智库、江苏省公民道德与社会风尚协同创新中心、东南大学道德发展研究院、东南大学人文学院于 2022 年 10 月 29 日至 10 月 30 日共同举办了"非常伦理"高层论坛——东大伦理·道德发展智库(第五届),邀请伦理学、中西方哲学、教育学等领域的著名专家学者,以及 15 位"长江学者"、多位行业内领军人才或青年拔尖人才云集东南大学,以期在"非常时代"背景下共同研讨"非常伦理",破解"非常难题"。

## 一、"非常伦理"的概念与理论形态

何谓"非常伦理"?"非常伦理"与"日常伦理"(或"常态伦理")呈现为何种关系?对"非常伦理"的概念考察以及对"非常伦理"与"日常伦理"之间的关系分析是不可回避的问题,这不仅关涉"非常伦理"的合法性问题,也关涉如何正确理解和运用"非常伦理"的问题。从伦理学语言结构来看,"非常伦理"存在两种可能且符合语言逻辑的理解和诠释方式:"非常态下的伦理建构"与"伦理的非常态运用"。

将"非常伦理"解释为"非常态下的伦理建构"的学者侧重于强调"日常伦理"在非常状态下的乏力,旨在建构一种新的伦理学范式来应对非常态下的伦理困境与危机。东南大学樊浩教授指出,"非常"概念区别于表征病态的"异常"概念,是相对于偏离了常态的"日常"概念,因此"非常伦理"指向的是一种日常伦理"失灵"的境遇下应对非常态时期人们如何"在一起"的伦理形态和伦理储备。清华大学万俊人教授同样肯定了在社会常态之外还存在一个以不确定性为基本特征的社会非常态,并将这种非常态社会的主要标志概括为以下三点:(1) 社会非常态所需社会资源远远超出正常的社会储备;(2) 社会生活的正常秩序面临瓦解;(3) 社会非常态带来的代价剧增。他认为,在这种社会非常态中,建基于日常伦理场域的普遍规范性原则并不足以应对非常伦理场域的不确定性情境。湖北大学江畅教授在承认"非常伦理"与"正常伦理"必然存在冲突的基础上,将"非常伦理"明确定义为"在战争、重大自然灾害和严重疫情等特殊情况下,为了维护社会整体利益和基本社会秩序所不得不规定并强制人们践行的与正常伦理不同的特殊伦理"。中山大学李萍教授指出,"日常伦理"是指以规律的伦理生活为前提的道德规范,而"非常伦理"关涉在特殊情形下伦理生活何以能实现道德自律的问题,二者存在着不同场域之间的巨大张力。东南大学庞俊来教授进一步揭示了"常态伦理"与"非常伦理"之间不可取消的矛盾张力,他认为"非常伦理"此偏正结构在现象上是相对于"常态伦理"的反常表现,在认识上是对"常态伦理"逻辑的否定,因此并不适用于以追求确定性为宗旨的当代伦理学研究范式。东南大学陈爱华教授基于认知逻辑、情怀逻辑、意志逻辑、信念逻辑和治理逻辑等方面来解读"非常伦理",认为"非常伦理"无法使用业已确定的常态伦理规范体系来维系非常态下的伦理秩序,因而是一种区别于常态伦理的特殊类型的伦理

---

\* 作者简介:胡珍妮,东南大学人文学院哲学与科学系博士研究生。

形态。

将"非常伦理"解释为"伦理的非常态运用"的学者则主张,"非常伦理"与"日常伦理"之间存在某种内在关联,"日常伦理"对于非常态下的道德生活依然具备一定的解释力。在中国人民大学姚新中教授看来,理解"非常伦理"概念的关键不在于为非常时期所采取非常措施进行伦理正当性的论证,而在于诉诸既有的思想资源来为非常时期人们的非常态生活确立一些基本价值共识。华东师范大学杨国荣教授进一步指出,"非常伦理"和"日常伦理"都关涉普遍的伦理规范和主体的内在德性,所谓的"非常"与"日常"、"确定"与"不确定"并不是截然分离的,而是可以相互转化、互通共融的。这一观点同时得到了中国人民大学焦国成教授的积极响应,他从文字考古学的角度来考察"常"与"非常"等概念,进而将"非常伦理"看作一种应对社会非常态境遇的特殊伦理。但他强调,"非常伦理"是对"日常伦理"的补充,二者之间并不存在明确的界限,并且在不同的境遇中是可以相互转化的。首都师范大学王淑芹教授持以相似的观点。在她看来,"非常伦理"并不是对"日常伦理"的简单否定,"日常伦理"可以为社会成员所面临的不确定的道德选择境遇提供一定程度的价值指导。此外,东南大学副教授张学义聚焦于深度技术化时代的"非常伦理"问题,认为人与技术的深度互构催生出一种有别于常态的"非常伦理形态",它与"常态伦理"呈现为看似两面、实为一体的"莫比乌斯环",共同构成了深度技术化时代的价值生态。

在这场思想盛宴中,与会者以其独到的见解丰富了"非常伦理"的概念内涵,并通过分析"非常伦理"与"日常伦理"之间的关系更加立体地呈现了"非常伦理"的问题谱系。尽管不同学者对"非常伦理"的概念定义有所差异,但他们都从根本上承认了"非常伦理"作为一种新的伦理形态的理论合法性。

## 二、"非常伦理"的前沿性课题

有待进一步讨论的问题是,鉴于愈益严峻的"非常"状态,"非常伦理"应该如何应对?针对人类当前的"非常"处境,一些学者直面"非常伦理"研究中"我们如何在一起"的前沿性课题,积极寻求可行的伦理方案,以纠正或走出当下世界的"非常态"。

一方面,围绕"非常态下的伦理建构"问题,与会者首先对发展一种"非常伦理"形态的伦理旨趣和价值方向表达了不同的看法。面对人类种族的"绵亘危机",樊浩教授提出的伦理方案是:期待一场"学会为伦理思考所支配"的文明观的伦理革命,即以超越中心主义的"伦理思考"告别"非常态",提高非常态下的"'非常'伦理思考"的能力和水平,实现非常伦理成果向日常文明成果的自觉转换。通过追问人类的共同存在是否可能以及如何成为可能的问题,吉林大学贺来教授主张建构一种新型的伦理主体,即作为人类共同存在的"人类主体",旨在克服新世纪的不确定性和全球性风险所带来的现代社会的"分化"和"脱嵌",为人类社会未来发展方向提供一种伦理价值理念。在清华大学李义天教授看来,对非常态是否会成为常态这一问题的不同回答取决于对非常态内容的不同理解以及非常态自我存在能力的殊异,而矫正非常态社会的关键不仅仅在于伦理观念的文明程度和精致程度,更重要的是在于实践的力量。上海交通大学王强教授从社会系统、共同体以及主观精神这三个维度来建构一种"韧性伦理",试图为非常时代背景下的道德主体提供一种伦理觉悟。东南大学赵浩副教授主张通过重返道德生活的"附近"来疏解社会非常态所导致的结构性问题,即孤独的"个体"和趋向虚幻的"实体",以期提供一种建构当代伦理理论、走出"非常态"的新方案。

其次,建构"非常伦理"规范体系以破解"非常伦理"难题成为一种可行方案。为了应对全球化风险所带来的种种挑战,中山大学张任之教授试图在义务论与后果论这两种规范性理论之间建构一种植根于人格之上的新实践理性——责任理性。吉林大学曲红梅教授基于消极义务、积极义务和超义务等层面来考量"非常伦理",主张发展积极承担道德责任、适度尊重道德权利、互相表达道德赞许的规范性要求来解决"例外状态"下的伦理困境和道德难题。英国威尔士三一圣大卫大学赵艳霞教授以中国传统的阴阳理论为立论基础来考察"非常伦理"建构的可能性和必要性,将人的生命尊严和社会的安定发展视为"非常伦理"的核心精神和基本原则。在宁夏大学李伟教授看来,一种以人的生存权和发展权为核心内容的底线伦理即人权准则,为应对人类非常态危机所造成的道德生活中集体与个体的对立提供了一种新的视角。东南大学卞绍斌教授认为,基于自律和目的王国理念进而保障人格尊严的康德式义务体系是构建"非常伦理"形态不可或缺的规范前提和思想资源。

另一方面,以"伦理的非常态运用"为讨论的出发点,一些学者首先试图通过寻找某种确定的价值共识或价值视阈来回应非常时代所带来的挑战。杨国荣教授认为,非常态社会应该关切人的美好生活,而所谓的好生活可以从中国传统价值的角度表述为"万物并育而不相害"与"道并行而不相悖",即在合乎人性正当性的基础上兼容多样性的生活。姚新中教授则提出了和平、发展、公平、正义、民主、自由这六项人类共同价值,力图实现以文明交流超越文明隔阂、以文明互鉴超越文明冲突、以文明共存超越文明优越。在武汉大学李建华教授看来,以不确定性为核心特征的风险社会和非常态社会为伦理普遍主义和境遇伦理学提供了新的叙事场景,伦理法则和具体情境的结合成为现代伦理学的客观要求。东南大学徐嘉教授批判性地考察了以往研究所采取的静态的、原子式的思维方式,进而从"群己权界"的辩证视角和讨论架构出发,认为群体的"伦理秩序"在非常状态下优先于个体的"道德权利"。东南大学Philippe Brunozzi教授指出,"非常伦理"概念本身表征着正常伦理秩序的倒退,回到正常的伦理秩序的解决方案在于:和解(reconciliation),即找到一个共同生活的新基础。

其次,"伦理的非常态运用"在处理规范性问题上依赖于对既有理论资源的援引。一些学者致力于将中国传统的理论资源纳入"非常伦理"的论争语境中来,进而将其转化为应对非常时代所带来的伦理困境与危机、发展一种"非常伦理"的思想资源。华东师范大学陈赟教授借用中国古典思想来应对不确定的当下,即通过在大化之流中践履"与化为体"的生存方式,采取"贞一之德"的应对方案,进而提出一种随时而化、以常待变、合常变为一的历史性生存。在南京大学杨明教授看来,儒家修身俟命的主体精神、居安思危的忧患精神以及守经达权的变通精神有助于应对日常伦理之外的非常状态。安徽大学丁成际教授寄希望于儒家日常生活伦理形态以"礼"为中心的"五伦""五常""十义"的规范性内容及其精神实质,来实现伦理生活的异化状态向日常状态的回归。基于"一切历史都是当代史"的理念,贵州师范大学唐应龙教授通过考察古代"齐桓争霸"的历史变局,主张在历史与现实的互动中探讨和回应非常态社会中的现实问题。围绕"古今异情说"之争的历史背景,广东药科大学李福建讲师认为荀子"道贯"思想中"遏恶扬善""仕者必如学"的基本理路为纠正或摆脱社会的非常状态提供了教益和启示。

西方思想资源也为非常态境遇下"伦理的非常态运用"贡献了独特的思路和视角。南京师范大学冯建军教授结合马克思的观点,主张回到人的类存在的本性,以摆脱人类目前的发展困境。浙江大学林志猛教授以柏拉图在面对不确定性时所主张的政治勇敢为切入点,通过重点研究苏格拉底式哲人对灵魂秩序和政治正义的关切,力图避免智术师式知识和计算的理性主义对自我利益过度关注的做法。东南大学范志军教授采取此在生存论的视角来分析非常态的本真生存,旨在提出一种海德格尔式的"非常伦理",即把共在的他人和自己带向个别化的罪责的存在和向死存在,从而赢得本真的整体能在。为了即时回应百年未有之大变局和人类的非常态处境,贵州大学宋君修副教授从黑格尔式的伦理概念出发来讨论伦理战争的意识和理论自觉,试图在伦理底层架构下对当下和未来进行恰当的伦理范式重构。东南大学武小西讲师主张在当代理性主义与女性主义交织的语境之下来探讨非常态下理性的柔化与灵活运用。

此外,"非常伦理"研究还涉及一些其他重要的前沿课题。在国家政治领域,华东师范大学朱承教授着眼于生活政治的确定性和不确定性,认为应当避免由政治意志和力量的过多介入所带来的日常生活的不确定性;河海大学胡芮副教授运用精神哲学方法来分析非常状态下的国家叙事,试图在"叙述—记忆—观念"的精神运动轨迹中来阐释和抚慰非常状态下的集体性创伤记忆。在技术领域,北京师范大学田海平教授从人类增强技术出发来讨论"非常伦理",认为伦理的高阶思考及其实践理性的旨趣在于寻求共识框架下的伦理安全;西南大学黎松副教授试图在非常时代背景下寻找一种基于德性的技术发展理论,将技术德性的价值基准规定为善、自由、责任的统一体。在医学领域,复旦大学尹洁教授聚焦于不确定性情境下卫生保健资源配置的伦理框架建构,着重考察一种基于复合平等主义立场的伦理指引;东南大学程国斌副教授通过考察和澄清中国传统瘟疫理论与现代传染病学这两种医学观念及其伦理意义之差异和共识,致力于推动这两种不同的医学瘟疫理论在当下疫情境遇中的相互理解,以应对疫情对人类伦理生活结构底层的主体间关系的解构;南京医科大学郭玉宇副教授在"非常伦理"的语境下来探讨人类卫生健康共同体建构的可能性和必要性,并将其作为道德多元化背景下人类共同体这一诉求在政策层面的智慧回应。在网络空间领域,东南大学蒋艳艳副教授关注网络空间中对非常事件的道德审判问题,主张通过情感主义伦理学中的旁观者视角探索一种公正的道德审判的可能进路。

从总体上看,大多数学者着眼于问题本身的前沿性和迫切性以及研究视角的新颖性,对"非常伦理"的实践向度和前沿课题展现出了必要关照和历史视野,力图勾勒出"非常伦理"前沿发展领域的总体景观。

### 三、"非常伦理"的文明史意义

"非常伦理"这一重大学术课题和时代课题的提出不仅具备重要的理论意义和实践价值,而且具有深刻的文明史意义。它的问题意识始于其对非常时代的到来所导致的日常伦理失灵的担忧,而着力于促进中国伦理学界对"非常伦理"问题的深度思考,以期为这一关键性课题研究提供扎实的学术支援和学理资源,从根本上回应人类在非常态境遇所遭遇的"非常伦理"难题。

在非常时代构建一种"非常伦理"形态的理论意义在于,它有助于人们深入反思业已存在的各种伦理理论(乃至哲学理论)的局限性,并谋求和贡献一种应对人类非常态处境的理论方案和伦理智慧。首先,"非常伦理"的出场提供了一个独特的视角来帮助人们审视现代伦理学知识结构的局限性。中国伦理学会会长孙春晨教授宣称,当今世界正在经历百年未有之大变局,世界之变、时代之变、历史之变以前所未有的方式席卷而来,日渐凸显的不确定性或将成为现代社会的本质特征。他指出,一个显见的事实是,不确定性已经渗透进了人类生活的方方面面,它不仅使得传统的生存伦理、交往伦理、自由伦理遭遇了前所未有的挑战,而且给长期沉浸于理性主义和乐观主义即追求确定性观念的人类敲响了警钟。王淑芹教授对此表示赞同。在她看来,"非常伦理"这一概念话语的提出具有鲜明的学术前沿性,它在某种程度上打破了人们一直以来对道德的普遍确定性的追求和礼赞,转而关注人们当下非常态的生存境遇,为新时代伦理学开拓了一个新的研究方向。

更为重要的是,"非常伦理"重大课题的当代使命还在于从理论设计的层面为解决非常时代频出的社会伦理问题贡献独到的伦理智慧和伦理力量,进而勾勒出人类精神发展的未来走向。正如东南大学原党委书记郭广银教授所指出的,当前科技革命、全球气候变化、新冠疫情、老龄化加速这些黑天鹅、灰犀牛事件,正在重构人类的生产方式、生活方式和交往方式。面对非常时代的到来所引发的种种挑战,伦理学需要一种新的伦理智慧、伦理精神和伦理战略来接受这方面的冲击,回应这方面的挑战,从而使自身在现代学术谱系中立稳脚跟。为此,在非常时代背景下建构一种在日常伦理之外的伦理形态即"非常伦理",具备非凡的学术意义。东南大学何志宁副教授对"非常伦理"课题的理论价值作进一步展望,他指出,将"非常伦理"作为伦理学新的研究田野不仅见证了伦理学当下的理论作为,而且有助于对未来社会伦理发展的长远预判。

在非常时代构建一种"非常伦理"形态的实践意义在于,这种学术努力和理论探究体现了当下生活世界的真实诉求,它试图回应人们在非常时代所面临的"我们如何在一起"的前沿性课题。华东师范大学付长珍教授认为,伦理学必须直面当下生活世界的难题,其当务之急在于从根本上回应人们应当如何面向实践、面向未来的问题。通过对现实社会的批判性考察,贺来教授敏锐地洞察到,最具挑战性的问题乃是人类共同存在的问题,这是当代社会必须解决的问题。对此,江畅教授认为,社会伦理问题在非常时期的持续涌现和不断激化根源于人们对于构建一种"非常伦理"的必要性缺乏足够的观念认识,并对"非常伦理"的价值合理性进行了概括和总结:首先,它是维护社会基本秩序的特殊规定;其次,它是社会动员公众扶危济困、共克时艰的道义力量;最后,它可以促进社会道德规范体系的完善。在此基础上,庞俊来教授指出,非常时代背景下面向生活本身的"非常伦理"的实践价值体现在,它关系到一次世界观的革命,即提供了一种辩证的世界观而非形而上学的方法论来回应和处理人们在非常态境遇下的现实诉求。正如江苏省哲学社会科学规划办公室主任许益军所认为的那样,在国际形势纷繁复杂、社会思想风云激荡的大变革时代背景下,对"非常伦理"的理论探究展现出当代学者忧患天下的实践品格和追求真理的坚定信念。

综上所述,"非常伦理"在理论上演绎出了一种面向非常时期的新型伦理形态,在实践中提供了一种适应非常态社会并以伦理为主题的世界观。换言之,"非常伦理"的提出不仅仅是一种概念话语的表达,而且关系到哲学理念的变革和转向。在此基础上,樊浩教授认为,"非常伦理"是一次关乎人类前途命运的文明革命,其在应对非常时代的到来所引发的挑战中凸显出了重要的文明史意义。他指出,之所以要围绕"非常伦理"此议题进行讨论,主要是基于以下三点:第一,为何是儒家而非道家成为中国文化的主流和显学?第二,当代学术研究为何不能脱离老子、孔子、柏拉图、亚里士多德等传统资源的理论背景?一个引人深思的问题是,究竟是古人过于卓越还是今人缺少足够的创造力?第三,社会科学尤其是人文科学领域的学者是寻求"变"还是"不变",他们坚守的职责是什么以及要为这个世界贡献什么?在他看来,"非常伦理"构成了对以上三个问题的回应。一个基本观点是,学术不仅需要他信,更需要自信,这直接关涉学者自身的学术气质和学术气派。通过对"非常伦理"的形而上学讨论,"非常伦理"的高阶方案应当是或可能是寻求和建构一种非同寻常的即卓越的伦理形态,以守望精神家园,破解非常态下"我们如何在一起"的前沿性难题。在这个意义上可以说,在非常时代构建一种"非常伦理"形态具有深刻的文明史意义。

作为一个颇具冲击力的概念话语,"非常伦理"一经提出便得到了学术界的热烈响应和积极支持。在非常时代对"非常伦理"课题的深度研究不仅是伦理学自身进行的一次理论革新,也从根本上回应了"非常时代,我们如何在一起"的伦理追问。基于时代背景的现实考量,一场关注人类生存方式、生活样态和精神秩序的非常伦理思潮悄然掀起。这场思潮通过探讨人类道德发展的"非常"前景,旨在让人类期待和拥抱一个"广阔无垠"的伦理前程。

# 伦理总体性反思与民族精神秩序新生态

谈际尊 *

（东南大学 人文学院，江苏 南京 210096）

**摘　要：** 在流转百年的精神光谱中，陈独秀基于反传统主义文化立场的"伦理觉悟"论乃是一束奇异锐利的光源，汲汲于穿透其时晦暗不明的道德时空，来照亮伦理总体性反思的前景，以为社会革命创造出必要的精神条件。然而，该论固然充满革命性道德热忱，却无法转化为厚重的实践理性精神，亦因此无法在正向伦理总体性规划中实现民族精神秩序的更新。对此，需要在确立起伦理总体性谋划的历史方位与实质性内涵基础上，将构成社会伦理形态的关键性要素加以离析和整合，使家庭、社会与国家层面的伦理价值切合社会生活的总体性要求，推动家庭伦理—社会伦理—国家伦理互动熔铸出民族精神秩序新生态，实现维护社会统一性的目的。

**关键词：** "伦理的觉悟"；伦理总体性；民族精神秩序；道德方向感

　　因主体游移飘忽、环境变迁及文化多样性等因素影响，有关社会伦理议题的思考容易流于粗疏议论和空洞说辞，长此以往则会导致"社会伦理整体性的黑洞化"①。对此，如若能够融入多元化视角，将之从传统道德哲学的逻辑框架中暂时抽离出来，兴许能够规避此一难题。比如，精神哲学就能够在发掘社会伦理的实体内容与内在精神取向上发挥着不可取代的作用。与道德哲学直接着眼于伦理形态的研究视角不同，精神哲学立足于精神的动态发展及其内在环节的辩证展开，着意于伦理总体性反思与规划，为此开辟出了一条把握伦理发展规律的独特路径。作为"单一物和普遍物的统一"②，"精神"被赋予了同"自然"相对立的地位，因而黑格尔意义上的精神哲学实质上就是一种关于人类历史与人的发展史的宏大哲学思考，其持存的方法论有助于我们清晰地描绘出伦理位系图谱。换言之，旨在追求自由的伦理本质上就是精神的反映，因为精神的本性就是自由，其本质力量的展开必然要将人从"小体"的自然存在者提升为"大体"的伦理存在者，最终实现思维与意志的统一，达到"知行合一"③。意味着，如若任何社会伦理形态的理论建构及其实践不能增益于精神的成长，就会丧失应有的历史感与现实感，从而无助于社会统一性之凝聚。对此，需要在确立起伦理总体性谋划的历史方位与实质性内涵基础上，将构成社会伦理形态的关键性要素加以离析和整合，使家庭、社会与国家层面的伦理价值切合社会生活的总体性要求，即以家庭伦理—社会伦理—国家伦理为核心要素熔铸出民族精神秩序新生态，实现维护社会统一性的目的。

---

　* 作者简介：谈际尊，东南大学道德发展研究院常务副院长。

　① 王毅：《中国皇权制度逆现代性的主要路径：从明代的历史教训谈起》，《开放时代》，2000年第7期。
　② ［德］黑格尔：《法哲学原理》，范扬、张企泰译.北京：商务印书馆，1996年，第173页。
　③ 樊浩：《〈论语〉伦理道德思想的精神哲学诠释》，《中国社会科学》，2013年第3期。

## 一、"伦理的觉悟":基于反传统主义的总体性反思方式

伦理或道德经常被现代思想家设计成为拯救"现代性之隐忧"的一种价值规划,其中又往往承载着深刻的整体性批判和总体性反思之精神。罗素曾经断言,人类种族的延绵取决于"人类能够学到的为伦理思考所支配的程度"①。接续这种文明自省取向,两次世界大战之后兴起的政治哲学研究范式,在关注社会制度安排的背后,亦无不深藏着对于维护历史文化连续性的伦理共同体之研究趣味,道德哲学家惯常使用的人性向善与道德人心等抽象语言也因之被政治哲学家改造为"生命伦理""文化反思""历史检讨"。这似乎不约而同地昭示出一个思考方向,即人类如若能够放弃暴力逻辑、资本逻辑与技术逻辑等看待世界的惯常方式,转而采取伦理思维来处理人类事务,人类社会走向未来方有希望。

不惟如此,当遭遇到三千年未有之变局的时候,自觉肩负起思想启蒙的陈独秀亦将中国未来的希望寄托在国人的"伦理的觉悟"上,并将之视为"吾人最后觉悟之最后觉悟"②。我们看到,从韦伯解释社会学赋予"新教伦理"开启现代社会的重任,到鲍曼批判社会学创制"后现代伦理"来肩负起挽救现代社会的责任,社会学百年发展历程所推动的无疑是一个伦理精神自我回返的圆圈运动,经此精神性运动,即有望开启一种不同于理性化的"自反性现代化"进程,从而使得西方文明具有文化上的自我诊断和自我疗治的道德能力。比较起来,陈独秀这一代中国知识精英背负着更大的精神重负,他们所面对着一个前所未有的混沌不明的精神空间,因此自觉到必须为之指出一个明确的道德方向感的责任。正因为如此,后者所面对的那种无时无刻不挤压过来的精神重压,就使得他们无暇像前者那样进行纯粹的伦理知识学创造,而只能依凭自己敏锐的道德直觉为时代辨明方向。在此意义上,"伦理觉悟"这种先知预言式的昭示,必须得到理论上的系统反思和深刻检讨,以便能够将这种价值指认转化为总体性的精神框架,构筑起社会秩序和民族精神的基本座架。

回头看来,陈独秀关于"伦理觉悟"的呼告切中时弊,发出了时代的声音。经由洋务运动的经济变革和保皇立宪的政治闹剧之后,晚近的知识分子察觉到政治经济背后更为持久的精神力量:若"多数国民之思想人格无变更",则任何政治和经济上的革命都只能导致国民"旋觉旋迷,甚至愈觉愈迷,昏聩糊涂"③。有感如此,陈独秀决意创办一个唤醒"伦理的觉悟"的刊物《青年杂志》,专注于青年一辈伦理世界观的革故更新工作。如同梁启超所看到的那样,"少年中国"正是未来中国的希望,将数以亿计的青年人聚拢起来,就足以构成撼动传统中国根基与塑造未来中国的基础。陈独秀对于章士钊有关"国中政事,足以使青年之士,意志沮丧,莫知所届者,日进而未有已"④的判断心领神会,虽说《青年杂志》创刊不久就由于偶然因素而更名《新青年》,但却无意中更为突出了"新民"的伦理取向,适应了中国社会变动的新趋势。在刊物的首篇文章中,陈独秀即申明了办刊之宗旨为"欲与青年诸君商榷将来所以修身治国之道",后又进一步明确道:"改造青年之思想,辅导青年之修养,为本志之天职;批评时政,非其旨也。"在其时正值各种政治势力风起云涌的情况下,陈独秀何以独独申言"批评时政,非其旨也"? 个中原因在其《吾人最后之觉悟》一文中得到了阐发:"继今以往,国人所怀疑莫决者,当为伦理问题。此而不能觉悟,则前之所谓觉悟者,非彻底之觉悟,盖犹在惝恍迷离之境。吾敢断言曰,伦理的觉悟,为吾人最后觉悟之最后觉悟。"⑤这就是说,国人不光要有"政治的觉悟",如若没有"伦理的觉悟",则依然难以"自觉其居于主人的主动的地位",即"政治根本解决问题"不得不有待于"吾人最后之觉悟"。一言以蔽之,陈独秀之所以要唤醒"伦理的觉悟",乃在于健全国人的精神世界,通过挽救"道衰学弊"来改变"国势凌夷"的现

---

① [英]罗素:《伦理学和政治学中的人类社会》,肖巍译.北京:中国社会科学出版社,1992 年,第 159 - 160 页。
② 参见陈独秀《吾人最后之觉悟》一文相关内容。
③ 同②。
④ 参见章士钊《国家与我》一文相关内容。
⑤ 同②。

状,最终实现"社会庶几有清宁之日"的美好愿望。

陈独秀关于"伦理的觉悟"的言论激发出了一种强烈的文化情绪,以《新青年》为阵地的一批知识分子以"启蒙"为己任,或启迪民智或反思国民性。在内忧外患时期,这种启蒙努力被迫中断,一种包装一新的"政治的觉悟"重新走上前台,取代"伦理觉悟"并占据了意识形态的中心位置,这就使得经过"政治的觉悟"启迪所得的政治要求成为新一代国民之精神世界的核心要素,不仅伦理道德被斥之为空洞的说辞,甚至就连伦理学学科也被宣示为"伪科学"而失去存在的合法性,继而被驱逐出科学的殿堂。汉学家列文森曾经对于这一段历史进行过卓尔不凡的考察,尽管其"博物馆化"的隐喻是要直接说明"儒教中国"的"现代命运",但其中隐藏着的关于中国传统文化之现实命运的探讨,可视作"春秋笔法"的"海外版"。列文森实际上是要告诉我们,随着"非儒教化和传统感的丧失",中国所有过去的成就都成了"没有围墙的博物馆的陈列品","我们的"与"他们的"之间的区别消失,"我们的"传统不再成为"国家历史的基础",其时的中国人似乎正在"用一条新的绳索将它牢牢拴住,而同时朝着和它完全相反的方向前进"①。如果现实确乎如此,那么传统文化不仅承担不了唤醒国民精神的"伦理觉悟",相反却面临着"道德上的指控",传统文化所蕴含的"历史的意义"再也无法得到承认②,更不能发挥作为现实社会价值指引的作用了。

时至今日,重新检视陈独秀"觉悟论"的历史意义当有必要。首先,应该看到,陈独秀"伦理的觉悟"提示的道德方向感并非指向传统,而是要指向未来的,其原旨乃是要为未来之中国提供一种积极的精神力量。也就是说,陈独秀并没有将传统历史文化看作内在于"我们的"精神基础,来自"他们的"传统之政治意识形态反而承担着唤醒"伦理觉悟"的责任,即所谓"孔教一无可取,惟以其根本的伦理道德,适与欧化背道而驰,势难并行不悖。吾人倘以新输入之欧化为是,则不得不以旧有之孔教为非。倘以旧有孔教为是,则不得不以新输入之欧化为非。新旧之间,绝无调和两存之余地"③。这就不难理解,列文森何以要将"儒教中国"之"博物馆化"视为"现代命运"了。实际上,陈独秀之所以将"伦理的觉悟"视为"吾人最后觉悟之最后觉悟",一个重要原因就是要超越"政治的觉悟",因为后者毕竟只具有破坏性的作用,它可以打碎一个旧世界,而建设一个新社会则显然要依托大量的具有全新精神生态的民众。进而言之,"觉悟论"之所以坚持不"批评时政",并非要有意规避政治问题,而是要超越其时那种单纯粗暴的"革命论",从而为社会的整体革新奠定更为坚实的价值始基。因此,在陈独秀那里,"革命"就不单是一个政治范畴,而是覆盖了整个社会系统之大变革的历史性范畴,其中就包括对于伦理总体性的深沉反思。吊诡的是,陈独秀没有能够看到"伦理觉悟"给予现实政治运作带来的积极影响,"伦理觉悟"自身反而遭受到了政治和道德上的双重指控。陈独秀"觉悟论"的文化命运与其本人后来的政治命运戏剧性地联系在一起,颇为耐人寻味。也许,这正是一个反传统主义者试图将自身从传统中倒拔起来之后,所遭遇到的不可避免的结局。

历史总是惊人的相似,今天再来重温陈氏的"觉悟论"别有一番苦涩而又辛辣的滋味。百年之后,经过启蒙运动、革命运动和市场经济的轮番冲击,中华大地的确发生了翻天覆地的变化,一个全新的中国矗立在世人面前。但是,这些都是"中国人"的所作所为吗?作为"中国人",我们到底是谁?"我们的"的价值世界又置于何处?类似于这样的发问之所以振聋发聩,是因为道德方向上出现了问题:我们在情感上充满了道德义愤,但在实践中却毫不避讳地奉行实用主义,甚至以反道德的名义占据道德高地;我们对道德神圣性有着强烈而几近焦灼的期待,但同时又用犬儒主义心理逃避严肃的道德生活;我们渴望核心价值能够发挥出规范生活的作用,但同时又游走于道德的边缘甚至不惜通过"网络暴力"不断地稀释

---

① [美]列文森:《儒教中国及其现代命运》,郑大华、任菁译.北京:中国社会科学出版社,2000年,第382-383页。
② 同①,第354页。
③ 水如:《陈独秀书信集》,北京:新华出版社,1987年,第103页。

核心价值观的现实影响力。更加令人忧虑的是，作为一个中国人的底气和骨气似乎被悉数耗尽，曾经傲然挺立的伦理精神似乎正在萎缩。在这种情势下，大力倡导培育践行核心价值观，并自觉到传统美德在涵养当代中国人心性中的巨大作用，可谓正当其时。同时，我们也欣喜地看到，陈氏之"伦理觉悟"在百年之后的中国重新得到了回应。这是民族之幸，国民之福。

## 二、社会伦理总体性双重建构的方法论确证

陈独秀倡导的"觉悟论"着意于国民精神的塑造，但其后历史的现实进程却无意印证这种道德努力。个中原因固然有着逻辑与历史之间的因缘际会，但这不妨碍我们对之沿着两个方向进行反思，即"觉悟论"秉持的文化立场与其理论旨趣所促发的成就。前一个问题前文已有所触及，即陈氏实际上持守着一种激进主义的反传统主义文化立场，其"伦理觉悟"并非对中国传统之伦理性文化的回返，相反却是抱着一种"以毒解毒"的想法来彻底"打到孔家店"及其代表的传统伦理精神，而随后所"觉悟"到的无非就是一种国门打开之后汹涌而来的西方现代性价值理念。显然，陈氏开出的药方乃是一张无法根治病理的"偏方"，只救当时，不及长远，这是激进主义者倾向于使用的招数。至于后一个问题，对于作为启蒙者的陈氏而言多少有些苛求，因为启蒙者似乎只是一个先知先觉者，不能指望建构出多么缜密的理论体系。然而，如若看不到陈氏"觉悟论"在提出了一个很好的问题，但最终却无视这一问题的理论旨趣和实践效果的话，作为启蒙者的陈氏亦得不到客观的评价。事实上，陈氏"觉悟论"敏锐地察觉到了文化价值观对于历史与现实的意义，期望通过伦理上的努力实现国民精神的更新亦可谓抓住了问题的根本，但这种努力却最终因其反传统的文化立场而被葬送掉了。吉登斯就特别提醒当代人，作为惯例的传统内在地充满了意义，"就其维系了过去、现在与将来的连续性并连结了信任与惯例性的社会实践而言，传统提供了本体性安全的基本方式"①。按照吉登斯的理解，陈氏的反传统立场无疑斩断了"维系了过去、现在与将来的连续性"，从而使得"信任与惯例性的社会实践"出现了"无意义化"，这就是今天人们普遍感到"主体性安全"受到威胁因而缺乏安全感敬畏感并到处弥漫着一种暴戾之气的深层原因。也就是说，陈氏"觉悟论"之思想穿透力并不能保证其在社会实践中得到前后一致的贯彻，它虽然能够激发出一种革命性的道德热忱，但却无法转化为厚重的实践理性精神。历史地看，国民精神总是孕育于"伦理总体性"的规划当中。陈氏的"觉悟论"触及了问题的边缘，但最终绕开了问题本身，因而难免归于失败。这一文化使命历史地落到今天知识分子的身上。

以陈独秀"觉悟论"为个案的分析表明，重新谋划孕育国民精神的社会伦理总体性方案，应当从相互关联着的两个方面着手：一是从中国传统文化的演化脉络当中透析出社会伦理总体性谋划的历史方位；二是从当下之"中国经验"或"中国问题"出发来确立起凝结社会伦理总体性的实质性内涵。就此而言，当今中国之社会伦理总体性的规划就是一种融合了历史与现实的双重性建构，以此来超越或此即彼的文化二元论致思路数。

中国传统伦理总体性的成功谋划无疑为中华文明的持续发展提供了不竭动力，但是现实历史以自身的发展惯性又在不断地消解乃至不自觉地挣脱这种伦理总体性加之于其上的道德束缚。用一个时尚的词汇来表述，这一过程呈现出"逆向现代性"的特点。根据黄仁宇等人的考察，中国自古以来就缺乏契合现代性的文化因素，那种基于科学理性的"数字化管理"较之于建立在道德理性基础上的人文管理似乎来得更为高效。在余英时看来，这种诸如"数字化管理"之类的思考还尚欠深入，真正抵制现代性的东西不是统制中国人心性的强大"道统"，而是士人精英自宋代以来就日渐抛却了"以天下为己任"的伦理担当。这才是中国传统文化"逆向现代性"的历史本质。按照余氏在皇皇巨著《朱熹的历史世界》的辨析，先秦的士人精英主要是以"仁"为"己任"，他们是价值世界的承担者，但"天下"则不在他们肩上；东汉

---

① ［英］吉登斯：《现代性的后果》，田禾译. 南京：译林出版社，2000 年，第 92 页。

是士大夫阶层史上一个特显光辉的时代,当时士大夫领袖如李膺虽然能够坚持"以天下风教是非为己任",但这依然限于精神领域,社会秩序的建构不在其实践范围之内,那种直接参与国家和社会事务的"'公民'意识"直到宋代"以天下为己任"一语出现才完全明朗化。①　这意味着,真正的儒者一直肩负着特定的道德使命,而"以天下为己任"的公民意识虽然经历了一个漫长的孕育发展过程,但至宋代终成正果并成为士人精英的"集体意识"。这种出自伦理上的自觉担当本来是儒家道统在确立社会伦理总体性当中连结"古代性"与"现代性"的最好黏合剂,但不幸的是这之后的儒者却没有那个将之"固化"为一种内生性的公民德性,从而推动传统社会自觉地走向现代社会。至明代,"社会伦理整体性的黑洞化"现象如期出现:"社会文化中几乎任何可以作为社会进步资源的理性化和良性化的因素,都被无处不在的专制权力黑洞及其急遽扩散到社会一切角落的贪欲所吞噬。"②是,为挽救社会伦理总体性陷入"黑洞化"的颓势,晚清一代的儒者情急之中接受了西方的个人主义伦理观,以此来弥补传统文化的"短板"甚至取代传统文化。但是,这些努力显然无法改变中国文化"逆向现代性"的趋势,这种文化上的迎合与道德上的谄媚只会导致民族精神愈加陷入衰微的境地。正如余英时所说:"清末民初的儒家学者只能通过自己的传统去吸取西方'个人自主'的观念的某些相近的部分,他们未必有兴趣去了解其全部背景及一切与之有关联的观念。而且即使了解了,也还是没有用,因为整套异质思想系统是无论如何也搬不过来的。"③因此,在以"西方药"治理"中国病"未见得可行的情况下,欲查清中国传统社会之所以陷入困顿不济并缺少自觉走向现代文明的内在机理,还得深入到真实的"历史世界"中去,从中探明病理并提炼出一根"药引子"来。这应该是当下社会伦理总体性建构要做的第一步工作。

　　社会伦理总体性建构面临着"逆向现代性"的难题,同时亦绕不开"朝向现代性"的困局。如果说"逆向现代性"是历史发展的一种趋势,那么"朝向现代性"就是一种改变历史发展趋势的态度,即是一种关乎人们当下对自身走出"古代性"所造成的历史存在的出路的选择,其本质上还是一种文化上的"自我认同"。但是,正如吉登斯所言:"自我的认同并不仅仅是给定的,即作为个体-动作系统的连续性的结果,而是在个体的反思活动中必须被惯例性地创造和维系的某种东西。"④在这里,吉登斯再次使用"惯例性"理念来提醒我们必须重视文化传统对于塑造"自我认同"的意义,这种对待现代性的态度实际上与福柯的看法不谋而合,后者甚至在《何为启蒙》一文中赋予了"存在论"一词别出心裁的含义来表达这一态度,即所谓的"我们自身的历史存在论"⑤。这种"存在论"同时也是"现在存在论"与"我们自身本体论",其中"现在"一词所界定的时间维度与"我们"一词所表达的主体属性富有深刻的方法论内涵。吉登斯和福柯对待现代性的态度给予我们思考当下中国社会伦理总体性问题以有益的启示。一方面,在面对当下中国"朝向现代性的变化汹涌澎湃"⑥的过程中,我们需要创造出一个对世界文明之意义的新的想象空间,自觉将当下中国社会伦理总体性建构纳入全球化世界结构中进行思考。另一方面,正如邓正来所阐明的那样,我们要根据中国自身所发生的巨大变化和社会发展情势,使用"中国的话语系统"来阐发"社会秩序的正当性问题"⑦。只有这样,我们在认同本土文化资源的时候,既能够看到全球化的发展趋势,同时也能够坚守属于中国的文化立场:这种坚持"全球性"与"中国性"相结合的方法才是对当下中国经验的创造性思考。

---

①　余英时:《朱熹的历史世界:上卷》,上海:生活·读书·新知三联书店,2004年,第210-211页。

②　王毅:《中国皇权制度逆现代性的主要路径:从明代的历史教训谈起》,《开放时代》,2000年第7期。

③　余英时:《现代儒学的回顾与展望》,上海:生活·读书·新知三联书店,2004年,第165页。

④　[英]吉登斯:《现代性与自我认同:现代晚期的自我和社会》,赵旭东、方文译.上海:生活·读书·新知三联书店,1998年,第58页。

⑤　杜小真:《福柯集》,上海:上海远东出版社,2003年,第534页。

⑥　[法]奥立维·福尔:《中国社会及其新兴文化》,《马克思主义与现实》,2008年第6期。

⑦　参见邓正来为他自己主编的《中国社会科学辑刊》所做的"重新发现中国"专题的卷首语。

### 三、构建民族精神秩序新生态

唤醒"伦理觉悟"的努力无非要从个体和社会双重层面建构一种优良的精神秩序,而对中国现代社会之伦理总体性的探索无疑则是直接指向一种民族精神的新生态,因为在伦理总体性形式中个体生活与公共道德相互交织叠加,这就喻示有可能将个别包容到普遍之中去,即伦理总体性的确立在为成功的社会生活提供前提条件的同时,也就孕育着一种新的民族精神生态。当然,民族精神新生态最终能够获得成长的空间,一定意义上取决于现代中国人是否能够将民族精神中富有生命力的伦理道德元素开发出来,同时亦照顾到时代的需要与现实境遇。在我们看来,如果能够重新回归家庭伦理—社会伦理—国家伦理之伦理总体性,则无疑是一种有希望的努力方向。这里说明一点,从方法论上我们需要将家庭伦理—社会伦理—国家伦理看成是新的价值生态系,三者处在一个逻辑演进的互动关系当中,并共同融合为民族精神新生态。但出于理论解析之需,我们又不得不将三者"分而治之",使之在民族精神新生态形成中的意义得到较为明确的说明。按照前文提供的思路,我们这里尝试一种采取中国文化的立场和辅之以西方文化手段来阐释当代"中国问题"的路径,以求解民族精神之未来构架。

1. 家庭伦理:民族精神自然基础的确立

家庭伦理具有哪些本质规定性? 在回答这一问题之前,我们先来看看黑格尔对家庭概念的解释。黑格尔在《法哲学原理》中这样规定家庭:"家庭是在以下三个方面完成起来的:(1) 婚姻,即家庭的概念在其直接阶段中所采取的形态;(2) 家庭的财产和地产,即外在的定在,以及对这些财产的照料;(3) 子女的教育和家庭的解体。"①这里,家庭被视为婚姻、财产与教育所构成的"共体":这一共体借助婚姻成为实体性存在,通过对财产的创造与维护使家庭成员"转变为对一个共同体的关怀和增益"②,父母在对子女实施教育当中完成自己的对象化"定在"并确立起一种"伦理性"关系。于是,黑格尔意义上的家庭就不单纯是一个自然概念或血缘关系体,而是一个实在的"伦理的共体",即"作为直接的伦理的存在"之"精神本质":家庭"之所以在其本身之内是一伦理的本质,并非由于它是它的成员们的自然的关联,换言之,并非由于它的成员之间的关系是个别的现实之间的直接关系"③。由于家庭本质上是一种伦理存在,而"伦理本性上是普遍的东西",所以家庭成员之间的伦理关系就不单单是情感关系或爱的关系,因为情感与爱仅仅只是一种偶然性,而这种偶然性是无法承担起维护家庭之整体性的:只有那种"以家庭为目的和内容"的伦理行为才是"家庭伦理"的本质规定,因为其可以维护"作为实体的家庭整体之间的关系"④。

在揭示出家庭伦理的内涵之后,尚有一个必要的内在环节需要面对,即如何理解"家庭的解体"是"家庭"的"完成"? 理解了"家庭解体"的意义,也就把握了家庭伦理作为民族精神之自然基础的实质。在黑格尔的伦理总体性规划中,家庭伦理作为伦理普遍性之所以是自足的,仅仅是就其作为精神的一个必要的起始环节或初始阶段而言的,它必须在较高的规定中获得"中介意义"。家庭是一个"共体",但更高的"共体"依然执着于将家庭中的个体"逼"出来,使之"为普遍物而生活"⑤。这个"普遍物"就是"民族"。也就是说,一个民族的普遍精神是建立在家庭伦理基础上的,因为家庭作为一个"天然的伦理的共体"乃是民族的"现实的元素",它虽然与民族相对立,但"家庭的守护神"毕竟是民族精神的"护佑"。因此,可以说,没有家庭伦理作为支撑,就没有民族精神的成长;要确立中华民族精神的新生态,就必须实现传统家庭伦理的现代性转换。

---

① [德]黑格尔:《法哲学原理》,范扬、张企泰译. 北京:商务印书馆,1996 年,第 176 页。

② 同①,第 185 页。

③ [德]黑格尔:《精神现象学:下卷》,贺麟、王久兴译. 北京:商务印书馆,1979 年,第 8 页。

④ 同③,第 9 页。

⑤ 同④。

　　从根本上讲,契合时代民族精神的家庭伦理应当具有确立起"人的条件"之权能,即只有在家庭伦理生活作为人之为人的"第一条件"满足之后,创造"人的条件"的社会整体努力方可能建构起新的民族精神。在汉娜·阿伦特看来,人从诞生的那一刻起就注定生活在"条件"的约束当中,而最基本的条件就是劳动、工作和行动①,这三项活动预示着新生命的不断涌现与新文明的延绵不绝,促使那些来自家庭的"熟人"与初涉人世的"陌生人"一道承担起维护生存其间的社会的责任。按照阿伦特对于"人的条件"的基本旨趣,作为"第一条件"的家庭伦理生活通过以下三个紧密关联的环节实现"意义化":劳动和工作不仅确保了家庭的生存发展,同时维持着民族乃至整个"类"的生命的延续;工作使短暂徒劳的生命与稍纵即逝的时间得以延续和永存,而行动则是推动家庭个体走向民族并进行历史创造的条件。阿伦特关于"人的条件"的理解有助于我们把握中国传统家庭伦理的基本精神。在中国传统家庭生活中,每一个人都是伦理关系叠加的焦点,其行动既表现为一种动态性的人际互动过程,同时也表现为一种构建社会秩序的兼有时间与空间维度的社会实践活动。就此,人不是原子式的个体,家庭也不是通常被喻之为的"社会细胞",其本身是一种实体性存在并具有独立的价值性。因此,家庭的伦理生活就绝不仅仅是现代政治哲学意义上的"私人生活",因为家庭本身作为实体性存在具有自足的伦理价值:家庭的神圣性不仅不因社会性存在被消解,而且必须得到劳动、工作和行动等这些社会性获得保护。也正是在这个意义上,"回归家庭"是对家庭作为"本体性价值"的坚守,也是对家庭生活神圣性的维护:"回归家庭"与其说是退缩到"私人生活",还不如说是回归到一种更高的"公共生活"。就此而言,家庭伦理的重构必须承担起从根本上确立起家庭存在的理由,从价值规范层面维护家庭的稳固基础,使家庭生活成为人的必然选择而非单纯基于感情维系的偶然选择,更不可沦为个体之间的联合。

　　2. 社会伦理:夯实民族精神的实体内容

　　对社会统一性的追求是社会伦理获得道德合法性的根据之所在。相对于家庭而言,社会无疑是一种"公共生活",这种公共性的生活之伦理本质最能反映出一个民族共同体的精神状态。在这个意义上,社会伦理构成了民族精神的实体内容。

　　作为"第一位清楚地阐释现代概念的哲学家"②,黑格尔是在伦理辩证法中对现代社会展开批判的,其目的是要实现一种差异性的统一性。对黑格尔来说,现代社会既是一种自由解放同时也是一种精神压迫:其虽然有助于个人自由权利的实现,但其本质上是一个伦理缺失的社会形态,充满着精神的腐化、信仰的缺失和道德败坏,因而不啻是"产生出傲慢放肆的态度"的总根源:"财富所直接面临的是这样一种最内心的空虚,它感觉在这个无底的深渊中一切依据一切实体都消失得茫然无存,它看到在这个无底深渊中唯一仅有的只是一种卑鄙下流的事物,一种嬉笑怒骂,一种随心所欲的发作。"③由于现代社会的核心精神是财富原则,而对财富的单向度推崇必定摧毁社会一切固有的价值,这同时也就意味着民族精神随之有被毁灭的危险。那么,如何能够使固有的价值得到有效的维护?乍一看来,由于市民社会是从家庭过渡到国家的否定性环节,且由于这一社会形态具有自身无法克服的伦理弊病,因而社会伦理要实现维护社会统一性的目的就要么是向家庭这一原始的肯定形态回归,要么就走向国家这一更高的肯定形态。然而,虽然市民社会是一个否定性的环节,但否定中必定蕴含着肯定性的东西,对此黑格尔就明确指出过市民社会对个人的自由权利具有积极意义。因此,即便市民社会不像家庭那样具有安置个人生活的初始作用,亦不具有国家那样为个人生活敞开无限的可能,但其作为中介的意义便在于唤起人们对于生活其中的社会共同体的关注,即在追求满足个人利益的同时能够承担起义务。只有这样,从社会走向国家才有现实的基础。因此,社会伦理的本质应该被表述为:"通过伦理性的东西,一个人负有多少

①　[美]汉娜·阿伦特:《人的条件》,竺乾威等译. 上海:上海人民出版社,1999年,第1页。
②　[德]哈贝马斯:《现代性的哲学话语》,曹卫东,等译. 南京:译林出版社,2004年,第5页。
③　[德]黑格尔:《精神现象学:下卷》,贺麟、王久兴译. 北京:商务印书馆,1979年,第63页。

义务,就享有多少权利;他享有多少权利,也就负有多少义务。"①社会伦理形式上的空疏体现在这里,其实质性内容同样也在这里得到体现。

黑格尔式的社会伦理思考对于当今中国社会伦理建构具有启示意义。在民族精神的反思中,一些人倾向于将现代社会中的"公民意识"提取出来加以特别强调,认为这是中国传统社会独独缺少的精神元素,因而也是中国无法自觉走进现代社会的重要原因。但是,这里所谓的"公民意识"到底是什么?如果"公民意识"仅仅是作为类似于"家庭意识"的对立面来表达一种与之相反的观念倾向,其内涵依然没有得到明确的界定,因为"家庭意识"本身是臆造出来的概念,即便将之细化为诸如"家庭伦理"或"血亲人伦"这样的观念,依然难以使前者得到确切的表达。撇开概念上的模糊空泛不论,这种"拿来主义"论调仍然是晚清以降形成的民族极弱心理或文化自卑的反映,既缺少起码的历史感,在理论上亦无有可取之处。

事实上,我们今天提倡"中华民族共有精神家园"的实质是要重构民族精神,这一工作仍然无法回避家庭、社会与国家所蕴含的根本性伦理问题。进而言之,即便我们能够认识到社会伦理在建构民族精神当中起着承上启下的作用并处于中心地位,但依然脱离家庭生活与国家生活的本质规定性来单独地界定社会伦理,因为家庭伦理—社会伦理—国家伦理本身是一个相对自足的价值生态。因此,社会伦理要在建构民族精神中发挥作用,至少不能回避两个方面的问题。

其一,社会不是"原子式个体"的"集合并列","社会伦理"不是"市民社会伦理"。在早期社会契约论论者那里,人类社会从源头上被视为是对"动物世界"的复制,原子式个体之间存在着永恒的冲突,而解决冲突的方式被想象为通过订立契约来维系社会共同体的延续,法律则被用来约束人们的不当行为。显然,契约论者的社会正是马克思所批判的"抽象的社会",这种基于人性之恶所构造出来的想象体必然使个人与社会对立起来。但是,如果不是从法律而是从道德的角度来重新定义社会的本质,社会的抽象性以及由此带来的个人与社会的冲突就有可能得到和解。当然,这样的社会既不是基于人性假设之上的抽象社会,亦非黑格尔所要阐明的市民社会,而是一个新的"联合体":"在那里,每个人的自由发展是一切人自由发展的条件。"②马克思将这样的"联合体"看成是"避免重新把'社会'当作抽象的东西同个人对立起来"③的新的社会形态。

其二,社会既是家庭与国家的中介环节,也是个体走出家庭组建民族共同体的现实载体,因而社会伦理应该被表述为民族精神之范型。前面我们讲到,如果仅仅通过从形式上界定社会并以此来勘定社会伦理的内涵,实际上是难以获得实质上的收获的,因为迄今为止确乎无法来给"社会"一个明确的定义。但这意味着"社会何以可能"这一问题在社会伦理的建构就是一个悬置着的"虚假的问题",其至少能够通过社会生活的主体之精神活动得到具体的反映。一个思考方向是从微观层面把握民族生活中的个体精神,另一个方向毕竟还是可以从宏观上对过着社会生活的民族精神做出描述的:个人总是国族群体的一分子,而国族群体总是由众多的个人组成。因此,关于当下的社会伦理建设,如若不将之同中华民族的精神更新对接起来,就终归难以找寻到一个明确的支撑点,从而丧失方位感和历史感。

3. 国家伦理:捍卫民族精神的最高形式

黑格尔提醒我们,当我们从法哲学或精神哲学层面讨论国家时,不要过度纠缠于"特殊国家或特殊制度",也不要将国家当作供人鉴赏的艺术品,而是应该考察理念,即研究国家的"本质的环节"和"国家本身的内在机体",以此来看国家就是"伦理性的整体"④。于国家"立足于地上",难免使自身置于"任

---

① [德]黑格尔:《法哲学原理》,范扬、张企泰译.北京:商务印书馆,1996年,第172-173页。
② 《马克思恩格斯选集:第一卷》.北京:人民出版社,1972年,第273页。
③ 《马克思恩格斯全集:第四十二卷》.北京:人民出版社,1979年,第122页.
④ [德]黑格尔:《法哲学原理》,范扬、张企泰译.北京:商务印书馆,1996年,第258-259页。

性、偶然和错误"的恶劣环境中,但国家毕竟是活着的精神,是延绵着的精神生命,因而其精神本质作为"肯定的东西"就值得认真对待。这里,黑格尔实际上是要表明,国家总是一定民族的国家,因而表现为一种现实化的精神:作为"伦理性的整体",国家是伦理生活的最高阶段;而作为"地上的精神",国家伦理则是民族精神的最高形式。

历史地看,国家显然是人的构造物,但这一构造物一经诞生就同时拥有了意志并分享着精神的成长历程。就其本质而言,国家谋求的是"单一物和普遍物的统一"或"普遍性与特殊性的统一",其作为行为主体的伦理合法性倾向于保障人的自由或"谋取公民的幸福"①:"国家具有一个生动活泼的灵魂,使一切振奋的这个灵魂就是主观性。它制造差别,但另一方面又把它们结合在统一中。"②对黑格尔来说,市民社会既是个人自由和权利的实现形式,同时也是"一切人反对一切人的战场"和"私人利益跟特殊公共事务冲突的舞台":前者是现代国家得以建立的积极性因素,而后者恰恰是现代国家要克服的病态特征。因此,作为客观精神发展的最高阶级,国家必定能够扬弃市民社会并恢复伦理的总体性。为了阐明这一点,黑格尔对卢梭以来流行的国家观进行了批判,认为这些见解"缺乏思辨的思想"因而具有"肤浅性"甚至会在人们头脑和现实中产生"可怕性"③。在黑格尔看来,国家是一种"自在自为地存在着的普遍性"和"绝对自在自为的理性东西",因而是一个完全敞开的无限的世界:国家独立自存、永恒的、绝对合理的东西,不仅代表着一种可能性,其本身就是一种无限性。因此,卢梭等人把国家视为个人之间契约的产物,就颠倒了国家与个人的关系:"如果把国家同市民社会混淆起来,而把它的使命规定为保证和保护所有权和个人自由,那么单个人本身的利益就成为这些人结合的最后目的。由此产生的结果是,成为国家成员是任意的事。但是国家对个人的关系,完全不是这样。由于国家是客观精神,所以个人本身只有成为国家成员才具有客观性、真理性和伦理性。"④显然,人不是像卢梭设想的那样能够任意自由地去追求普遍生活的,而是"被规定着过普遍生活的",这意味着个人一切行动都要以国家这一伦理实体为其出发点和结果。因此,只有在个人属于伦理性的现实时,个人的自由和权利才能得到实现,因为只有在像国家这样的客观性存在中,"个人对自己自由的确信才具有真理性,也只有在伦理中个人才实际上占有他本身的实质和他内在的普遍性"⑤。

在对国家伦理合法性的界定中,涂尔干与黑格尔可谓气息相投:"我们的个性并不与国家相对立,相反,它是国家的产物。国家的基本义务就是:必须促进个人以一种自由的方式生活。"⑥因此,国家伦理乃是精神认识了自身以后所出现的"伦理理念的现实"与"实体性意志的伦理精神"⑦,它是国家作为行为体的自我意识的鲜活体现,因而可形象地称之为国家的"生动活泼的灵魂"或"优美的灵魂"。同时,由于现代国家总是民族的国家,这种国家伦理必然体现为民族精神而"贯串于国内一切关系的法律"与"国内民众的风尚和意识"之中,且必然落实为"国家制度的现实性"⑧。因此,所谓的"国家伦理"就不是人们通常认为的对国家行为的伦理规定或对政府行为的道德约束,更不是国家自上而下向公民提出的伦理道德要求,而是国家通过法律与制度将公民伦理与民族精神充分地体现出来,使个人成为良好国家的公民和强盛民族的主体。

因此,我们今天所要建构的国家伦理,就不是像古典契约论者那样去单纯地唤醒"公民意识"以保障个人的自由权利,而是要更多地唤醒"国家理性"来使国家公民承担起应有的道德义务。这样,国家伦理

---

① [德]黑格尔:《法哲学原理》,范扬、张企泰译.北京:商务印书馆,1996年,第266页。
② 同①,第281页。
③ 同①,第137页。
④ 同①,第1254页。
⑤ 同①,第172页。
⑥ [法]爱弥儿·涂尔干:《职业伦理与公民道德》,渠东、付德根译.上海:上海人民出版社,2001年,74页。
⑦ [德]黑格尔:《法哲学原理》,范扬、张企泰译.北京:商务印书馆,1996年,第1253页。
⑧ 同⑦,第1291页。

才能与民族精神成长同步。也许我们还记得黑格尔对"东方王国"的民族精神有一个相当沉闷的描述，称之为"内部没有固定的东西"，因而剩下的只有"原始的怒吼与破坏"和"在衰弱疲惫中的沉陷"①。今天看来，我们依然可以将黑格尔的上述看法斥之为"欧洲中心主义"之论，但这同样不是今日中国病态民族精神的写照吗？因此，未来之国家伦理的建构，首先还是要着眼于唤醒国家的理性精神，使之成为民族精神的最高体现。

---

① ［德］黑格尔：《法哲学原理》，范扬、张企泰译. 北京：商务印书馆，1996 年，第 1357 页。

# 绝对命令的三种人称推理

## 范志均 *

（东南大学 人文学院,江苏 南京 210096）

**摘　要**:威廉斯和内格尔基于一种外在反思观点判定,康德绝对命令的实践推理不是第一人称,而是第三人称。但是科尔斯戈德从一种内在反思观点出发重构了第一人称的绝对命令推理,否定它是第三人称的。另一方面,达尔沃批评建立在自主性原则之上的第一人称绝对命令版本并不充分,而只有一种第二人称版本的绝对命令才能确立自主性原则。在这些讨论的基础上,本文尝试基于一种新的内在反思观点,确立一种修正的第二人称绝对命令版本。

**关键词**:外在反思;内在反思;第一人称观点;第二人称观点

从规范性构成角度,黑尔基于非认知的规定主义把康德绝对命令看作对行为的普遍规定而非描述,罗尔斯立于建构主义把绝对命令看作行为原则的建构程序,奥尼尔从主体复数论出发把绝对命令当作人类互动和交流的原则,哈贝马斯则从主体中心主义转向主体交互主义,把绝对命令由独白式普遍化论证程序改造为对话式普遍化论证程序。

但是从规范性来源角度,内格尔和威廉斯把绝对命令与实践推理结合起来,对它进行一种人称化的解读。威廉斯主张实践慎思是第一人称的,因为它是内在于生活形式的"我的"决定,是"我"作为行动者在某种特定情境下的倾向性反应,而理论慎思是第三人称的,它建立在观察者视角之上;康德绝对命令的慎思是第三人称的,把本来是实践规范的问题转变成理论解释的问题[①]。但内格尔则主张实践推理是第三人称的,这种第三人称视角并非仅仅是观察者的视角,同时也是行动者的视角,只有第三人称的实践推理才是客观普遍有效的;因而康德的绝对命令是从第三人称视角做出的实践推理,它是客观普遍的实践法则。

威廉斯批评康德第三人称的理论慎思摧毁了第一人称的实践慎思,而内格尔则攻击第一人称的实践推理必然陷入相对主义和主观主义之中。如何走出绝对命令推理的这种第三人称困境? 有无其他人称解读的可能性? 科尔斯戈德和达尔沃分别提出了绝对命令推理的第一人称和第二人称版本,尝试克服第三人称版本的困难。

## 一、绝对命令与第三人称

绝对命令是对"我应当做什么"这个规范问题的回答,而这个答案是"我"通过实践推理得到的。但是我如何得出某种处境下应当做什么,我依据何种视角选择或决定行为的原则或理由是什么? 直觉地看,进入绝对命令的路径是第三人称视角:绝对命令是客观普遍的法则,而我们只有从客观视角才能发现客观普遍法则,而客观视角一般来说就是第三人称视角。

如威廉斯一样,内格尔否定康德的实践推理是第一人称的、视角依赖的、非反思的和内在于某种社

---

　* 作者简介:范志均,东南大学人文学院教授。

[①]　威廉斯:《伦理学与哲学的限度》,陈嘉映译,北京:商务印书馆,2017 年,第 82 - 83 页。

会形式的,而认为它是第三人称的、视角独立的、反思的和外在于某种社会形式的。第一人称的非反思推理是基于内在观点的推理,是个人的、特殊的;第三人称的反思推理是基于外在观点的推理,而外在的观点使我们"不可避免地要寻求普遍性的理由和确证",反思的自我将会"不可避免地被引导去对他所面临的信念和行动的问题寻求一个一般性的或者法则式的答案"①。因为外在的反思与特定的个人视角相分离,拉开与原始非反思的自我的距离,从自我特定情境下的欲望、倾向后退一步,独立于自我作为其参与者和成员的内在生活世界,从"一个外部世界观察我们自己",而我一旦获得反思的外部视角,就不再考虑"这个人就是我这一事实",我的选择就"不仅意味着我,而且意味着这个人应当做什么",我必定做"任何处在这种情景中的人"所应该做的事情。②

内格尔认为,反思的态度使我们经验到了自由,因为当我们从原初的欲望后撤客观地看待自己时,我们就不再受欲望的直接控制而做出不同的选择,而是独立于欲望支配决定自己应该做什么。由此我们就通过后退而从第一人称立场上升到了一个"更高的普遍性立场",即第三人称立场,这种立场是自由的立场,它使我们做出并非源于"我"的观点的决定,而要求"我"的行为符合普遍的原则,因为自由要求自己决定自己,"从外在于我们自己的角度"、在行动中,为我们这样特定的个人选择一种非个人的普遍法则。③

从直接欲求中分离出来的反思的理性行为者,是行为者中立的,他做的事情不仅是他个人应当做的,也是每个人都应当做的。如果一个人做的也是所有人应当做的,那么他的行为就是独立于行为者个人欲望的行为,他按照任何人都应该服从的普遍法则行动。由此理性行为者的行为就是非个人性的行为。他不是作为个人关系中的个人而出现的,而是从个人关系里抽象出来,建立了和每个人同样的关系,因而作为一个理想化的行为者出现——"每一个他人同样是同类的非个人的价值的主体"④。这样的理性行为者所确立的行为原则是不偏不倚的绝对命令,他不是作为某个特定的个人,而是作为所有人中的一个人,"在各种普遍性方面多少是相似的人群中的一个"去行动,他能够以"他人看待自己的眼光看待自身",在所有人中没有任何特权,所有自我都是平等的⑤。

威廉斯认为,康德实践推理的出发点是理性行为者,而理性行为者是第三人称的,他必须把自己作为行为者来加以反思,"这包括他把自己看作其他行为者中的一个",由此他从自己的欲望和利益中后退一步,从并非"他自己"的欲望和利益的立场来看待它们,这个立场是不偏不倚的立场。据此理性行为者追求自由和理性就是"把自己视作在制定法则,制定将协调所有理性行为者的利益的法则",这样的法则就是绝对命令,理性行为者按照能够成为普遍法则的准则来行动⑥。

从第三人称实践推理推出的绝对命令是一种实在的法则,它独立于行为者而存在,能够被认识,并且为每个行为者所遵循。这样的绝对命令类似于一种义务论的直觉主义原则。对后者来说,义务是独立于行为者而存在的道德法则,我们通过直觉可以通达它。然而,对绝对命令的这种第三人称解读并不是康德式的:如果绝对命令是客观实在的,就必然会导致他律,因为它不是理性行为者自己建立的。

## 二、绝对命令与第一人称

威廉斯认为,实践慎思从根本上是非反思的,即使有反思进入其中,这种反思也不是那种从行为者立场上退出站在观察者立场上的外在反思,而仍然是一种立于行为者立场的反思,我们不妨称其为一种

① 内格尔:《普遍性与反思的自我》,载《规范性的来源》,上海:上海译文出版社,2010年,第235、236页。
② 同①,第235页。
③ 内格尔:《理性的权威》,蔡仲、郑玮译,上海:上海译文出版社,2013年,第132-133页。
④ 同③,第137页。
⑤ 同③,第136页。
⑥ 威廉斯:《伦理学与哲学的限度》,陈嘉映译,北京:商务印书馆,2017年,第82页。

内在反思。观察者的反思是一种理论或事实的慎思①，而行为者的反思则是一种实践或规范的慎思，这种反思发生之际行为者并不退出自身作为观察者看待自己，而仍然保持在自身之内作为行为者看待自己，即"在理性反思之际从我的欲望退开一步的那个我仍然是那个拥有这些欲望的我，仍然是那个将要经验地、具体地行为的我；它并不仅仅通过反思的抽身退步就转变为另一个存在者——这个存在者的基本利益在于所有利益都和谐一致"②。这种内在的反思是第一人称的，而外在的反思则是第三人称的。

但内格尔否认反思是内在的，相反，他认为反思是外在的，是从行为者立场上退出来、从观察者立场客观地看待自己。他还否认外在反思仅仅是理论的或事实的慎思，而认为它是实践的或规范的推理。但是他也承认，当我从自己的实践推理过程中"后撤"并反问自己是否认可它们正确时，我通过后退可能产生两种倾向，一种是我进入或上升到"我自己"的一个"更深入的领域"或"更高阶的愿望和价值"，另一种是我上升到一个"更高的普遍性立场"③。前者是一种内在反思，反思者仍然停留在自身内，但是上升到了一个高阶自我，这种反思是第一人称意义上的；后者是一种外在反思，反思者超出到自身之外，上升到了一个更普遍的客观自我，这种反思是第三人称意义上的。

科尔斯戈德基本认可威廉斯对第一人称和第三人称慎思的区分，认为理论问题是立于观察者视角提出的事实或价值的解释问题，理论慎思是第三人称的，而实践问题则是置身于行为者视角提出的、必须做道德要求他做什么的规范问题，因而实践慎思是第一人称的④。她否定内格尔认为实践慎思是第三人称的观点，认为一旦我们从第三人称视角看待规范问题，我们就把它转换为了理论问题。但是她也否定威廉斯认为康德实践慎思是第三人称的观点，认为绝对命令是实践的规范原则，而不是理论的解释原则。

内格尔和威廉斯都认为，绝对命令是第三人称的，只是内格尔肯定、而威廉斯否定第三人称的绝对命令。在他们看来，康德的理性行为者是外在反思的行为者，行为者从自身外部把自己看作他人中的"一个人"，从自己作为"一个人"的视角推出普遍的规范原则。科尔斯戈德承认理性行为者是具有自我意识的反思的行为者，他的确能够后退拉开与自己欲望的距离，并对它们加以考虑以确定行为的理由或原则。但是理性行为者的反思不是内格尔式的外在反思，后退并不是站在自身之外从外部把自己看作"一个人"，而是内在的反思，后退是深入到自身更普遍的领域，或从低阶的自我上升到更高阶的自我，即从欲望的自我上升到意志的自我⑤。反思的行为者的确被一分为二，一个是高阶的意愿着的我，一个是低阶的欲望着的我，但是内在的反思并没有把高阶自我与低阶自我分离开来，使之独立于低阶自我，而是从低阶自我中把高阶自我提升出来，因而高阶自我仍然联结低阶自我，高阶自我和低阶自我同时保持为同一个自我，或者是同一自我内部的两个自我⑥。因此，反思的行为者是第一人称的，具有对自身行为的自我意识和第一人称权威。

对科尔斯戈德来说，理性行为者之所以具有第一人称的权威在于，他是出于理由行动的，而行为理由是由他反思所认可或建构的，因此他是自己决定或选择的，他就是"自律的道德动物"，自己确立绝对命令并据之行动⑦。

首先，我们必须出于内在反思而行动的事实给予我们双重本性，即意愿的、能动的自我和欲望的、被动的自我。当我从被动的自我上升到能动的自我时，我就不完全被欲望驱动，而是能够对欲望所提供给

---

① 威廉斯：《伦理学与哲学的限度》，陈嘉映译，北京：商务印书馆，2017年，第83页。
② 同①，第86页。
③ 内格尔：《理性的权威》，蔡仲、郑玮译，上海：上海译文出版社，2013年，第128-129页。
④ 称尔斯戈德：《规范性的来源》，杨顺利译，上海：上海译文出版社，2010年，第15、17页。
⑤ 同④，第264、276、280页。
⑥ 同④，第189-190、269页。
⑦ 同④，第190页。

我的理由予以采纳或拒绝,我能够自己选择或决定行为的理由,由此我就"在反思中发现"了自由,发现我的意愿是自主的,我能够而且必须根据"自由的理念而行动",自由的理念下的自我选择就是一个理性的事实,因为"自由意志必须完全是自我决定的"①。意志是一种因果性,它必须根据某个理由即法则行动,由此意志必然具有一个法则。意志是自由的,因此意志的法则不是从外部强加的,而必然是由它自己给予自己的,亦即是自主的,意志必须产生一个它自身的法则——"它不得不是的所有一切是一条法则"——这条法则就是绝对命令,即按照我们能够意愿它成为法则的准则行动;绝对命令即是自由意志的法则②。

其次,意愿是借助于反思而起作用的自我意识的因果性,它是能动的,使自身成为我做什么的理由;但是我的二阶的意愿不是独立于一阶的欲望单独决定我做什么,而是综合欲望而统一地决定我做什么。意愿是法则性的因果能力,具有统合的统一形式,正如先验自我具有统觉的统一形式一样,而欲望则提供"被动遭遇的材料",能动的意愿综合作用于被动的欲望,统合的形式综合统一被动的质料,就构成了同一自我的规范性法则。正如当我们把经验给予的世界统合为一个处于时空之中的单一系统组织起来的整体时,我们的心灵就会把因果律概念强加给某种时间顺序一样,当我们把自身统合为在一切类似可能情形中做出同样决定的某种人时,实践理性就会把一种普遍的意愿原则强加给我们的决定;在前一种情形中,是先验原则把一个统一的形式强加给在其他情况下会是复杂现象的东西,而在后一种情形中,则是"意志的规范性原则的作用",把"完整性和统一性带给这个行动着的自我"③。换言之,二阶的自我能够命令一阶的自我,把一种能动的形式即普遍法则带给行动着的自我,使我所产生的行动是我普遍地意愿的行动,而且只要内在反思,"能动的意志就被带入存在","普遍性的要求"即绝对命令也同时被带入行动,只要是同一自我的行动就一定是一种以普遍方式构想的行动,我行为的理由一定是一种普遍的理由。

科尔斯戈德认为,绝对命令的推理必须从第一人称视角出发才能确保自主性原则。理性行为者不是从实践慎思外部而是内部看待自身行为,不是外在反思自己去遵循所有人都应该遵循的原则,而是进入某种实际处境中对这种处境向他提出的道德要求做出反应。理性行为者不是像动物那样直接做出本能式反应,而是反思自主地做出反应,即作为能动者引导自己的行为。能动的行为者不是基于独立于行为者的客观理由行动,而是根据他自己建立的理由行动,而他建立的理由也是每个人行为的理由。绝对命令就是自主行为者自己建立的、所有行为者都应当遵循的法则。对绝对命令的这种第一人称解读是一种建构主义的弱实在论解读,而不是一种直觉主义的强实在论解读。

## 三、绝对命令与第二人称

达尔沃批评对绝对命令的第一人称解读,认为它面临两个问题。首先,它面临一种自败。科尔斯戈德第一人称解读建立在自主性原则之上,第一人称的行为者把自己看作自主的行为者,自己确立行为原则。但是此路不通。正如我们在康德《道德形而上学奠基》中看到的那样,绝对命令以自主性为前提,但是自主性原则是不充分的,为了证明绝对命令不是我们的虚构,我们还必须证明自由是实在的,但是我们却无法直接证明自由是实在的。

其次,从第一人称来解读绝对命令不能排除非自主性的实践推理,一种直觉的或朴素的第一人称实践推理就无须预设自主性④。摩尔式后果论直觉主义的第一人称实践推理,就从值得欲求的世界状态或结果出发,"接受一个要求总是做推动善或可欲求的状态或结果的事情的行为后果主义规范"⑤。即

---

① 称尔斯戈德:《规范性的来源》,杨顺利译,上海:上海译文出版社,2010 年,第 111 页。
② 同①,第 112 页。
③ 同①,第 266 页。
④ 达尔沃:《第二人称观点:道德尊重与责任》,章晟译,南京:译林出版社,2015 年,第 34 页。
⑤ 同④,第 236 页。

使直觉或朴素的行为者在实践慎思中"退后一步",批判地修正他的欲求和信念,但是这并不能使他达到自主性,上升到高阶的自我,达到更高的意志形式,而只是上升到更高阶的价值状态,到达更高的意志对象特性。

达尔沃否定了第一人称观点,认为只有第二人称观点才能够提供一种把绝对命令必然建立在自主性原则之上的推理。他所谓的第二人称观点就是,"当我们向彼此的行为和意志提出要求和认可这些要求时,你我采取的视角"①。显然第二人称观点就是一种我-你关系视角,"我将她当作与我发生对等联系的人来联系",与之形成一种人际的规范关系②。第二人称的自我是处在与他人交互规范关系中的自我,我的视角包含了他人的视角,我具有将自己置于他人立场的移情能力③。我在彼此关系中,并从彼此关系出发行动,因此一种行为就是一种被要求的行为,而任何行为的要求都是彼此向对方提出来的,这种相互的要求就是第二人称理由,它依赖于"预设的权威和人们之间的责任关系"④。

比如你的脚被人踩了,你要求对方把脚移走,而你提出的理由是不同的。一种第三人称的理由,即行为者中立的理由是,踩到我的脚引起的疼痛是一种坏的世界状态,基于这种世界状态的恶性,任何人都要求你把脚移开⑤。一种第二人称的理由,即行为者相关的理由,"根源于行动者彼此之间的关系"或"他和他人的关系"⑥,在这种相互关系中,或作为平等的道德共同体的成员,我也有某种权威向你传达移开脚的要求。这种第二人称理由是道德共同体成员相互分享的理由,每个成员都应当彼此有责任地按照对方传达的理由去行动。

达尔沃认为,对绝对命令的第三人称解读取消了自主性,第一人称解读不能必然建立在自主性之上,只有第二人称解读才能完全确立自主性原则。第三人称的实践慎思,是跳出人际关系或道德共同体之外,行为者把自己作为其他人中的某个人来推理自己应该做什么;这种推理是理论性的。第一人称的实践慎思,虽然未必出离于人际关系或道德共同体之外,但却是限于自我之内,行为者把自己看作高阶的自我来推理自己应该做什么。而第二人称的实践慎思,则是进入人际的规范关系或道德共同体,行为者作为关系的参与者或共同体的成员来推理自己应该做什么。在第二人称的实践慎思中,"重要的不是一个人希望或更愿意所有人做什么,而是一个人期望别人做什么,以及我们会同意任何人能够向作为相互负责的平等的共同体成员的其他人提出的要求"⑦。慎思的行为者出于理由而行动,而他行为的理由是第二人称彼此相关的理由,它并不建立在高阶自我与低阶自我的权威关系之上,而是建立在自我与他人、传达者与被传达者之间所"具有的权威关系之上",它根源于并且塑造了"行动者彼此之间的关系"⑧。第二人称理由是行为者彼此向对方传达或传唤的要求或命令。然而一个被传达的理由要是有效的,能够被被传达者接受并按照它行动,传达者就必须有向被传达者传达理由的第二人称权威。第一人称权威是行为者自身提出自己行为理由的权威,而第二人称权威则是行为者向另一个行为者传达理由的权威;后一种权威意味着被传达者接受并通过被传达的理由规定自己,被传达者有"服从的责任"。当然这种权威是传达者和被传达者"分享的向彼此提出主张的共同权威"⑨。

达尔沃认为,行为者彼此传达理由的权威不是来自外在强力,而是来自每个人作为人的平等的内在

---

①　达尔沃:《第二人称观点:道德尊重与责任》,章晟译,南京:译林出版社,2015年,第3页。

②　同①,第46页。

③　同①,第47页。

④　同①,第8页。

⑤　同①,第6-7页。

⑥　同①,第7-9页。

⑦　同①,第37页。

⑧　同①,第4、9、12页。

⑨　同①,第287页。

尊严①。人的平等尊严是第二人称的,它是人们彼此向对方主张的地位,要求人们相互尊重,每个人的尊严都是行为者彼此分享的相互尊重的共同基本尊严②。然而第二人称的权威-尊严又从何而来? 达尔沃说,它来自第二人称能力,"只有当第二人称能力存在时,才存在第二人称权威"③。这种第二人称能力不是别的,就是意志自由或自主性能力,一种不是依赖对象而是依赖自身原则,也是"其自身的法则"的自由意志能力④。尊严必然预设意志自主性。行为者分享彼此所传达的理由的平等权,这意味着每个人都没有高于他人的权威,任何传达者都不能强制或胁迫被传达者,传达者向被传达者传达的理由不能是驱使他的意志,而必须是引导他的意志,行为者传唤其他行为者,不是外在强迫或威胁他按照理由行动,而必须是内在呼求他自己依照理由行动⑤。由此具有第二人称权威的行为者本身,必须是自由的和理性的行为者。另一方面,被传唤的行为者应当按照被传达给他的理由行动,而他不是被迫或被驱使服从,否则他就丧失了自身的权威,而是自由地服从,自主地规定自己并为传唤者负责。传达者自由地传唤被传达者,是将被传唤者看作"理性和自由的来传达理由的",通过他的自由选择来指导他的意志,而被传唤者也能够"自由地规定他自己按照你传达的理由行动";因而第二人称理由的传达不仅假定传达者的自由能动性,也设定被传达者的自由能动性,并且同时设定"传达者和被传达者同样的自由能动性",他们分享根据被权威传达的理由来"行动的自由"⑥。

在科尔斯戈德那里,自主性是一种第一人称能力,是理性行为者为自己行为立法的能力。在达尔沃这里,自主性是一种第二人称能力,不仅是行为者规定自己的自由能动性,更是行为者彼此分享的自由能动性,我与他人建立内在关系、相互传达理由的"共同的能动性";我和他人彼此作为自由能动者传达共享的理由,这种理由不能从意志的对象推出,而必然从意志的共同形式推出⑦。行为者必须从意志自主性即第二人称能力出发进行实践推理,绝对命令就是具有第二人称能力的行为者所分享的、共同的第二人称权威的推理形式,也是行为者相互传达的第二人称理由,确立第二人称义务和责任的推理程序。"绝对命令推理是第二人称能力的一部分",而第二人称能力就是"只有当某件事与我们(或任何人)从作为相互负责的人们分享的观点出发,会对每个人(因此也会对自己)提出的要求相一致时,才选择做这件事的能力"⑧。绝对命令就是一种从自主性推出"我们认定彼此有责任服从道德要求"的实践推理公式;"当我们根据绝对命令规范我们自己时,我们接受和服从的要求,是我们认为从平等的自由和理性人所共享的道德共同体观点出发,可以合理地向每个人提出的"⑨。这就是绝对命令的第二人称版本。

我作为能动者意愿做什么,这是第一人称观点;我作为一个人意愿做什么,这是第三人称观点;我作为相互负责的平等的共同体成员彼此意愿他人应当做什么,这是第二人称观点。每个人都负载与他人的关系,都作为道德共同体成员相互提出和传达要求;处在人际关系和道德共同体中的任何人,都应该从彼此平等分享的观点出发确立行为的理由,选择做与每个人提出和传达的要求相互一致的事情。这是对绝对命令的第二人称解读。

达尔沃认为,从第二人称观点出发对理性事实的解读可以把它必然建立在自主性上。他举康德的例子,某个人或公民应该也能够拒绝一个君主为了陷害一个无辜的人而威胁他做伪证的要求。罗斯式义务论直觉主义的推理是,应该拒绝君主的要求是我直觉到的道德要求,它是客观存在的,而不是由我

① 达尔沃:《第二人称观点:道德尊重与责任》,章晟译,南京:译林出版社,2015 年,第 126 页。
② 同①,第 287 页。
③ 同①,第 254 页。
④ 同①,第 37、288 页。
⑤ 同①,第 51 - 54 页。
⑥ 同①,第 258、268 - 270 页。
⑦ 同①,第 300 - 304 页。
⑧ 同①,第 37、254 页。
⑨ 同①,第 123 页

自主确立的。第二人称的推理是,应该拒绝君主的要求是公民的道德义务,"它是道德共同体有权威要求她做的事"[1];她作为道德共同体成员能够认定自己负责,并且规定自己按照自身应该做的那样行动,进而"意志的自主性可以由此作为必然结果推出",而绝对命令即是基于这种自主性进行道德推理必须采取的形式,"这要求我们通过任何人能够接受为作为相互负责的平等的共同体成员的合理要求来严格控制道德要求,并因此要求自己"[2]。

## 四、反应行为者视角

第三人称观点把绝对命令推理变成一个理论问题,从外部对它加以认识。第一人称观点把绝对命令建立在自主性之上,但却忽视了能动者卷入其中的人际关系。第二人称观点纠正了这一点,把关系带入行为者的实践慎思,基于行为者的相互关系来确立绝对命令原则。第三人称实践推理产生了难以解决的实践问题,即绝对命令作为被认知的客观原则未必能引导行动。第一人称实践推理能解决个人实践问题,却不能解决人际或主体间的实践问题,因为关系并没有进入它的视野。我们应该接受第二人称观点,从行为者交互关系角度进行实践推理,建立第二人称绝对命令版本:绝对命令是相互关系中的行为者彼此负有的义务法则。

但是达尔沃第二人称观点却与义务论直觉主义有点趋同,在他那里,第二人称观点是在人际关系中形成的视角,绝对命令是一种客观的人际关系所赋予的原则。由此达尔沃第二人称绝对命令版本并没有真正确立自主性原则:人际关系是被给定的,绝对命令是通过第二人称视角被承认的,而不是被建构的。

并且达尔沃的第二人称观点是分析的、而非反思的;对他来说,第二人称能力、第二人称权威等,是在第二人称的实践推理中预设的,而不是直接建立在其上的。第三人称观点和第一人称观点都是反思的观点,都从直接的行为者退后一步,只是第三人称观点退出了自我之外,到达客观的自我,而第一人称观点仍然留在自我之内,不过上升到更高阶的自主的自我。但是我们却没有在达尔沃那里看到第二人称的行为者通过反思抵达自身,只看到他通过对实际的第二人称行为的分析回溯到它所预设的前提,即自主的自我,而这个自主的自我从根本上看不过是第一人称的自我。

实际上我们没有必要通过还原达到自主性,而完全可以诉诸反思达到第二人称自主性。不过通过内格尔式的外在反思达到的是第三人称观点,这是一种外在的观点,而第二人称观点是一种内在的观点。看来只有通过内在反思才有可能通向第二人称立场。但是通过科尔斯戈德式的内在反思到达的是第一人称观点。只是内在反思不只是科尔斯戈德式的从低阶自我后退一步上升到高阶自我,还可以是从高阶自我再后退一步,即走出自我之外,但并不上升到客观的自我,而是上升到关系的自我:只要我不把自我看作某个人,而是看作一个与他人有关系的人,我不仅看到自我,而且还看到内在于自我的他我,那么这种反思虽然走到自我之外,但却并没有走到自我与他人关系之外,走出人际共同体之外,相反,它恰使自我进入与他人的内在关系之中,卷入到人际共同体之内。但科尔斯戈德式的自我内在反思,反而把自我隔离在与他人的内在关系之外,阻离于人际共同体之外。只有关系内在的反思才能突破自我与他人的隔离,打破自我与共同体的阻离而又不必止于客观自我。

第三人称观点是客观行为者视角,第一人称观点是独立行为者视角,第二人称观点则是反应行为者视角。行为者建立并进入与他人的内在关系即交互关系,以与他人彼此对待的方式对待他人,要求他人以与我相互分享的方式对待我,而处在内在关系中的行为者不是单独行动,而是相互反应行动,即双方相互引发行动,任何一方行动都相互引起对方的反应行动(responsive act/ react)。从低阶自我上升到的高阶自我是能动的自我,而从高阶自我上升到的关系自我则是反应的自我;我的行为就是对卷入与我

① 达尔沃:《第二人称观点:道德尊重与责任》,章晟译,2015 年,第 252 页。
② 同①,第 254 页。

之内在关系中的他人所对待我的行为进行回应。这种反应行为本质上是一种交互反应行为,由对方引起反应并且也引起对方反应的行为,相互对对方做出反应的行为,彼此回应对方对自己所回应的行为。能动的行为者面向自身,自己立法规定自身行为,因此是第一人称的;反应的行为者(responser/reactor)则面向他人,对他人对待自己的行为、向他人做出回应,因此是第二人称的①。

能动的行为者在对欲望的独立和选择上是自由的,在对自身行为的立法上是自主的。反应的行为者在对他人行为的抗拒或抵抗中经验到自由②,在对他人行为的积极响应中是自主的,对他人反应的反应,也不是被动地,而是主动地响应。第一人称自主性是一种独立自主性,我通过自身为自己和他人的行为确立法则。第二人称自主性则是一种关系自主性③,亦即相互的自主性,你和我彼此承认对方是自由的,相互依赖对方是自由的,每个人的自由都彼此以他人的自由为条件。我是自主的,意味着我建立了一种与他人的自主性相互依赖的内在关系,我按照我和他人相互自主的原则,或按照与相互自主相一致的原则行动,我通过我与他人的关系自主,并且在这种关系自主内相互为对方的行为建立法则。绝对命令不仅是独立自主性的立法原则,更是关系自主性的立法原则,是规范一切人与人相互共享自主的法则。基于关系自主性的绝对命令要求,我不能仅仅依据使我自由的法则行动,也必须意愿依据使他人自由、与所有人彼此自由或共享自由一致的法则行动。

关系自主性其实就是一种反应自主性,它表现为彼此对他人的行为自主地做出回应。反应行为者卷入与他人的内在关系,自主反应行为既在这种关系中产生,同时也参与构成这种第二人称的内在关系。而卷入这种内在关系的行为者,就会形成一种相互回应理由的敏感性,倾向并易于对他人的行为理由做出反应,构成彼此之间相互共享的法则,相互对他人负有义务和责任。

第一人称实践慎思确立了自我自身(即高阶和低阶自我)的内在关系,第二人称实践慎思则进入了自我与他人的内在关系,置身于共同体的人际互动中。人际互动是相互反应行动,而任何反应都蕴含一种相互理由的反应:你的行为理由引起我的回应,我的理由回应反过来引起你的理由回应;我与你的内在关系,包含了我与你能够相互对彼此的行为的理由自主地做出回应。第二人称理由即是一种能够引起相互反应和交互分享的理由。对第二人称行为者来说,绝对命令就是我与他人互动的、相互的理由反应原则,即我对他人行为的理由的反应,应该也是他人对我的行为的理由的反应;我和他人相互回应和分享彼此行为的理由,我按照彼此自主反应的理由行动,或按照与所有人相互自主反应一致的理由行动,任何人都应当按照与道德共同体成员相互分享的反应的理由行动。绝对命令要求我们必须用相互共享的意志形式综合统一欲望或偏好,并依照普遍且相互回应的法则行动。

第二人称观点是一种反应行为者视角,一种行为的参与形成既是对他人行为理由的彼此回应,同时也是对共享实践原则的相互建构。在康德那里,基本的相互反应有两种,即尊重和爱④。爱是对目的的反应,它拉近人与人之间的相互关系、建立人们作为目的的同一性,并把他人纳入到一种内在同一的关系中,彼此使他人的目的成为自己的目的。尊重是对尊严的反应,它确立人们彼此之间的距离,把个体的独立性建立起来,也把个体间的相互独立性建立起来。康德提出的目的王国,就是由相互独立的理性行为者基于共同法则形成的道德共同体,他们之间建立了一种平等分享的普遍的交互关系,他们作为目的王国成员享有平等的尊严并要求相互尊重。而且正是通过相互尊重,每个成员的尊严才得到平等承认和分享。因而目的王国就是第二人称的。

①　Strawson P. F. , *Freedom and Resentment and Other Essays*,London:Routledge,2008,pp. 5 - 10.

②　Brehm S. S. and Brehm J. W. , *Psychological Reactance*:*A Theory of Freedom and Control*,New York:Academic Press,1981,pp. 1 - 7.

③　Christman J. , "Relational Autonomy, Liberal Individualism, and the Social Constitution of Selves," *Philosophical Studies*:*An International Journal for Philosophy in the Analytic Tradition*,2004,117(1/2).

④　李秋零主编:《康德著作全集》第 6 卷,北京:中国人民大学出版社,2007 年,第 459 - 460 页。

# 热点事件的道德认识论价值

刘国云[*]

（四川师范大学 哲学学院，四川 成都 610066）

**摘　要**：热点事件具有道德认识论价值，既表现在道德认识的客体、过程与主体等诸要素上，又体现于对道德认识理论的整体诠释上。在客体上，热点事件通过具象方式表现道德认识对象，也能经过数据化分析揭示道德认识规律。在过程中，热点事件提供道德范例，促进公众对规范与德性的认知与接纳，并通过与既有认知结构和行为习惯的整合过程，驱动道德认知的更新。主体方面，热点事件的舆论传播参与到道德认识主体格局的建构过程中，但新媒体强化认识机制中的个体同化作用与群体极化效应，不利于道德认识格局的创新与发展。热点事件以及围绕热点事件产生的道德舆论相互整合，构成以热点事件作为认识对象，以道德范例作为认识驱动，以道德编码作为认识中介，以事件舆论作为认识表现，以道德行为作为实践检验的道德认识论模式。探讨热点事件的道德认识论价值可以为道德建设提供针对性策略。

**关键词**：热点事件；道德认识论；价值

　　热点事件经过信息传播与舆论评价，蕴含着丰富的道德现象，对于人的道德认识具有重要作用。分析热点事件的道德认识论价值，对于理解当代道德认识规律、服务道德教育、道德传播和道德建设，具有重要意义。

## 一、热点事件承载认识客体

　　热点事件是指经过媒体广泛传播，在社会中产生重要影响，受到公众普遍关注并引起社会广泛参与的事件。通过对近年来重要热点事件的梳理，可以将其分为如下一些主要类型：其一，重大自然灾害，例如地震、洪灾；其二，社会安全事故，例如公共汽车坠江事故；其三，公共卫生事件，例如新冠肺炎疫情；其四，重要时政事件，例如二胎与三胎政策实施；其五，科学技术革新，例如人工智能、基因编辑应用；其六，文化热点事件，例如影视作品热播；其七，楷模事迹，例如救火英雄"最美逆行"；其八，违法失范，例如林森浩投毒案；其九，道德争议，例如许云鹤案、小悦悦事件等等。它们既包括突发公共事件或社会焦点事件（focusing events），也包括社会、科技、经济、文化发展中的标志性事件。事件性质各有不同，但都具有获得广泛关注参与的共同特征，尤其是新媒体传播环境对于事件的诠释与重构效应更加明显。之所以引起广泛关注，主要有如下几个方面的因素：首先，影响广泛。热点事件除了事件直接涉及的各方，往往牵涉社会普遍利益或者具有广泛潜在价值。例如产品质量问题给人们带来了直接或潜在的物质与精神方面的影响，同时引发民众普遍的切身感受与舆论评价。其次，矛盾深刻。热点事件性质特殊，表现为

---
　　[*]　作者简介：刘国云，四川师范大学哲学学院讲师，博士，研究方向：传播伦理学。

利益与价值等道德要素或道德关系之间的激烈冲突和深刻矛盾。再次,问题新奇。热点事件在道德领域可能反映新的道德关系与道德现象。随着经济基础与社会关系发生的变化,道德关系也随之变化。热点问题往往是由于社会新事物与新关系带来了巨大挑战,从而需要在既有规范体系中加以探索与协调,例如人工智能与基因编辑技术对传统伦理的挑战。

| 2011 年以来重要热点事件 | |
|---|---|
| 2021 年 | 中国共产党成立 100 周年庆典;开放生育三胎;内卷与躺平现象;郑州特大暴雨;新冠疫情反复;中国禁止虚拟货币挖矿;福岛核废水排海 |
| 2020 年 | 新冠疫情;民法典实施;脱贫攻坚;错换人生 28 年案;杭州女子失踪案;仝卓事件;陈春秀高考顶替事件;美国弗洛伊德案 |
| 2019 年 | 上海严格实施垃圾分类;996 工作制热议;怀化操场埋尸案;翟天临学术不端;奔驰车主哭诉维权;基因编辑婴儿事件;中美贸易争端 |
| 2018 年 | 宪法修正;蓝天、碧水、净土保卫战启动;高铁扒门霸座等事件;问题疫苗;重庆公交坠江;大数据杀熟;滴滴顺风车恶性安全事件 |
| 2017 年 | 中共十九大召开;《人民的名义》热播;幼儿园虐童系列事件;于欢杀死辱母者案;围棋人机大战;机器人获得公民身份;萨德事件 |
| 2016 年 | 供给侧结构性改革;游客虎园违规下车被老虎攻击;魏则西事件;裸贷案;被骗大学生身亡案;罗一笑事件;江歌遇害案 |
| 2015 年 | 两岸领导人会面;全面放开二孩;天津爆炸事故中的最美逆行者;青岛天价大虾事件;上海外滩跨年踩踏事故;东方之星游船倾覆事件;大学生掏鸟获刑 10 年;美英等国针对自动驾驶汽车启动立法 |
| 2014 年 | 全面推进依法治国;呼格吉勒图重审无罪;明星吸毒出轨事件;冰桶挑战;马航客机失联;昆明火车站暴力恐怖事件;演员嫖娼吸毒案;中国乘客侮辱泰国空姐;微博直播自杀;韩国岁月号沉船事故 |
| 2013 年 | 光盘行动;温岭杀医案;林森浩投毒案;男童被伯母伤害案;秦火火案;李天一事件;斯诺登棱镜门事件 |
| 2012 年 | 中共十八大召开;"中国梦"提出;"最美女教师"张丽莉事迹;"最美司机"吴斌事迹;方韩之争;"表哥"事件;环保邻避冲突;毒胶囊事件;温岭幼师虐童;《舌尖上的中国》热播;黄金大米事件 |
| 2011 年 | 微博打拐;足坛反腐;小悦悦事件;温州动车事故;正宁校车事故;郭美美事件;许云鹤案;药家鑫案;暴力伤医事件;乌坎村事件;日本 9 级大地震 |

它们引起的道德反响可以分为如下几类:一是道德关切与事件挖掘,适用于具有重要影响且真相不明的事件;二是道德批评与事件反省,适用于丑闻事件或失范行为;三是道德赞誉与榜样学习,适用于好人好事或楷模事迹。而自发产生的道德行为本身可能由于行为不当而产生道德问题。例如在道德关切与事件挖掘中,以人肉搜索等方式侵犯当事人正当权益;在道德批评与事件反省中,宽以律己严以待人,以某些道德标准提出不合理的批评或诉求,形成道德绑架。热点事件的产生是特定社会问题演变的结果,社会问题体现利益冲突的路径和过程。很多事件涉及社会公序良俗、善恶价值与公共利益等伦理属性或道德价值,通过道德行动与道德关系体现道德善恶与社会正义,承载道德事实。

道德事实是由语言与行动所表现的有关于道德善恶的性质与关系,是对道德规律与本质的表达。也是道德认识论的认识对象和实在论的伦理学的关键概念。道德认识论就是对于"我们是否可以和如何明辨道德是非的探究"。它关注道德上正确标准的可知或不可知,以及如何获得那些正当有充分根据的信念。除了道德怀疑论主张道德知识是不存在的,人们关注如何获得道德知识并确认其有效性。在实在论看来,道德性质与关系是客观的,且可以被认识,也就是道德事实是客观与可认识的。即道德判断或陈述体现为一种知识,是可以进行真实性与正确性判断的,而不仅仅是主观情感的表达。正确的道德判断或陈述是客观的,而不是随意的。

道德认识是一种特殊的关于道德现象的认识形式,是人对客观的人与人、人与社会、人与自然之间的道德关系以及处理这些关系的道德原则和规范的认识。人的认识活动都是以实践活动为基础的,道德认识是通过实践处理道德关系的过程中产生与积累下来的。道德认识论关注人如何形成关于道德价值与道德规范的认识,并形成对于道德规范的理由的确认。既形成对道德"是什么"的认识,又掌握对道德"为什么"的理解。

道德认识由表及里,层层递进,"是由道德感知、道德思维、道德直觉和道德智慧诸环节组成的一个复杂的认识过程"。按其发展阶段可以分为对道德的直观感性的认识,对道德的理性判断,对道德知识的主体建构等类型。主体通过道德体认获得关于道德的知识,以及有了对道德知识的直观感性的认识,再通过认同阶段的选择与接受,将认同的道德知识融会贯通,形成自己的道德认识。热点事件对于道德事实即道德认识客体的承载既通过具象方式提供直观认识的材料,同时又通过数据方式提供理性分析的素材。

具象的方式,就是热点事件具体而形象地表现道德事实。首先,热点事件反映了道德关系与道德状况,通过实例具体地展示善恶价值、利益冲突与社会规范。其次,热点事件也能具象呈现出人们的道德认知与行为选择之间的关系。道德作为规范知识容易被公众认知到,其认知程度又可根据价值确认程度呈现差异,但是当遇到其他动机与因素时,就容易被其他动机与因素取代。因此,恩格斯指出:"说教的动人作用一碰到私人利益,必要时一碰到竞争,就又会立刻烟消云散。"热点事件反映人们道德选择的机制与模式,具体地表现人的真实的行为选择,刻画出涉事各方真切的道德反应。再次,热点事件集中呈现道德观念。对公众的道德认识具有教育与影响作用。而这种作用如何产生正是道德认识论所要探索的对象。道德认识对象是道德关系与道德规范,道德关系是抽象的,道德规范大部分是不成文的。热点事件具象化地承载道德事实,反映道德关系与道德规范,都体现出具体的人性冲突,淋漓尽致地表现善恶矛盾。热点事件使抽象的道德关系与不成文的道德规范具象化,可以被人直接认识并成为人的间接道德经验,为形成对道德的宏观把握提供了认识条件。认识对象的具象化是道德认识的重要环节。杜威认为当无法直接在现实情境行为中进行道德教育时,可以通过拟剧的方式形成道德认识。通过演绎与观摩,使"学生在所选的情境之中和通过这个情境逐渐熟悉每一人类互动的一些典型特征",这些典型特征就是道德的内容。通过形成对特定事件的反应模式,从而理解社会并承担道德责任。

数据的方式,是通过数据化的事件反映道德关系与道德观念。热点事件汇聚舆论评价,由于热点事件的公共性,公众对于热点事件中的道德要素有高敏感度,当一个热点事件牵动到人们伦理道德上的敏感性,他们便会从伦理道德的角度对其加以解读、评价和评论。尽管在道德关系上直接关涉的是少数人,但是社会公众从自己身边与舆论传播的事件获得具体道德状况的信息,部分事件引起了全面性的反思与讨论,以及公共性的道德认识效应。如"小悦悦"等事件引发了对中国道德问题超乎寻常的关注与辩论,反映出人们的道德关切与在道德认识上的争论。对一个热点事件的道德评价也反映出民众的道德自省和道德理想,显示社会的道德观念和道德舆论。个别典型事件通过舆论报道,成为社会道德关系的集中呈现,成为人们评估社会道德状况的重要指标,也成为人们对道德进行反思批判与重构认识的重要依据。热点事件中的道德评价意见多元,态度不一。看似难以把握其内在特点,但是数据化成为一种方法,只要将所有的道德舆论形成海量数据,那么就能对同类道德关系加以排列组合,从数据中分析出舆论的规律,呈现出相关的道德事实。热点事件数据化分析在社会道德上的认识价值相对于实地调查、访谈等信息收集方法在效率上是非常显著的,具有广泛性与准确性的优点,能够广泛地呈现社会不同群体对热点事件的舆论评价,还可以准确地呈现热点事件所涉及的道德关系与利益关系,淋漓尽致地展示善恶。从个案中剖析热点事件背后的信息,促进人们更加深入地认识该事件,并从个人所积累起来的对于他人行为的反应形成道德倾向。

## 二、道德范例驱动认识过程

　　热点事件为人的道德认识提供道德范例,获得对规范与德性的认知和理解,进而通过行为形成习惯,并通过与自己的既有认知结构的作用,驱动道德认知的更新。

　　热点事件中的涉事各方在事实上提供了不同性质的道德范例,不仅仅具有示范意义,也是道德认识产生的一种重要途径。扎格泽博斯基等提出的范例理论认为人的道德认识中最关键的是了解集中体现规范与价值的范例,而并不需要了解道德规范的明确内涵。因为在认识过程中,人们使用某些概念可以正确指代其所指的事物,而"并不需要对其进行性质的描述"。对事物的认识一般形成于概念使用之后,就像在日常生活中表达对水的需要的时候,并不需要预先阐释水的科学定义和分子结构,水的分子结构是在水的概念之后才被发现的。对于一般人而言,认识道德范例能产生道德认知的效果,并不一定需要了解范例的全部描述性内涵。在日常生活中,道德范例的指称是以抽象为概念的,其内涵并不会每次都被叙述或是理解,而是被人们直接把握。

　　道德知识的形成过程中体现出这种规律。道德心理研究指出,道德认知"直觉在前,策略推理在后"。道德认识对象的具体内容对于其日常的应用来说是后置的,赋予某些道德规范以自明性。在道德认识中,有许多因素是在理论之前存在的,伦理学理论试图理解与解释这些因素,包括意志情绪、习惯规则以及价值观等等。热点事件中的角色可以被定义为善恶的样本,可以在不描述的情况下被认识,也能在很短的时间内被认识主体自主地关注。公众在进行道德思考的时候,首先意识到的是好人或坏人的代表与表现,不必也无法思考好人或坏人概念的具体内涵。

　　热点事件中的道德范例的特点在于:首先,范例定型具有可发展性。在认识过程中不需要掌握前置完整的伦理学理论,道德认识客体的内涵可以在模仿的过程中逐渐被认知与被学习。其次,范例选择具有合现实性。对热点事件的观察可以反映出人的道德认识结构,反映出热点事件的深层道德属性。社会事件中的范例与人们在生活中总结而设置的榜样具有不同的现实性基础,社会事件的发生是现实道德关系的直接展现,范例的行为是在道德实践中的现实展现与实际发展。所以,对范例行为的模仿具有现实合理性。再次,热点事件的范例具有高影响度。热点事件引起了公众的普遍关注和强烈兴趣,其信息的高触及度是在认识主体的主动选择与认可的基础上的。因此,相对于未形成普遍关注的外在宣传,热点事件的范例具有更高的影响度。

　　模仿与反思是民众道德认识与道德实践的重要方式。热点事件中符合主流价值导向的道德范例提供模仿对象。一方面获得行为和观念的规范内容,另一方面培养践行道德的认识动力。强化榜样作用对人的行为有一定的促进作用与示范作用。尤其是成年人的道德榜样作用对未成年人有显著的认识论价值,在儿童道德认识发展过程中模仿是主要的途径。认可并模仿道德范例的行为说明了道德行为与热点事件之间关系的特征:不仅要获得道德规范的内容,或者了解德性品质的要求,而且要获得实践这些道德要求的思想动力。模仿不仅仅是对行为的学习,更重要的是对道德品质的模仿。这样在各种特殊的情境之中,也能从榜样获得更多的道德支持。

　　榜样行为观念通过风俗习惯的积淀与传承,渐成自然,规范逐渐转为常识。道德常识的特点之一在于自明性,无须借助于反思或者推理,而使人们对相似场景的道德规范形成直接把握。道德源于风俗习惯,是在社会中形成的一种延续的与统一的特定行为模式。它将范例所特有的行为模式转化为一种单一的群体生活方式,在一系列分类基础上,基于范例的选择集结为特定生活方式的记忆。个体据此在社会领域中形成认识区别。习惯并不为任何特定情境下的行动提供完整的阐释或方向,但是它建构起道德行动的认知上的导向。

　　在热点事件的环境中,个体越多显露在外在范例的展示之下,就越想对外寻求规范的导向,不断寻找外部世界的认知与规范,其路径恰恰正是通过社会与媒介捕捉周围环境的变化。因此,热点事件所提供的范例是道德认识过程中的一种驱动路径,即从具有现实合理性的范例形成,到范例的模仿,再通过模仿的行为定势形成习惯,最后实现规范定位的过程。

### 三、舆论传播影响主体格局

部分社会事件经过广泛传播后成为热点事件,广泛传播是热点事件的应有之义。而热点事件以及围绕热点事件产生的道德舆论、形成的道德舆情是整合现象,并非单一事件,体现出公众的道德参与和道德实践,是在新的传播环境下以热点事件及其亲历者为始点、以热点事件见证者主体性的认识生成为中心、以舆论参与者的传播机制为动力的道德认识主体格局的建构过程。当代事件传播效应服务于主体性的道德认识建构,且表现出了在主体认识格局的维护与建构上的新价值。

道德主体的认识发展,表现为主体道德知识的不断增长,更重要的是道德认识结构的完善与发展。人的道德认知框架通过热点事件的认识驱动不断进行自我道德认知框架的更新。借鉴皮亚杰的认知理论,这个更新过程是向主体同化与向环境顺化的再平衡。同化是道德主体将与其道德观念同质化的信息整合到原有的认知格局中的量变积累过程。而当外在信息超越了主体旧有格局的认知能力,原有格局也会加以补充或重建,以适应新的社会环境,这是异质化质变的过程。最终,客体信息与主体认知会逐渐达到新的平衡与发展,"主体同客体之间相互作用实现平衡",形成新的认知格局(schemata)。人的道德认知框架在外界信息的刺激下通过同化与顺化两段过程而不断发展,促进人的道德认识结构的发展。如果只有同化没有顺化,认识实际上就没有发展。向主体同化是内在导向的认识,用既有认识格局来融合外在信息;对环境顺应是外在导向的认识路径,指导个体不断寻找外部世界的认知与规范。

道德认识的道德现象是客观与辩证的,道德是在辩证的运动中存在和发展的。道德认识的主体性建构应体现道德的客观辩证法,从而使主观认识与客观实际相一致、相符合,形成对道德的正确认识。而这种探索是通过群体和媒体渠道来感知环境信息变化的。随着新媒体的发展,热点事件的传播具有了新的形式,促进了道德认识的主体性建构,为道德主体接收同质化的新信息提供了保护机制。当代热点事件的影响并非仅限于事件过程本身,而是事件本身与外围舆论相互作用的结果,事件通过聚焦与传播,成为影响道德认识的重要社会因素。热点事件的关注度往往与其冲突性成正比,善恶、利益与规范之间的冲突使该事件具有更大的传播价值与传播效应。而这种冲突性具有一定的偶然性,特定条件共同作用推动了事件演变。因此,单一的热点事件对社会道德关系的呈现是不完整的,事件更多元其反映越全面。部分学者也认为对于道德认识的真理性应该通过多元视角来获得。例如:谱系派认为现代性道德理解的首要批判就是它们所主张和确立的普遍性共识,认为这是"包含在不明智的、将那种在文化和道德上属于特殊的东西提升到合理普遍的地位之做法中的自命不凡"。它们只是基于一种视角的观察,而视角越全面与广泛,我们才能更接近于形成正确的道德认识,道德认识的客观性呈现就会越完善。

但是在新媒体传播的机制之下,以用户为中心的内容生产模式恰恰满足了用户的视角偏好,在道德认识机制中持续发生同化作用,形成道德认识上的主体性建构效应,但是对于环境信息的还原与适应不足,认识主体的格局将难以产生创新与发展。新媒体时代,由于传播渠道的释放拓展,以及大数据等技术的日新月异,个人化成为重要的传播特征。尼葛洛庞帝就在《数字化生存》一书中预言了数字化时代个性化信息服务的可能,并称之为区别于"我们的日报"的"我的日报",而以我为中心的日报即用户中心的内容生成模式已成了现实,在信息大爆炸时代用户可以只接受符合自我需求的"窄化"后的事件信息。桑斯坦的《信息乌托邦:众人如何生产知识》中提出"信息茧房"现象。在信息传播中,因公众倾向于接受自己选择的东西和使自己愉悦的信息,同时成熟的大数据推送技术也完全可以迎合用户的这种需求,使公众实际上接受事实与获得认知并不全面,久而久之,会被包裹在自身信息接受的"茧房"之中。在这个信息的茧房中,用户看到的事件是被过滤过的,评论也是符合特定倾向的,经过反复重复容易被认知为全部事实或唯一真相,这就是桑斯坦所称的"回音室效应"。

新媒体传播进一步促进了个人对热点事件的选择性理解与舆论的个性化差异,而且随着算法推荐技术的迭代与个性化信息服务的升级,这种效应越趋明显。人们接收到自己感兴趣的事件信息,并且接受同质性意见,排除异质性认知,逐渐形成同质认知的重复与强化。人们可以在过滤机制支持下尽可能地与相同观念的群体接触与交流,从而形成人群的认知区隔。这种情况如果不加遏制,会导致群体与群体在信息世界的分离,而且这种分离与物理世界的接近呈现矛盾。在物理世界毗邻而居的人们,在信息世界却重新组合并分属边界森然的独立区域之中。人们的共同经验碎片化,也增加了协调不同的世界观与价值观的难度。这彰显出单一视角主义的认识论问题:愈加偏离道德认识的客观性。从热点事件的舆论效应可以看出,人们对相同事件的道德评价是多元的,甚至常常引起争议。这种多重标准体现在以下方面:一是不同人的标准不同,二是在对自己与对他人的标准上不同,三是同一个人在知行上的标准不同。例如,欣赏别人的见义勇为,但自己的原则是明哲保身,表现出"伦理生活中的置身事外与具身应对"之间的落差。道德原则与价值的冲突现象明显,同一种行为被批判的同时,也可能在其他地方获得支持,从而也会加剧人的道德两难。而伴随着热点事件的新媒体传播效应,人群的道德认知所接收的热点事件及其舆论是符合主体既有认知结构的,因此不同人群之间对于热点事件的关注与反馈是不同的,呈现出极化效应。

## 四、热点事件诠释认识理论

从唯物认识论来看,作为一种社会意识的道德认识,其对象的普遍性是在社会关系中体现出来的。传统上这种普遍性难以被宏观呈现。中国传统认识论的基础正是道德认识论,道德主体采用"直觉、直观、内省、顿悟、体验等方法",对天、道、心等道德客体进行理解,认识的过程也是道德建构的过程,即"博学而笃志,切问而近思,仁在其中矣"(《论语·子张》)。从"天人合一"的存在论出发,尽天地万物之性,本身也是道德认识境界止于至善的修养过程,但是缺乏当代的技术工具对社会与自然中的重要事件进行广泛而深入、宏大而具体的认识。

西方道德认识论存在理性主义和经验主义两大传统,它们在对知识具有普遍性这一问题上"达成了一致的看法",且试图揭示对于道德存在物本性与规律的认识。但是经验主义是在个别性上获得普遍性的,理性主义是在先验的假设下取得普遍性的,都缺乏对于社会关系的客观性的正确理解。而现在热点事件传播使人不仅可以了解到社会的道德矛盾,也能从舆论中吸收到尽可能多的道德评价。热点事件由于直接呈现出了社会道德的事实、规范与道德约束,它使得民众可以认识到社会的道德表现与民众的道德态度,而不需要借助经验、情感等条件。它将对普遍性法则的遵守落实到了对社会的观察上。道德关系的客观性与道德规范的普遍性在热点事件中得以呈现。

结合热点事件在道德认识客体、过程与主体等环节的价值,可以对热点事件在道德认识理论方面的价值进行更具体的总结。热点事件及其传播诠释出道德认识的重要路径,即以热点事件作为认识对象,以道德范例作为认识驱动,以道德编码作为认识中介,以事件舆论作为认识表现,以道德行为作为实践检验的道德认识论模式。

热点事件作为道德认识的对象,使抽象的道德关系与俗成的道德规范得以具体表现,并且可以通过数据分析掌握伦理本质。在认识论上,它反映了一定程度上多元的道德认识取向,但是从宏观上看,仍然具有统一的解释与机制框架。主体化也可以通过对热点事件的分析来探索道德实在论的合理性。热点事件之所以被广泛传播,乃在于它所呈现的道德关系或者道德规范具有普遍性与客观性。

事件范例作为认识过程的驱动,不仅提供道德认识的范例来源,而且驱动道德认识进程。尽管热点事件要素具有特殊性,场景具有偶然性,但是其经验具有可复制性,从而影响人的道德认识。例如:曾经困扰民众的"扶不扶"问题,其道德反馈及行为模式是在"彭宇案""小悦悦案"等事件的示范效应中被民众接受为道德关系规律的。而"微博打拐"等活动为持续十余年的寻找失踪儿童确立了认亲伦理氛围,并通过电影、电视节目等成为文化现象,通过发挥各级组织力量使很多家庭重获团圆,产生了现实影响。

道德编码作为道德认识的中介,表明道德信息的编码模式使道德认识主体与客体之间形成了道德信息的传播渠道,构建了主客体之间的接受机制。首先,具有道德影响的热点事件在传播中使用了明确的价值判断或道德判断,赋予热点事件明确的道德评价性质。例如:"罪恶"等表达事件的道德属性,"正义"等表达对事件的价值追求。从部分代表性热点事件的关联关键词(图1)可以看出,这些事件的道德评价具有一定的规律:都表明了道德观点,表达了特定的道德信念。各热点事件的道德信息还原到概念层次之后会产生相互重叠或相互关联,使热点事件的道德关系与价值诉求可以在结构上进行比较与分析,从而更清晰地呈现纷繁复杂的热点事件的道德本质。其次,热点事件的后果信息使受众快速了解道德失范行为的严重程度,对于公众违反社会规范具有明确的警戒作用,对道德行为具有直接的指引作用。再次,热点事件的标签化信息,具有高敏感度和高讨论性,和道德主体的利益、兴趣相契合,使民众容易将自我带入热点事件的场景中。最后,热点事件的多媒体传播通过嵌入特定音乐、颜色、字体等信息形成具体的道德场景关联,通过作用于情感等其他心理形式加强道德认识效果。

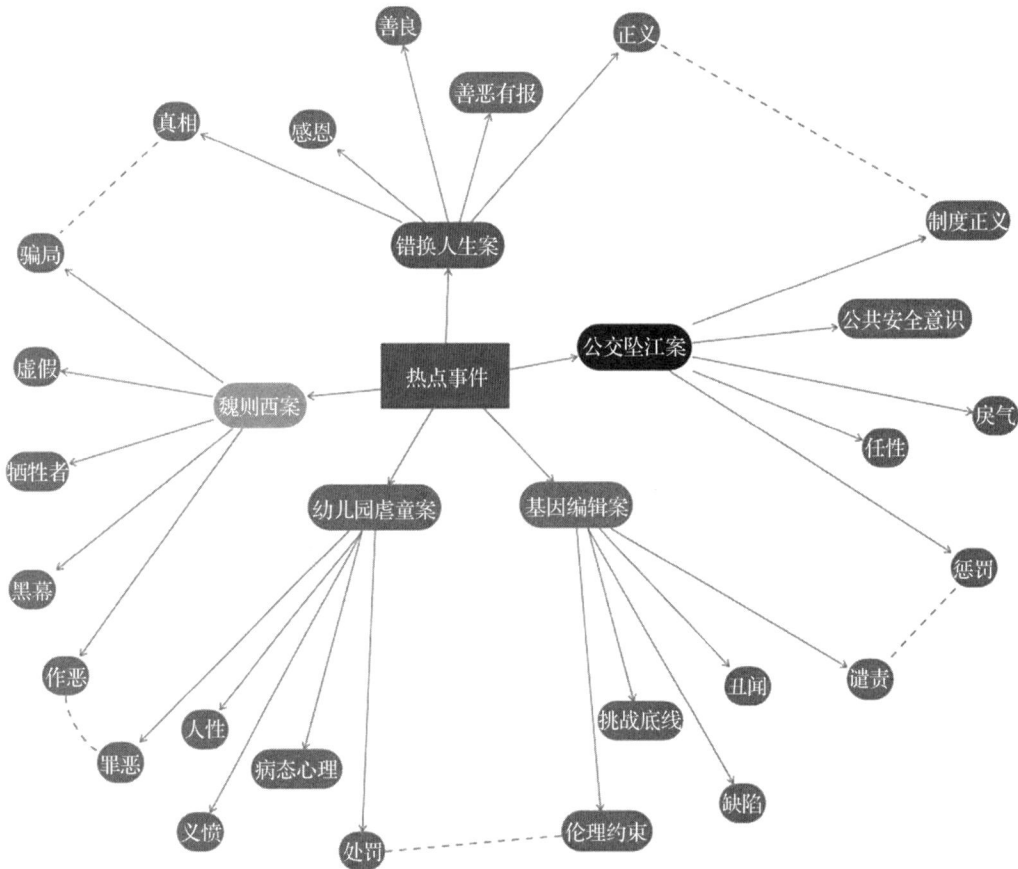

**图1　热点事件关联道德概念的关系示例**

舆论作为道德认识的表现,既说明道德主体会通过对舆论信息的选择与接收来表现道德认识成果,也会通过对事件评价的发表与表达来体现其道德认识水平。热点事件的发展过程中,民众对于舆论与自身的观点之间的差异保持敏感,会在舆论中寻求问题的解答方式或是对自己意见的支持。诸如"沉默的螺旋"等效应旨在说明民众通过舆论调整自己的言论,对于民众的道德认识具有重要的影响作用。

道德行为作为实践检验方式,反映了道德认识在人的道德实践中的具体影响及实践对于道德认识的检验作用。社会事件经过报道与传播,形成道德关系以及道德规范的信息表达,进而分别被理解与接受。信息不止描述现象,同时可以帮助人进行预测性的推导与判断,从而对人的行为动机、选择、实施与反馈产生影响。热点事件的道德认识指导人在媒介中的道德评价和在现实中的规范践行,为道德主体的类似生活场景确立实践标准。在人的外在道德要求与自我道德追求之间建立桥梁,将媒介中的虚拟道德世界与社会中的现实道德生活在实践的基础上统一起来。从热点事件中掌握的道德事实与道德规律,来源于对现实生活的总结,能够经受住实践的检验。

　　总的来说,热点事件彰显的道德认识论价值,是与热点事件的舆论传播密不可分的,具有明显的时代特征。热点事件的广泛传播与舆论发展使人的道德经验愈益丰富,极大扩展了人的道德视野,通过认识对象的具象化为人的道德认识提供范例,进而为习惯的形成提供来源。同时,热点事件的舆论效应越来越多地为认识者的主体性强化提供辩护与支持,从而可以在道德教育与道德建设中发挥更重要的作用。热点事件中的认知矛盾体现了多元而能动的主体性认识建构。但从宏观上来看,恰恰可以显示道德发展的全景,在无序中呈现有序,在矛盾中体现发展。利用热点事件传递正确的道德观念可以利用认识主体已经形成的认识兴趣实现事半功倍的宣达效果,所以社会主流价值观念应更积极参与到热点事件的讨论之中,充分利用热点事件作为公众德育环境的价值。另外,对于新的媒体环境下热点事件的主体效应,应当针对性地采取相应措施。对于日益增高的自我中心生成的信息传播藩篱,应从技术上突破用户的自我设限,创造社群连通的条件,避免道德信息的过度窄化与分化,从而实现认识的"破茧"与"飞跃"。

# 新时代中国伦理道德发展的
# 户籍共识与差异(全国 2017)

夏银银*

（成都工业学院 马克思主义学院，四川 成都 610031）

**摘　要：**通过对 2017 年全国道德国情数据库中不同户籍群体的相关数据分析,发现两大自然群体在伦理道德方面既存在重要的共识又有明显的差异:这两大群体在伦理关系上呈现出"新五伦"的共同特点,在关于我国社会存在的最基本的伦理冲突问题上,贪污腐败问题严重且严重影响政府决策行为的公信力,同时对于调解这一伦理冲突不能依靠伦理道德的力量二者也达成共识,在很多基本的婚姻与家庭观念上却依然以严谨、坚持为主,形成一定的价值共识;与此同时,"网络和西方文化"对两大自然群体的道德素质影响差异明显,在对我国当前伦理道德状况总体评判和对政府道德政策的评价方面有具体差异,在婚姻与家庭邻里道德方面农业户籍群体表现出对婚姻家庭更加严肃与坚持以及更加担忧老无所养的问题。为促进社会公平,政府行为需注重实现对农业户籍群体的实效性,此外,农业户籍养老问题突出,我国需加强社会保障体系建设,提高农业户籍群体的养老信心。

**关键词：**伦理道德；不同户籍群体；共识；差异

## 一、分析和研究的背景

　　党的十九大报告指出:中国特色社会主义进入了新时代。这是我们党准确把握我国发展新特点新要求做出的一个重大政治判断,对于党和国家事业发展具有重大而深远的意义。新时代宏伟蓝图离不开文化建设,推动社会主义文化繁荣兴盛掌握意识形态工作领导权,要加快构建中国特色哲学社会科学,注重建设中国特色新型智库,以智库建设为依托充分发挥哲学社会科学资政育人功能,为哲学社会科学工作者立时代之潮头、通古今之变化、发思想之先声,为党和人民述学立论、建言献策搭建平台。东南大学"道德发展研究院"作为江苏省"道德发展智库"依托载体,为纪念改革开放四十周年,把握时代伦理道德现状,展望未来伦理道德发展,依托三轮全国道德国情大调查(2007、2013、2017),四轮江苏道德国情调查(2007、2013、2016、2017),建设"中国道德国情大型数据库",撰写"中国伦理道德发展报告",具有重大意义。本调查报告主要是以全国 2017 年的调查数据做分析,因为此数据最新最全更能反映当前相关情况,且本次 2017 年的调查是借助北大中国调查研究中心而做,数据收集比较全面,抽样科学有效,再加上由于时间和篇幅有限,本报告仅对全国 2017 年道德国情数据做分析,专门对不同户籍的道德伦理状况进行共识与差异研究,旨在发现两大自然群体之间存在哪些共识与明显差异,重点在于呈现农业户籍群体与非农业户籍群体在我国总体社会道德方面、伦理关系、道德素质及其影响因素以及伦理道德的认知和判断上的共识与差异。因个人能力水平和篇幅有限,此报告只从以下几方面进行共识与差异的总结呈现:伦理道德状况总体评判、对政府道德政策的评价(政府伦理)、个体道德以及婚姻与家庭。

---

　　* 作者简介:夏银银,成都工业学院马克思主义学院习近平新时代中国特色社会主义思想概论教研室主任,讲师,研究方向为马克思主义理论、马克思科技伦理。

　　三农问题一直是我国发展过程中的重要问题。一直以来,我国农村与城市差距显著,随着城镇化进程的推进,已经缩小很多,但依然存在较明显的差异,比如在教育、医疗保障和养老保险等社会福利、生活水平等方面依然有较大差异。首席专家樊浩指出:对当今诸群体的伦理道德状况进行解释或解读,离不开对诸群体在社会关系、经济生活、文化体系中的地位的解读,它们有着各自的伦理境遇与道德气质。通过对数据的分析比较,不同户籍的被调查者的伦理境遇与道德气质体现出不同特点,而这两大自然群体自身存在一定的差异性,其自身所体现的伦理道德状况也会有所不同。本报告主要集中在这两大自然群体在伦理道德方面的共同话语、某些伦理道德认知和判断上的极大共识以及道德素质、伦理道德判断和认知、影响因子的作用等方面的差异。

## 二、共识

　　在新时代背景之下中国的不同户籍群体在伦理关系、道德素质及其影响因素、对伦理道德的认知和判断等方面是否达成一些价值共识,是调研的重要目标之一。根据对 2017 年全国道德数据库的相关数据进行整理分析,发现不同户籍的调查者在伦理道德方面存在诸多共同话语,在某些伦理道德的认知和判断上呈现极大的共识,尤其是在我国道德整体状况方面,不管是农业户口还是非农业户口的被调查者都做出积极肯定的回答,对当前我国社会道德状况的总体满意度一致较高。虽然由于不同户籍的群体经过改革开放 40 年来的发展变化已经表现出很多新特点,但在"多"和"新"之中已经呈现出某些重要共识。进入新时代的中国,综合国力及人民生活质量都已达到较高水平,居民对自己的社会经济地位的变化、对未来 5 年的生活水平的预估与对自己的道德满意度普遍都呈现出明显的乐观态度,如表1至表3所示:

表 1　不同户籍对自己的社会经济地位与 5 年前相比有何变化交互分析表

|  | 农业户口 | 非农业户口 | 总计 |
|---|---|---|---|
| 上升了 | 48.8% | 49.0% | 48.9% |
| 差不多 | 43.8% | 45.4% | 44.4% |
| 下降了 | 7.3% | 5.7% | 6.8% |
| 总计 | 100.0% | 100.0% | 100.0% |
| 列总计 | 5425 | 2764 | 8189 |

sig=0.15>0.05

　　这里 sig=0.15>0.05,所以居民在这一观点上不因户口差别有显著差异,都是认为自己的社会经济地位比 5 年前上升的百分比高,百分比分别为 48.8%、49.0%,其次是认为差不多,只有极少数的居民认为自己的社会经济地位下降了,说明我国的经济发展、综合国力的强大对不同户籍的居民的社会经济地位的影响总体是保持一致的,并没有因为户籍不同而出现明显的发展不平衡现象,这一结果也与我国多年致力于缩小农村与城市发展之间的差距相符合。

表 2　不同户籍对在未来的 5 年中生活水平将会有何变化交互分析表

|  | 农业户口 | 非农业户口 | 总计 |
|---|---|---|---|
| 上升很多 | 17.7% | 19.5% | 18.3% |
| 略有上升 | 64.7% | 63.1% | 64.1% |
| 没有变化 | 14.2% | 14.6% | 14.3% |
| 略有下降 | 2.7% | 2.0% | 2.4% |
| 下降很多 | 0.8% | 0.8% | 0.8% |
| 总计 | 100.0% | 100.0% | 100.0% |
| 列总计 | 4972 | 2605 | 7577 |

sig=0.15>0.05

这里 sig＝0.15＞0.05,所以居民在这一观点上也没有因为户口差别而有显著差异,根据选项"上升很多"的两个百分比 17.7％和 19.5％,以及"略有上升"的 64.7％和 63.1％的高百分比,不得不说面对过去已经实现的多数人的社会经济地位的提升的事实,我国居民大多数对未来 5 年自己的美好生活的实现一致表达出自信,这也正是新时代中国特色社会主义要实现的目标之一。

**表 3　对自己的道德状况的满意度交互分析表**

|  | 农业户口 | 非农业户口 | 总计 |
|---|---|---|---|
| 非常满意 | 14.8％ | 16.2％ | 15.3％ |
| 比较满意 | 78.4％ | 76.1％ | 77.6％ |
| 不太满意 | 6.2％ | 7.0％ | 6.5％ |
| 非常不满意 | 0.5％ | 0.7％ | 0.6％ |
| 总计 | 100.0％ | 100.0％ | 100.0％ |
| 列总计 | 5508 | 2836 | 8344 |

sig＝0.15＞0.05

这里 sig＝0.15＞0.05,所以居民在这一观点上也没有因为户口差别而有显著差异,而事实上若参考其他调查交互信息表会发现,在这个问题上中国人的回答高度一致,都是满意的百分比远远高出不满意的百分比,这不排除人总是对自己比较认同的趋势。

具体来看,不同户籍的居民在伦理关系、道德素质及其影响因素以及伦理道德的认知和判断上的共识主要表现在以下几大方面:

**(一) 最重要的伦理关系的变化——"新五伦"**

孟子言:"教以人伦:父子有亲,君臣有义,夫妇有别,长幼有序,朋友有信。"这里由五种社会关系而建构的人伦道德范型就是我们所说的传统"五伦"论。从传统伦理来看,以君臣、父子、兄弟、夫妇、朋友这"五伦"为范型,在中国过去的几千年,传统的"五伦"在塑造道德人格、和谐人际关系、维护社会稳定方面均起着重要作用,而它也有着一定的落后性、消极性。今天,中国社会的伦理结构是什么样的? 哪五种伦理关系最重要或者说"新五伦"是什么? 调查结果如表 4 所示:

**表 4　您认为哪些关系对您来说最重要?(第一重要、第二重要、第三重要……)**

| 重要性 | 农业户口 | 非农业户口 |
|---|---|---|
| 第一重要 | 父母与子女 69.3％ | 父母与子女 63.9％ |
| 第二重要 | 夫妇 52.9％ | 夫妇 47.5％ |
| 第三重要 | 兄弟姐妹 56.6％ | 兄弟姐妹 47.7％ |
| 第四重要 | 朋友 24.7％ | 朋友 20.1％ |
|  | 同事或同学 19.2％ | 同事或同学 17.6％ |
|  | 个人与社会 11.7％ | 个人与社会 11.2％ |
| 第五重要 | 朋友 22.6％ | 朋友 20.7％ |
|  | 个人与社会 15.1％ | 个人与社会 13.6％ |

通过调查不难发现,不同户籍居民在最重要的伦理关系上意见虽不完全一致,但却有着极大的共同点,尤其是对"新五伦"的构成要素和结构的看法,他们的共同特点主要有以下几点:1)家庭关系仍是伦理关系的基础和重心,与传统五伦一样,夫妻、父子、兄弟姐妹、朋友五者有其四;2)社会关系包括同事或同学、朋友关系,说明当今我国伦理关系既强烈地保持了家庭本位的传统,又具有现代市民社会的元素和特质,人我的关系依然是很重要的;3)在个人与社会关系的选择上都只排在了最重要关系的第四位甚

至第五位,且都低于人我的比例。

与传统"五伦"相比,正在形成的"新五伦"有以下几点内容值得我们思考:第一,夫妻关系的地位在上升。在全国调查中,不管是以自然群体划分还是社会群体划分的调查结果都显示夫妻关系都仅次于家庭血缘关系之后,在传统五伦中,夫妻只是家庭血缘关系的"天伦"与国家、社会关系的"人伦"的中介。夫妻关系的重要性提高也说明当今中国伦理关系中夫妻关系或者婚姻关系成为影响国家伦理和谐的重要内容。第二,个人与社会或者国家的伦理关系未被重视。传统五伦中,君臣关系实际是个人与社会或国家伦理关系的人格化,而在调查中,不同的调查对象显示的结果都一致表现为:个人与社会或国家的伦理关系都未处于很重要的地位,甚至根本未受到重视,因而如何发现和重建个人与国家伦理关系的意义,值得深思。第三,传统五伦以父子为首,君臣次之,课题调查结果显示"新五伦"中父子血缘关系依然是中国社会伦理关系中最首要的,但是当今中国官民关系却并未出现在最重要的五伦之中,这与有的"新五伦"观点中包含"官民有义"这一点的提法不同,这里新出现的是"同学或同事"关系,属于新元素,说明今天的中国"新五伦"虽然在理论的构成要素上未达成一致,但调查结果却已经说明"同事或同学"关系已然成为中国伦理关系中的重要构成要素。

(二)伦理冲突与调解

在关于我国社会存在的最基本的伦理冲突问题上,面对不同选项时出现两种结果,选项中没有"腐败不能根治"时不同户籍的选择有所差异,但当选项中含有"腐败不能根治"时却表达一致,达成了极大共识(表5):

表5　您认为当今中国社会最基本的伦理冲突是?(选择一)

|  | 农业户口 | 非农业户口 | 总计 |
|---|---|---|---|
| 腐败不能根治 | 22.4% | 22.4% | 22.4% |
| 生态环境恶化 | 27.1% | 28.1% | 27.5% |
| 分配不公,两极分化 | 32.9% | 34.3% | 33.4% |
| 老无所养,未来没有把握 | 14.6% | 13.2% | 14.1% |
| 生活水平下降 | 2.7% | 1.9% | 2.4% |
| 其他 | 0.3% | 0.2% | 0.2% |
| 总计 | 100.0% | 100.0% | 100.0% |
| 列总计 | 5527 | 2879 | 8406 |

sig=0.089>0.05

此处 sig=0.089>0.05,所以居民对当今中国社会最基本的伦理冲突是什么上,对于这里提供的选项不因户口差别有显著差异。

值得提醒的是,同样的命题,不同的选项却又出现不同结果(表6):

表6　您认为当今中国社会最基本的伦理冲突是?(选择二)

|  | 农业户口 | 非农业户口 | 总计 |
|---|---|---|---|
| 生态环境恶化 | 10.1% | 8.8% | 9.6% |
| 分配不公,两极分化 | 35.7% | 29.8% | 33.4% |
| 老无所养,未来没有把握 | 41.2% | 47.6% | 43.7% |
| 生活水平下降 | 13.0% | 13.6% | 13.2% |
| 其他 | 0.1% | 0.2% | 0.1% |
| 总计 | 100.0% | 100.0% | 100.0% |
| 列总计 | 1958 | 1255 | 3213 |

sig=0.001<0.05

这两个同命题不同选项的调查结果说明,当出现"腐败不能根治"这一伦理冲突时,不同户籍的居民都一致认为"分配不公,两极分化"是当今中国最基本的伦理冲突,超出了"老无所养,未来没有把握",这说明在当今的中国,贪污腐败治理依然任重道远,缩小贫富差距实现共同富裕依然是中国特色社会主义要奋斗的重要目标,这一点不因户籍不同而有所不同。

然而,调查结果显示:根治贪污腐败、解决分配不公杜绝两极分化,调解这一伦理冲突不能依靠伦理道德的力量,这也是当今中国社会不同户籍居民达成的一个伦理共识。

表7　您认为目前我国社会中伦理道德对人际关系的调节能力如何

|  | 农业户口 | 非农业户口 | 总计 |
| --- | --- | --- | --- |
| 良好 | 17.9% | 18.8% | 18.2% |
| 一般 | 59.3% | 56.8% | 58.4% |
| 很差 | 10.7% | 11.2% | 10.8% |
| 几乎没有,一切都听从利益支配 | 12.2% | 13.2% | 12.6% |
| 总计 | 100.0% | 100.0% | 100.0% |
| 列总计 | 4998 | 2707 | 7705 |

sig=0.211>0.05

表8　您认为目前我国社会中伦理道德对个人行为的约束能力如何

|  | 农业户口 | 非农业户口 | 总体 |
| --- | --- | --- | --- |
| 良好 | 16.5% | 17.8% | 17.0% |
| 一般 | 58.1% | 57.9% | 58.0% |
| 很差 | 13.5% | 12.8% | 13.2% |
| 几乎没有,一切都听从利益支配 | 11.9% | 11.5% | 11.8% |
| 总计 | 100.0% | 100.0% | 100.0% |
| 列总计 | 5005 | 2709 | 7714 |

sig=0.478>0.05

这两项调查结果显示 sig>0.05,所以居民在对于目前我国社会中伦理道德的调解能力上的观点上不因户口差别有显著差异,都认为伦理道德不管是对人际关系的调节还是个人行为的约束效果都是占大比例的,这样的结果让我们深刻认识到伦理冲突的调解不能只依赖于道德伦理手段,必须重视政治、法律等外在约束力的运用,如何将德治与法治有效结合也是我们要不断深入思考、探索的课题。

(三)婚姻与家庭伦理道德

夫妻关系在传统道德哲学中是家庭与国家(民族)两大伦理实体相互过渡的中介,在传统五伦范型中是"夫妇有别",夫妇之伦更是被严格而严厉地对待。在今天的社会,夫妻关系依然是"新五伦"的重要伦理关系,甚至其地位超出传统五伦中的地位,已经发生巨大变化,不同户籍居民在一些具体的问题上如婚姻态度、婚姻经营方法、子女教育、如何照顾赡养老人等方面会存在不同的观点,但是在很多基本的婚姻与家庭观念上却依然以严谨、坚持为主,形成一定的价值共识,主要有以下几点:

婚姻关系中都非常重视责任,在是否要解除夫妇关系的问题上都表现出一致的谨慎并会为对方的感受和利益考虑。这样的调查结果并没有出现一些"个人主义"盛行的论断,至少在夫妇关系中,一旦涉及解除夫妇关系的时候双方都是尽量为对方考虑的不在少数,见表9至表11:

**表 9　是否离婚主要考虑自己的感受和利益**

|  | 农业户口 | 非农业户口 | 总计 |
|---|---|---|---|
| 完全不同意 | 21.3% | 20.3% | 21.0% |
| 不太同意 | 45.0% | 44.3% | 44.8% |
| 比较同意 | 27.0% | 28.3% | 27.4% |
| 完全同意 | 6.7% | 7.1% | 6.8% |
| 总计 | 100.0% | 100.0% | 100.0% |
| 列总计 | 5370 | 2764 | 8134 |

Chi-square test：df＝3，卡方值为 2.430a，sig＝0.488＞0.05，所以居民在"是否离婚主要考虑自己的感受和利益"这一观点上不因户口差别有显著差异。

**表 10　婚姻应当是自由的,如果有更满意或更合适的人就与现在的配偶离婚**

|  | 农业户口 | 非农业户口 | 总体 |
|---|---|---|---|
| 完全不同意 | 36.1% | 37.4% | 36.5% |
| 不太同意 | 41.7% | 41.0% | 41.5% |
| 比较同意 | 19.3% | 18.9% | 19.2% |
| 完全同意 | 2.9% | 2.8% | 2.9% |
| 总计 | 100.0% | 100.0% | 100.0% |
| 列总计 | 5537 | 2834 | 8371 |

Chi-square test：df＝3，卡方值为 1.498a，sig＝0.683＞0.05，所以居民在"婚姻应当是自由的,如果有更满意或更合适的人就与现在的配偶离婚"这一观点上不因户口差别有显著差异。

**表 11　婚姻意味着责任,要考虑给对方造成什么后果,不能轻率地选择离婚**

|  | 农业户口 | 非农业户口 | 总计 |
|---|---|---|---|
| 完全不同意 | 1.5% | 1.3% | 1.4% |
| 不太同意 | 10.6% | 10.4% | 10.5% |
| 比较同意 | 52.7% | 54.3% | 53.2% |
| 完全同意 | 35.3% | 34.0% | 34.8% |
| 总计 | 100.0% | 100.0% | 100.0% |
| 列总计 | 5576 | 2846 | 8422 |

Chi-square test：df＝3，卡方值为 2.466a，sig＝0.481＞0.05，所以居民在"婚姻意味着责任,要考虑给对方造成什么后果,不能轻率地选择离婚"这一观点上不因户口差别有显著差异。

通过以上调查信息可以发现,虽然当今的中国主张恋爱自由、婚姻自由,但是在涉及解除夫妇关系的离婚事宜上,不同户籍的居民都表现出一致的严肃、坚持和责任,不会轻率地离婚。

在对待父母问题上都强调子女对父母的赡养义务以及坚持"孝"的传统,这个结果是排除父母这方面的影响因子的,具体如表 12 所示：

表 12　无论父母对自己如何,都应当尽赡养义务

| | 农业户口 | 非农业户口 | 总计 |
|---|---|---|---|
| 完全不同意 | 1.2% | 1.2% | 1.2% |
| 不太同意 | 6.6% | 7.1% | 6.8% |
| 比较同意 | 38.5% | 35.5% | 37.5% |
| 完全同意 | 53.7% | 56.2% | 54.5% |
| 总计 | 100.0% | 100.0% | 100.0% |
| 列总计 | 5635 | 2885 | 8520 |

sig=0.056>0.05

　　这里 sig=0.056>0.05,所以居民在"无论父母对自己如何,都应当尽赡养义务"这一观点上不因户口差别有显著差异,说明不管父母自身是怎样的父母,在当代中国家庭中依然秉持优良的"孝"的传统,依然非常注重孝道,这一点与传统中国伦理是一致的。

　　通过调查发现,在我国伦理道德影响因子方面各群体有着极大的共识,总课题组的综合调查发现了当今中国社会伦理道德的三大策源地和四大影响因子。三大策源地依次是:家庭 63.2%,学校 59.7%,社会 32.2%;四大影响因子依次是:网络媒体 74.2%,市场 57.8%,政府 56.7%,大学及其文化 56.5%。其中在关于子女的三观形成方面,明确家庭、父母是最主要影响因子(表 13)。

表 13　您认为现在孩子价值观的形成受何种因素影响最大?

| | 农业户口 | 非农业户口 | 总计 |
|---|---|---|---|
| 父母 | 59.1% | 60.1% | 59.3% |
| 老师 | 25.1% | 24.2% | 24.8% |
| 同伴 | 10.4% | 9.9% | 10.3% |
| 网络,朋友圈 | 3.9% | 4.1% | 4.0% |
| 明星 | 0.4% | 0.2% | 0.4% |
| 道德模范 | 0.7% | 1.1% | 0.9% |
| 伟大人物 | 0.3% | 0.4% | 0.4% |
| 总计 | 100.0% | 100.0% | 100.0% |
| 列总计 | 5457 | 2806 | 8263 |

Chi-square test:df=6,卡方值为 6.656a,sig =0.354>0.05

　　这里 sig=0.354>0.05,所以居民在"您认为现在孩子价值观的形成受何种因素影响最大?"这一问题的回答上不因户口差别有显著差异。

　　这样的结果对我们思考对孩子的教育尤其是思想道德教育中社会、家庭与学校的关系等相关课题具有重要意义。

　　在家庭利益与国家利益关系上,总体上都是将国家利益置于家庭利益之上的(表 14)。

表 14　为了家庭利益可以一定程度上牺牲国家利益

|  | 农业户口 | 非农业户口 | 总计 |
|---|---|---|---|
| 完全不同意 | 19.5% | 19.8% | 19.6% |
| 不太同意 | 51.3% | 51.7% | 51.4% |
| 比较同意 | 24.1% | 22.1% | 23.4% |
| 完全同意 | 5.1% | 6.4% | 5.6% |
| 总计 | 100.0% | 100.0% | 100.0% |
| 列总计 | 5109 | 2673 | 7782 |

sig＝0.051＞0.05

　　这里 sig＝0.051＞0.05,所以居民在"为了家庭利益可以一定程度上牺牲国家利益"这一观点上不因户口差别有显著差异。由此可见,当家庭利益与国家利益产生冲突时,不同户籍群体大多数都不会去牺牲国家利益,在中国今天的"新五伦"中,虽然家国关系没有排在前列,但是,在利益冲突面前,国人还是坚持将国家利益置于家庭利益、个人利益之前,国家意识非常明显。

## 三、差异

　　农业户口和非农业户口作为两大自然群体,他们自身就存在极大的差异性,他们二者的伦理境遇不同,道德诉求多元,差异也比较明显。不同户籍群体的道德素质有何差异;影响因子中的新元素,如网络、市场经济等对不同户籍群体产生哪些不同的影响;这两大自然群体在具体伦理道德的判断和认知方面有哪些明显差异;等等。这些都是调查的目的,也是本研究报告的重点。

　　(一)道德素质及其影响因子

　　课题组首席专家樊浩通过已有的调查研究结果发现当前中国的伦理道德精神由四元素构成:市场经济中形成的道德、意识形态中所提倡的社会主义道德、中国传统道德、西方文化影响而形成的道德。农业户籍及和非农业户籍群体对于这四元素的重要性的排位顺序是一致的:中国传统道德→意识形态中所提倡的社会主义道德→市场经济中形成的道德→西方文化影响而形成的道德,但是具体的选择却表现出不同,这种不同选择主要发生在市场经济道德和西方道德——这两个改革开放形成的新的文化和精神因子上。通过调查结果发现,农业户籍群体选择"市场经济中形成的道德"的数据高于非农业户籍,而选择"西方文化影响而形成的道德"的数据低于非农业户籍,具体信息如表 15 所示:

表 15　您认为当前我国社会道德生活中最重要的内容是什么?

|  | 农业户口 | 非农业户口 | 总计 |
|---|---|---|---|
| 意识形态中所提倡的社会主义道德 | 22.8% | 25.4% | 23.7% |
| 中国传统道德 | 51.2% | 48.7% | 50.3% |
| 西方文化影响而形成的道德 | 7.7% | 9.3% | 8.3% |
| 市场经济中形成的道德 | 18.1% | 16.5% | 17.6% |
| 其他 | 0.1% | 0.1% | 0.1% |
| 总计 | 100.0% | 100.0% | 100.0% |
| 列总计 | 5478 | 2838 | 8316 |

Chi-square test:df＝4,卡方值为 16.722a,sig＝0.002＜0.05

　　这里 sig＝0.002＜0.05,所以居民在"您认为当前我国社会道德生活中最重要的内容是什么?"这一观点上因户口差别有显著差异。这一方面说明传统伦理道德在社会生活中依然起着非常重要的作用,是国人最重要的伦理道德素质,意识形态中所倡导的社会主义道德虽然占比例也不少但是远没有达到起主导作用的程度;另外一方面说明非农业户口的道德素质受意识形态和西方文化的影响比农业户口要多一些,而中国传统道德对农业户口的道德素质影响高于非农业户口,而这样的差异的出现应该与伦理道德的影响因子对这两大自然群体的不同影响有重要关系。

　　那么到底哪些因素对不同户籍群体的道德素质的影响具有明显差异呢? 通过调查发现,除了这两大群体自身的户籍差异影响之外,道德素质差异影响因子主要集中在改革开放的两大新元素之一网络和西方文化上。首先,我们看一下关于网络对于伦理道德的影响调查,见表16、表17:

表16　从网络中获得的信息对您的思想行为有多大程度的影响

|  | 农业户口 | 非农业户口 | 总计 |
|---|---|---|---|
| 影响很大 | 21.0% | 24.1% | 22.1% |
| 有一些影响 | 52.3% | 55.7% | 53.6% |
| 影响很小 | 20.9% | 15.8% | 19.0% |
| 完全没有影响 | 5.8% | 4.5% | 5.3% |
| 总计 | 100.0% | 100.0% | 100.0% |
| 列总计 | 3991 | 2411 | 6402 |

Chi-square test:df＝3,卡方值为 35.614a,sig＝0.000＜0.05

　　所以居民在"从网络中获得的信息对您的思想行为有多大程度的影响"这一观点上因户口差别有显著差异。

表17　信息技术、网络技术的发展对伦理道德的影响

|  | 农业户口 | 非农业户口 | 总计 |
|---|---|---|---|
| 消极影响 | 16.5% | 14.2% | 15.7% |
| 没有影响 | 31.3% | 26.3% | 29.5% |
| 积极影响 | 52.2% | 59.5% | 54.8% |
| 总计 | 100.0% | 100.0% | 100.0% |
| 列总计 | 3686 | 2075 | 5761 |

Chi-square test:df＝2,卡方值为 28.198a,sig＝0.000＜0.05

　　这两张表中的 sig＜0.05,表明针对这两项调查内容,两大群体的观点有显著差异。表16表明在当今网络信息发达的时代,这两大群体都认同网络信息对人的思想行动有一些影响,但是从影响程度上来看,非农业户口群体受网络信息影响要更多;表17表明两大群体都认同网络信息技术对伦理道德有影响并且主要是积极影响,但是农业户口群体选择"没有影响"的比例却高达 31.3%,高于非农业户口群体,可见,网络因子对非农业户口群体的伦理道德影响更加明显。而且这一影响因子比较复杂的地方就在于有近六分之一的人认为它对伦理道德起着消极影响,因此,需要深思如何科学利用网络信息工具来正确引导人们的伦理道德及价值取向。

　　其次,西方文化这一影响因素对于不同户籍的两大群体的影响又有何差异呢? 通过调查发现,总体

上西方文化对我国人民的伦理道德的影响并不明显,在这两大户籍群体中也只占 8.3%,但比较明显的差异就在于与农村户籍群体相比,非农村户籍群体有更多的人选择西方文化对伦理道德有影响,如表 18 所示:

表 18　西方文化对我国伦理道德的影响

| | 农业户口 | 非农业户口 | 总计 |
|---|---|---|---|
| 消极影响 | 21.9% | 21.9% | 21.9% |
| 没有影响 | 35.5% | 30.0% | 33.5% |
| 积极影响 | 42.7% | 48.1% | 44.6% |
| 总计 | 100.0% | 100.0% | 100.0% |
| 列总计 | 3348 | 1941 | 5289 |

Chi-square test:df=2,卡方值为 19.180a,sig=0.000<0.05

这里 sig=0.000<0.05,所以居民在"西方文化对我国伦理道德的影响"这一观点上因户口差别有显著差异。非农村户口群体认为西方文化对我国伦理道德的积极影响比例更高,农村户口群体更多倾向于选择"没有影响"和有"消极影响",可见对于西方文化对我国伦理道德的影响二者表现出一定差异性。

### (二) 伦理道德的判断和认知差异

在伦理道德的判断和认知方面,两大自然群体除了在对自我道德满意度方面表现出高度的共识——都是高达 92% 的满意度以外,表现出更多的是差异。

首先,在对我国当前伦理道德状况的总体评判上,农业户籍群体普遍比非农业户籍群体的满意度更高,表现出更多的乐观和信心。不管对当前我国社会道德状况的总体满意度还是对当前我国社会人与人之间的关系以及对今后中国社会的道德状况的预测,调查数据的交互分析表中的 sig 都是小于 0.05,可见两者观点都有明显差异,农业户籍群体对社会总体道德状况的满意度高于非农业户籍群体。

其次,在对政府道德政策的评价方面,除了对我国政府官员当官的目的(两大群体选择比例由大到小的顺序都是:为人民服务,为百姓做好事做实事→为自己升官发财→为国家与社会做贡献→为家庭增光,光宗耀祖)、贪污腐败、乱作为搞政绩工程等道德问题表现出高度的一致,其他方面都表现出一定的差异性。总体来看,对社会主义核心价值观的认知方面非农业户籍群体的认知偏高于农业户籍群体,把握更加全面深刻;对政府的道德政策非农业户口的认同感普遍比农业户籍群体更高;对政府行为促进社会公平方面农业户籍群体认知与非农业户籍认知差异明显,具体表现在对调查问题"以下政策措施对促进社会公平有效果吗? 就业政策、教育政策、医疗卫生政策、低保政策、房地产政策、拆迁安置政策"的回答上,农业户籍群体选择"有效果"的比例低于非农业户籍,且农业户籍群体在"有效果"和"没有效果"之间选择没有效果的比例都超出了 50%。可见,如何真正在农业群体和非农业群体之间实现社会公平任重道远。

此外,在对政府推动或倡导的各项活动的效果评价上出现了比较明显的差异。总体来看,在肯定占大多数的基础之上又表现出农业户籍群体的否定观点普遍高于非农业户籍群体。从对"文明城市创建""学雷锋活动""典型人物的宣传""志愿者服务的倡导和推广"到"反腐倡廉的举措"《公民道德建设实施纲要》的推进",每一项调查结果均是在"没有效果"和"效果较差"这两项选择上,农业户籍群体选择的数据高于非农业户籍,如表 19 至表 24 所示:

**表 19　政府推动或倡导的下列活动效果如何(文明城市创建)**

|  | 农业户口 | 非农业户口 | 总计 |
|---|---|---|---|
| 完全没效果 | 1.9% | 2.4% | 2.1% |
| 效果较差 | 23.0% | 21.1% | 22.4% |
| 效果较好 | 65.5% | 64.5% | 65.1% |
| 效果很好 | 9.6% | 12.0% | 10.4% |
| 总计 | 100.0% | 100.0% | 100.0% |
| 列总计 | 4834 | 2652 | 7486 |

Chi-square test:df＝3,卡方值 15.034a,sig＝0.002＜0.05

**表 20　政府推动或倡导的下列活动效果如何(学雷锋活动)**

|  | 农业户口 | 非农业户口 | 总计 |
|---|---|---|---|
| 完全没效果 | 2.7% | 2.8% | 2.7% |
| 效果较差 | 25.4% | 22.1% | 24.2% |
| 效果较好 | 62.6% | 65.8% | 63.7% |
| 效果很好 | 9.4% | 9.3% | 9.4% |
| 总计 | 100.0% | 100.0% | 100.0% |
| 列总计 | 4370 | 2458 | 6828 |

Chi-square test:df＝3,卡方值 9.582a,sig＝0.022＜0.05

**表 21　政府推动或倡导的下列活动效果如何(典型人物的宣传)**

|  | 农业户口 | 非农业户口 | 总计 |
|---|---|---|---|
| 完全没效果 | 2.2% | 3.4% | 2.6% |
| 效果较差 | 23.5% | 20.2% | 22.3% |
| 效果较好 | 64.3% | 63.7% | 64.1% |
| 效果很好 | 10.0% | 12.7% | 11.0% |
| 总计 | 100.0% | 100.0% | 100.0% |
| 列总计 | 4235 | 2416 | 6651 |

Chi-square test:df＝3,卡方值 26.099a,sig＝0.000＜0.05

**表 22　政府推动或倡导的下列活动效果如何(志愿服务的倡导和推广)**

|  | 农业户口 | 非农业户口 | 总计 |
|---|---|---|---|
| 完全没效果 | 2.1% | 2.4% | 2.2% |
| 效果较差 | 25.2% | 21.3% | 23.7% |
| 效果较好 | 60.4% | 59.5% | 60.1% |
| 效果很好 | 12.3% | 16.7% | 14.0% |
| 总计 | 100.0% | 100.0% | 100.0% |
| 列总计 | 3825 | 2289 | 6114 |

Chi-square test:df＝3,卡方值 30.033a,sig＝0.000＜0.05

**表 23　政府推动或倡导的下列活动效果如何(反腐倡廉的举措)**

| | 农业户口 | 非农业户口 | 总计 |
|---|---|---|---|
| 完全没效果 | 4.9% | 4.0% | 4.6% |
| 效果较差 | 23.5% | 21.3% | 22.7% |
| 效果较好 | 55.8% | 57.0% | 56.3% |
| 效果很好 | 15.8% | 17.7% | 16.5% |
| 总计 | 100.0% | 100.0% | 100.0% |
| 列总计 | 3961 | 2343 | 6304 |

Chi-square test:df=3,卡方值 9.888a,sig =0.020<0.05

**表 24　政府推动或倡导的下列活动效果如何(《公民道德建设实施纲要》的推进)**

| | 农业户口 | 非农业户口 | 总计 |
|---|---|---|---|
| 完全没效果 | 4.3% | 4.3% | 4.3% |
| 效果较差 | 26.0% | 22.1% | 24.5% |
| 效果较好 | 58.4% | 59.1% | 58.6% |
| 效果很好 | 11.3% | 14.6% | 12.6% |
| 总计 | 100.0% | 100.0% | 100.0% |
| 列总计 | 3059 | 1922 | 4981 |

Chi-square test:df=3,卡方值 17.383a,sig =0.001<0.05

以上六张表中的 sig 均小于 0.05,表明针对这六项调查内容,两大群体的观点均有差异,且差异都一致表现为农业户籍群体的效果认同度低于非农业户籍群体。因此,在政府所推行或倡导的这些活动效果上对于农业户籍群体来说还需要多做些工作,多考虑政府推动或倡导的活动怎样才能真正落实到或多惠及农业户籍群体,提高政府行为的有效性。

(三)婚姻与家庭伦理道德

在婚姻与家庭伦理道德方面,本报告已经总结出两大群体的伦理共识方面的内容,其实除了那些总体上的共识以外,还有不少具体差异。首先,在现代家庭关系中,两大群体都最担心独生子女带来的问题,但是农业户籍群体最担忧的问题是老无所养,同样的选项之下,非农业户籍群体更担心的是"只有一个孩子,对家庭的未来没有把握"。其次,农业户籍群体更加看重婚姻及生育,如:在看待为了应对拆迁、征地、买房等而出现的"假离婚"现象方面,农业户籍群体的反对比例要高于非农业户籍;在"你认为生育孩子是否是一种人生义务?"调查中,68.8%的农业户籍都选择的是肯定,而有 58.2%的非农业户籍选择肯定选项;在"您认为老人是否有义务帮子女带孩子?"的回答上也是有 24.6%的农业户籍群体选择"有",高于非农业户籍群体的 14.9%。最后,在对待老人问题上有些明显差异,如:在"当独生子女单独组成家庭后,父母和子女哪一种居住方式更好?"调查中,有 35.4%的农业户籍群体选择"和父母同住",只有 27.9%的非农业户籍选择"和父母同住",可见农业户籍群体更加渴望父母子女济济一堂,非农业户籍群体更加认可给两代人各自的独立生活空间;对于"您是否认为把老人送到养老院是不孝行为?",更多的农业户籍群体选择肯定,具体如表 25 所示:

表25　您是否认为把老人送到养老院是不孝行为?

| | 农业户口 | 非农业户口 | 总计 |
|---|---|---|---|
| 是 | 21.4% | 14.6% | 19.1% |
| 相对而言,部分是 | 51.0% | 52.7% | 51.6% |
| 不是 | 27.3% | 32.2% | 29.0% |
| 其他 | 0.3% | 0.4% | 0.3% |
| 总计 | 100.0% | 100.0% | 100.0% |
| 列总计 | 5736 | 2927 | 8663 |

Chi-square test:df=3,卡方值为 65.599a,sig=0.000＜0.05

这里 sig=0.000＜0.05,所以两大群体在"您是否认为把老人送到养老院是不孝行为?"这一问题的回答上表现出明显的差异,更多的农业户籍群体认为把老人送进养老院是不孝的。总体看来,农业户籍群体更加担忧养老问题,这也该是我国加强社会保障体系建设要注意考虑的一点。

## 四、结语

基于 2017 年全国道德国情数据库对不同户籍群体相关数据的分析与呈现,本报告总结了农业户籍群体与非农业户籍群体在伦理道德方面的共识与差异。共识方面,这两大群体都对我国目前的经济发展、生活水平比较满意,并且对未来五年的预估也很乐观,体现出对国家各个方面发展的自信,这一切也正说明自从党的十八大以来国家综合国力的增强以及两大自然群体的整体生活水平快速提升,新时代中国特色社会主义建设取得重大成果;在伦理关系上呈现出"新五伦"的共同特点,家庭关系仍在伦理关系中扮演最重要的角色;与此同时,我国社会也存在突出的伦理冲突问题,且两大自然群体一致认为贪污腐败不能根治是最基本的问题,且二者皆明确表示对于调解这一伦理冲突不能依靠伦理道德的力量,我们要诉诸外在强制力量才能解决这一严重问题;此外,在很多基本的婚姻与家庭观念上,两大自然群体均依然以严谨、坚持为主且都注重"孝",形成一定的价值共识,这与当今中国提倡的恋爱、婚姻自由明显不同,不得不说这与中国传统家庭文化影响有重要关系,因此,我国当继续致力于发扬中国传统优秀文化。两大自然群体这些重要的伦理共识对于中国社会尤其是对构建社会主义和谐社会具有重大意义。相对于伦理共识,两大自然群体之间存在更多、更具体的伦理差异:不同的道德素质影响因子对他们的作用有差异,如"网络和西方文化"影响差异明显;在对我国当前伦理道德状况总体评判和对政府道德政策的评价方面有具体差异,农业户籍群体对政府的道德政策认同低、对政府行为促进社会公平方面的决策——就业政策、教育政策、医疗卫生政策、低保政策、房地产政策、拆迁安置政策超一半都持否定意见,很明显,农业户籍群体对政府决策和行为的有效度、信任度较低,如何提高政府行为的公信力尤其是在农业群体中的公信力是重要的课题;在婚姻与家庭邻里道德方面,虽然两大自然群体都注重"孝",但对于具体的"孝"的行为内容选择并不相同,且农业户籍群体表现出对婚姻家庭更加的严肃与坚持,同时,这一群体更加担忧老无所养的问题。这一系列的差异都表明,在"三农"问题上我们依然有很多重要的政策要去落实,而这些也是实现伦理和谐、构建和谐社会非常重要的课题,新时代中国特色社会主义的建设任重道远。

# 保险企业做社区居家养老新思路[*]

魏圆源[**]

（东南大学 人文学院，江苏 南京 210096）

## 导语

过去很长一段时间，"养老社区"是保险行业深耕养老领域的主要产品，但如今越来越多的保险企业开始转变思路，将养老服务的供给，从带有居所的一站式"养老社区"服务，开始向"居家养老"服务转变。

2022年7月中旬，中国平安在深圳平安金融中心详细公布了"保险＋健康管理""保险＋居家养老""保险＋高端康养"一体化养老解决方案。其中，涵盖"居家养老"服务体系的公布昭示着"居家养老"将成为平安布局养老产业的一个重点领域。

随后的7月22日，大家保险集团举办大家保险康养服务体系发布会暨第二届客服节开幕式，并在开幕式上正式推出自己的康养服务体系。该服务体系有三大产品线，即"城心医养""旅居疗养""居家安养"，可见"居家养老"也将成为大家保险布局养老产业的一个重点领域。

中国养老的"9073"格局，即"90％左右的老年人会选择居家养老，7％左右的老年人依托社区支持养老，3％的老年人入住机构养老"，也似乎表明社区居家服务将大有市场。

但是，居家养老真的如同大家设想的前景一片光明？曾有在上海从事医疗养老服务行业的朋友说："居家，其实不那么好做。"

《庄子·天道》有云"循道而趋"，也就是说要顺着规律去做事。因此，一家保险企业要想做出好的养老产品或者服务，也需要顺着规律行事。何谓养老企业要了解的"规律"？通常来说有以下几点：① 底层文化规律；② 基础的宏观人口规律；③ 宏观政策；④ 普遍的客户特征和需求；⑤ 保险企业提供服务和产品的优势和局限性。

切合底层文化，让服务和产品更走心和有温度，让客户用得贴心，加快产品和服务的地区推广；了解基础的宏观人口规律和政策，便可以依据每年的人口和政策变化，有计划地推出服务，有的放矢，而不是人云亦云，盲目夸大细分市场规模，造成无用的大量投入；明确客户特征及需求，让产品和服务的研发和提供更有针对性，满足多层次客户多样化的真实需求，而不是拍脑袋似的想当然；正确了解企业提供服务和产品的优势和局限性，能够扬长避短，或者有针对性地补足劣势，从而提供满足客户需求和客观规律的产品和服务。

---

* 本文的简版以作者笔名凌绒于2022年8月发表于《今日保》公众号。

** 作者简介：魏圆源，东南大学人文学院在读博士研究生。

本文将从最权威的全国数据和 10 位不同地区、职业和养老金层次的长者访谈,来具体了解以上 5 个规律,并尝试为同仁们提供一种做居家养老的新思路——"邻里互动的社区居家养老服务模式"。

## 一、居家养老服务设计背后的中国"家"文化以及当代老龄社会的伦理危机

中国"国-家"文明的要义,不仅是"家国一体",更重要的是"由家及国",家在中华五千年文化中占有重要的文化地位,也是中华民族重要的文化基因。在中国,"家"意味着血缘的亲情联系,这些在姓名文化、传统经典古籍,以及 2017 年的全国道德发展状况调查中均有体现。

姓名一般由"姓"和"名"两个结构组成,但是中国人在 20 世纪 50 年代之前的姓名基本上都是由三个符号构成:姓、辈、名。"姓"即作为血缘联系的家族共同符号,"辈"表示个体在家族血缘关系的绵延和庞大复杂的家族血缘关系中所处的排辈,即"辈分","名"即代表每个人的独特符号。

　　举个例子,比如陈家有大儿子陈春泰,二儿子陈春良,大儿子的儿子陈永乐,二儿子的儿子陈永康。对于陈家人而言,"陈"字为姓,代表陈春泰、陈春良、陈永乐、陈永康来自同一个家族,有共同的血缘关系;"春"和"永"则是"辈分",代表陈春泰和陈春良是同辈,为"春"字辈,而陈永乐和陈永康是同辈,为"永"字辈,这时即使陈春良的年纪比陈永乐小,陈永乐依旧要称呼陈春良为叔叔,因为不同辈分意味着个人在家族里的不同地位、相应的责任与义务(比如父母抚养子女的责任与子女赡养父母的责任),以及家族血缘的延续;而"泰""良""乐""康"才代表着个人。

但是,这种姓名文化的传统自 20 世纪后半叶开始衰退,到独生子女时代基本消失,复杂的家庭关系逐渐解体。

另外,中国自古以来就有"五伦"的说法,即"君臣、父子、兄弟、朋友、夫妇"五种基本的伦理关系,这也是儒家代表人物孟子对中国文化最大的贡献。其中,父子是君臣及一切长幼尊卑关系的范型;兄弟是一切朋友关系的范型,其典型表达就是所谓"四海之内皆兄弟"。同时,儒家讲爱人,也就是我们首先爱父母,爱自己的家人,然后把这样一种情怀推到社会,叫"老吾老以及人之老,幼吾幼以及人之幼"(《孟子·梁惠王上》),这样使得天下如一家。可见,我国社会关系以家庭关系为基础并延伸,我国的文化更是由家,及社会,及国的"家国"文明。

在这样的家族血缘文化和传统儒家教育背景下成长起来的长者们,自然对"家"及"家"所在的社区有着深刻的羁绊,也就意味着居家养老产品和服务的设计必须以"家"为基础。

东南大学道德发展研究院协同北京大学政府管理学院中国国情研究中心所做的"2017 年全国道德发展状况调查"中,全国共 8755 位各年龄层的人接受调查,数据显示:将近 70% 的全龄段人群认为居家养老是最理想的养老方式,此处的居家养老包括"与子女同住"以及"自己单住,生活难以自理时找护工",而主要的人群喜好分布在"与子女同住"。另外,值得关注的是,与熟人群体抱团养老的养老方式,也可将其泛泛称为社区养老,也就是"与志趣相投的人一起养老"和"与兄弟姐妹抱团养老",总共占比 17.8%。

### 您认为最理想的养老方式是哪种?* 年龄 Crosstabulation

| | 18~29 岁 | 30~39 岁 | 40~49 岁 | 50~59 岁 | 60~65 岁 | 总计 |
|---|---|---|---|---|---|---|
| 敬老院、护理院等专业养老机构 | 16.5% | 16.3% | 12.9% | 11.1% | 9.9% | 13.4% |
| 与子女同住 | 43.8% | 47.1% | 55.3% | 59.5% | 61.3% | 53.3% |
| 自己单住，生活难以自理时找护工 | 12.8% | 15.7% | 14.8% | 13.9% | 14.3% | 14.3% |
| 与兄弟姐妹抱团养老 | 6.0% | 6.0% | 5.0% | 4.9% | 4.5% | 5.3% |
| 与志趣相投的人一起养老 | 19.8% | 13.7% | 10.5% | 9.5% | 8.7% | 12.5% |
| 其他 | 1.0% | 1.3% | 1.4% | 1.2% | 1.3% | 1.3% |
| 总计 | 100.0% | 100.0% | 100.0% | 100.0% | 100.0% | 100.0% |
| 列总计 | 1820 | 1647 | 1864 | 1933 | 1454 | 8718 |

Chi-square test:df=20，卡方值为 250.032a，sig =0.000<0.05，所以居民在"您认为最理想的养老方式是哪种？"这一问题的回答上因年龄差别有显著差异。

图 1　"2017 年全国道德发展状况调查"中关于"最理想的养老方式"一问

数据来源：2017 年全国伦理道德发展状况数据库

同一个调查中,关于"当父母一方长期生活不能自理时,主要承担照顾工作的人应该是"一问,与居家有关的回答竟高达 96.3％,所包含的选项包括"子女照顾""父母中还有能力的另一方（老伴）""雇保姆,老伴协助""雇保姆,子女协助",而占比最大的则是"子女照顾"和"老伴照顾"。

### 当父母一方长期生活不能自理时，主要承担照顾工作的人应该是 * 年龄 Crosstabulation

| | 18~29 岁 | 30~39 岁 | 40~49 岁 | 50~59 岁 | 60~65 岁 | 总计 |
|---|---|---|---|---|---|---|
| 子女照顾 | 46.7% | 47.2% | 49.7% | 46.4% | 45.5% | 47.2% |
| 父母中还有能力的另一方（老伴） | 30.8% | 31.9% | 34.2% | 39.5% | 40.0% | 35.2% |
| 雇保姆，老伴协助 | 5.9% | 7.6% | 6.2% | 4.6% | 5.8% | 6.0% |
| 雇保姆，子女协助 | 11.5% | 9.0% | 6.9% | 6.4% | 5.7% | 7.9% |
| 送护理机构，家人经常探望 | 4.4% | 3.8% | 2.3% | 2.4% | 2.5% | 3.1% |
| 其他 | 0.7% | 0.6% | 0.8% | 0.7% | 0.5% | 0.6% |
| 总计 | 100.0% | 100.0% | 100.0% | 100.0% | 100.0% | 100.0% |
| 列总计 | 1823 | 1652 | 1862 | 1923 | 1447 | 8707 |

Chi-square test:df=20，卡方值为 123.752a，sig =0.000<0.05，所以居民在"当父母一方长期生活不能自理时，主要承担照顾工作的人应该是"这一问题的回答上因年龄差别有显著差异。

图 2　"2017 年全国道德发展状况调查"中关于"主要承担照顾工作的人"一问

数据来源：2017 年全国伦理道德发展状况数据库

上述数据均可证明:当今的中国,"家"文化依旧为主流,在"养老"中占有不可忽视的地位,而且"子女""老伴""保姆"在居家养老中应该扮演重要的角色,但重要程度依次降低。

**您认为现代家庭关系中最令人担忧的问题是:选择一 * 年龄 Crosstabulation**

| | 18~29岁 | 30~39岁 | 40~49岁 | 50~59岁 | 60~65岁 | 总计 |
|---|---|---|---|---|---|---|
| 只有一个孩子,对家庭的未来没把握 | 19.8% | 25.4% | 22.5% | 22.6% | 17.5% | 21.7% |
| 独生子女难以承担养老责任,老无所养 | 20.4% | 19.6% | 22.9% | 23.8% | 27.8% | 22.7% |
| 年轻人不愿结婚,或不愿生孩子,家族传承危机 | 10.1% | 9.9% | 10.9% | 12.2% | 12.3% | 11.1% |
| 婚姻不稳定,年轻人缺乏守护婚姻的意识和能力 | 17.1% | 15.0% | 13.8% | 14.1% | 13.7% | 14.8% |
| 子女尤其是独生子女缺乏责任感,孝道意识薄弱 | 6.8% | 7.4% | 9.7% | 9.0% | 9.8% | 8.5% |
| 代沟严重,父母与子女之间难以沟通 | 16.3% | 13.0% | 11.3% | 10.3% | 9.6% | 12.2% |

| | 18~29岁 | 30~39岁 | 40~49岁 | 50~59岁 | 60~65岁 | 总计 |
|---|---|---|---|---|---|---|
| 婆媳关系紧张 | 3.3% | 4.2% | 3.3% | 2.7% | 2.6% | 3.2% |
| 父母不民主,不能容忍差异 | 2.4% | 1.5% | .9% | .8% | 1.5% | 1.4% |
| "啃老"现象严重 | 1.6% | 1.0% | 1.2% | .5% | 1.1% | 1.1% |
| 父母只培养孩子的知识和技能,忽视良好品德的养成 | 1.1% | 1.5% | 1.6% | 1.2% | 1.3% | 1.3% |
| 两性关系过度开放 | 0.3% | 0.3% | 0.3% | 0.2% | 0.1% | 0.3% |
| 其他 | 0.8% | 1.2% | 1.6% | 2.6% | 2.7% | 1.8% |
| 总计 | 100.0% | 100.0% | 100.0% | 100.0% | 100.0% | 100.0% |
| 列总计 | 1797 | 1631 | 1845 | 1897 | 1390 | 8560 |

Chi-square test:df=44,卡方值为197.539a,sig=0.000<0.05,所以居民在"您认为现代家庭关系中最令人担忧的问题是:选择一"这一问题的回答上因年龄差别有显著差异。

图3 "2017年全国道德发展状况调查"中关于"现代家庭关系中最令人担忧的问题"一问
数据来源:2017年全国伦理道德发展状况数据库

同一调查的数据显示:针对"现代家庭关系中最令人担忧的问题",超过30%的全龄人群选择"对自己的养老感到担忧",包括选项"独生子女难以承担养老责任,老无所养"以及"子女尤其是独生子女缺乏责任感,孝道意识薄弱"。

可见,随着独生子女政策的实施,复杂家族关系的瓦解,使得一个独生子女,一对夫妇,需要承担"四个老人甚至八个老人"的赡养义务,大大增加了子女照顾长者的负担,也因此降低了子女赡养长者的能力。在这种情况下,长者担心独生子女缺乏养老的能力,开始担心自己未来的养老问题,当代社会开始出现老龄伦理危机。在家庭养老无法承担养老功能的时候,社会辅助家庭的养老应运而生,但是依旧必须以"家"文化为基础。

保险企业提供的居家养老服务作为社会辅助养老的一部分,也不能例外,即必须以"家"文化为基础,充分考虑"家"对于长者的隐含意义——情感、文化和生命血脉的源头,因此,服务的设计不仅需要考虑"长者"的身心诉求,也需要考虑"子女""老伴"的需求和照护困难,以及融入"保姆""熟人""社区"等"家"元素让服务更加舒心及受信任。

## 二、宏观的中国人口变化规律

随着我国生育政策的调整,中国的人口金字塔正从1953年的年轻型的正三角(少年人口比例大,老年人口比例低)逐渐过渡至2020年的缩减型(少年儿童比例低,中、老年人口比例大)。而且随着社会经济的发展、个人寿命的延长、生育观念的永久性转变、生育率的下降,人口老龄化已经无法逆转,并作为社会经济发展、社会现代化发展和社会文明发展的必然结果,将成为中国社会的常态,对全国的政治、教育、福利、医疗、健康、产业等各个领域产生全面而深刻的影响。因此,养老服务将不仅仅是一种商业和盈利行为,更是上升为民生问题。

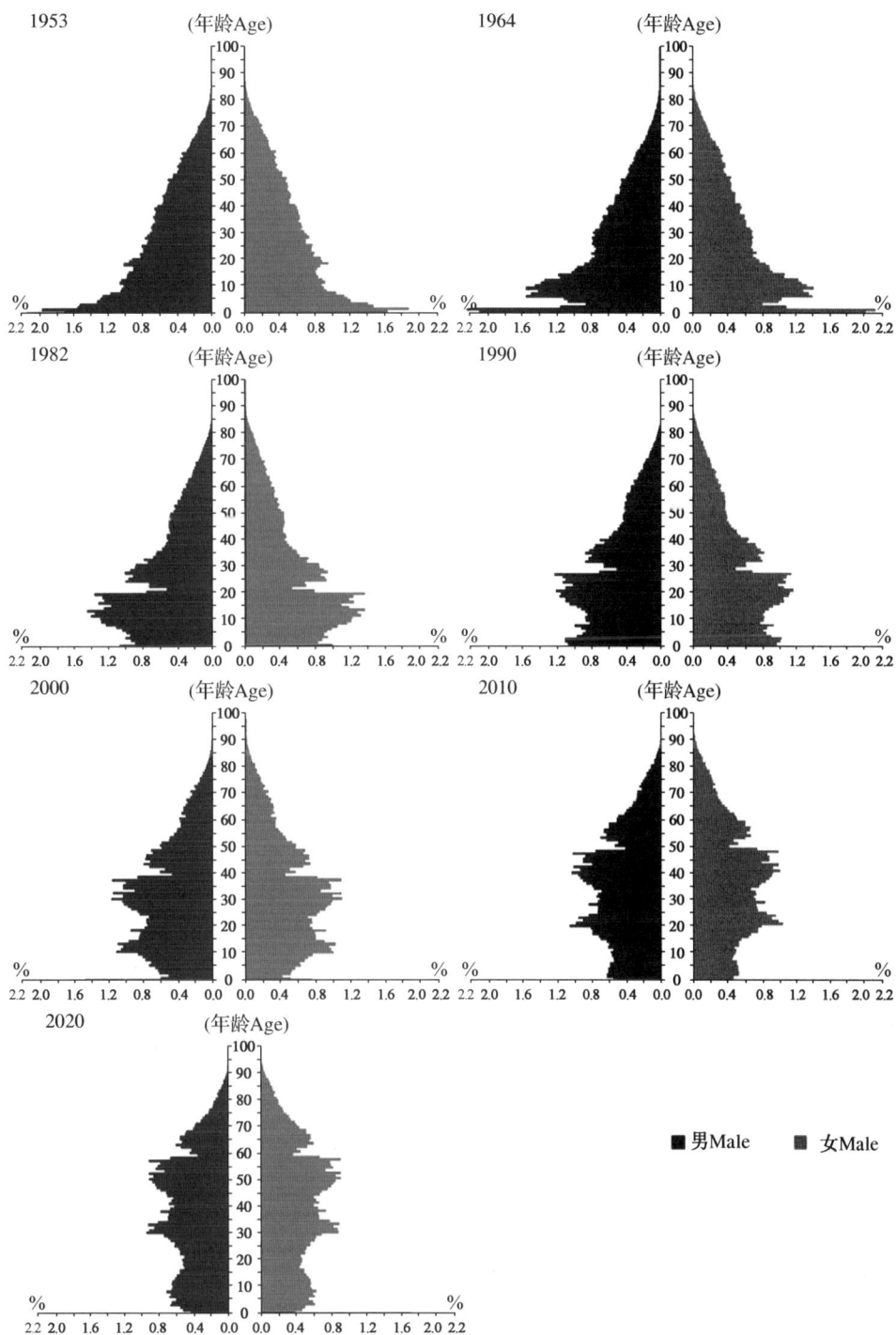

图 4　中国人口金字塔的结构变化

数据来源:2020 年第七次全国人口普查主要数据,http://www.stats.gov.cn/tjsj/pcsi/rkpc/d7c/202111/p020211126236673666751.pdf

　　依据国家统计局 2022 年 2 月 28 日公布的《中华人民共和国 2021 年国民经济和社会发展统计公报》显示:2021 年年末,全国 0～15 岁人口为 26 302 万人,占全国人口的 18.6%;16～59 岁人口为 88 222 万人,占62.5%;60 岁及以上人口为 26 736 万人,占 18.9%,其中,65 岁及以上人口为 20 056 万人,占 14.2%。

　　国家统计局人口和就业统计司司长王萍萍表示:"与 2020 年相比,0～15 岁人口减少 528 万人,16～59 岁人口增加 247 万人,60 岁及以上和 65 岁及以上人口分别增加 329 万人和 992 万人。……60岁及以上人口和 65 岁及以上人口比重分别比 2020 年上升 0.2 和 0.7 个百分点。"青少年人口减少,老龄人口增加,人口结构进一步老化,老龄化程度进一步加深。

表1　2021年年末人口数及其构成

| 指标 | 年末数（万人） | 比重（%） |
|---|---|---|
| 全国人口 | 141 260 | 100.0 |
| 其中：城镇 | 91 425 | 64.7 |
| 乡村 | 49 835 | 35.3 |
| 其中：男性 | 72 311 | 51.2 |
| 女性 | 68 949 | 48.8 |
| 其中：0~15岁（含不满16周岁） | 26 302 | 18.6 |
| 16~59岁（含不满60周岁） | 88 222 | 62.5 |
| 60周岁及以上 | 26 736 | 18.9 |
| 其中：65周岁及以上 | 20 056 | 14.2 |

**数据来源：国家统计局，http://www.stats.gov.cn/tjsj/zxfb/202202/t20220227_1827960.html**

按照国际标准，65岁及以上人口占比超过7%属于轻度老龄化，达到14%属于中度老龄化，超过20%则属于重度老龄化。2021年我国65岁及以上人口为20 056万人，占全国人口的14.2%，表明中国老龄化加深速度很快且中国已经进入了中度老龄化阶段。

预计在2035年之前，65岁及以上人口占比会超过全国人口的21%，中国从而进入深度老龄化阶段。其实，按照65岁的年龄标准来计算，我国老年人口占比从7%到14%再到21%，大概用34年的时间。而在欧美大部分的国家，都是用了100年左右的时间。可见，我国老龄化加速程度之快。

复旦大学人口与发展政策研究中心主任、复旦大学老龄研究院院长彭希哲教授坦言："从2022年开始的未来15年，中国将迎来有史以来最大规模的'退休潮'，'60后'和'70后'是这轮'退休潮'的主力军。在这波'退休潮'中，每年都会有超过2000万人退休。实际上，未来几年所出现的'退休潮'主要是指男性的'退休潮'。根据《国务院关于工人退休、退职的暂行办法》文件规定，女职工满50周岁、女干部满55周岁达到法定退休年龄。相比于男性满60周岁退休，女性退休年龄较为提前。因此，2022年对于女性来说，不是进入'退休潮'而是进入'老年潮'。"

特别大的老龄人口基数、持续多年的老龄化进程、特别快的老龄化速度，与社会经济的现代化、信息化、城镇化、工业化、数字化进程的同步共振，使得我们国家的老龄化更为复杂。我国在"未富"和"未备"的情况下，以极快的速度一头扎进老龄化社会中。

保险企业提供居家养老服务，实际上是处在我国走向深度老龄化的历史滚滚洪流中，参与我国延缓老龄化社会到来的行动，是我国将"积极应对人口老龄化"上升为国家战略的具体内容中的不可或缺的一部分。也许，保险企业在提供和设计居家养老服务的时候，可以考虑国家在面临老龄化社会过程中迫切需要解决的问题，并向国家政策靠拢，争取相应的补贴和政策支持，以便于在各地区展开服务。

另外，面对进入"退休潮"的男性和进入"老年潮"的女性，保险企业是不是也需要考虑男性和女性老年人的不同需求？浙江大学医学院卫生政策研究中心的博士研究生胡晓茜等人在论文《中国高龄老人失能发展轨迹及死亡轨迹》中表示：相对于容易患心肌梗死和中风等急性疾病的男性，女性更容易患不威胁生命的慢性病，因此，女性更容易带残生存与长寿，且有更多的可能需要照顾患急性疾病、卧床的伴侣。此时，女性会有更高强度的照料需求和照料负担。不同群体的不同需求决定不同的服务类型，也许是保险企业在设计居家养老服务时需要重点考虑的问题。

## 三、我国宏观老龄化政策

近年来，我国对老龄化问题愈加重视。"十四五"时期经济社会发展主要目标和重大任务提出：实施积极应对人口老龄化国家战略，以"一老一小"为重点完善人口服务体系，发展普惠托育和基本养老服务体系，逐步延迟法定退休年龄。

盘古智库老龄社会研究中心副主任、高级研究员李佳在首届江苏省老龄文明学术大会上回顾了历年的政府工作报告,统计出"老龄化"一词共出现 7 次,从 1989 年第一次出现至 2021 年第七次出现,国家对"老龄化"的态度从关心、研究到重视、积极应对,再到加强、积极应对、国家战略,可见,中国应对老龄化的策略正在从"未备先老"转向"边备边老",从早期的准备阶段步入行动阶段。中国应对老龄化的政策体系更加成熟,而且也从以下七个方面进行了扩展:

1. 目标上,由老年人向老龄群体,再向全龄群体扩展,也就是从保重点人群拓展为保基本服务。

2. 定位上,由养老事业向老龄事业,再向协同老龄事业和产业扩展,也就是从政府向社会,再向市场协同应对扩展。

3. 部门上,由民政向民政、卫健,再向发改、教育、科技、工信、住建、交通等多部门扩展。

4. 方向上,由养老产业向老龄产业,再向银发经济扩展,即不光要分好蛋糕,还要做大蛋糕。

5. 体系上,由养老服务保障体系建设向联合社会保障体系、健康支撑体系建设扩展。

6. 内容上,由兜底向普惠,再向多样化发展。如:《"十四五"国家老龄事业发展和养老服务体系规划》指出,我国老年人需求结构正在从生存型向发展型转变。

7. 地点上,由机构养老向社区养老、居家养老扩展。发展居家养老床位首次写入民政事业"十四五"规划。从《国家积极应对人口老龄化中长期规划》等"健全以居家为基础、社区为依托、机构充分发展、医养有机结合的多层次养老服务体系"转变为"十四五"规划的"构建居家社区机构相协调、医养康养相结合的养老服务体系"。

针对上述国家老龄政策的变化,保险企业是否也能适当在居家养老服务的设计上调整思路?比如:在给长者提供照护服务的同时,是否也能为年轻群体提供饮食、营养、健康管理的服务?居家养老服务是否不仅仅局限在护理和衣食住行,也应该拓展至医疗、处理家庭关系、教育、科技、金融、司法、文旅、养身、美容护肤、陪聊、心理照护等方面?在设计居家养老服务时,除了提前参考民政部出台的相关政策,是否也应该参考其余部门(比如教育、卫健、科技等部门)的相关政策?居家养老服务是否应该面向多层次收入人群(比如中产阶层和富裕阶层),而不仅仅面向单一收入层次人群?如果服务是面向多层次收入人群,那么是不是应该针对不同的收入群体设计不同特色的服务套餐或者为客户个性化设计服务?

另外,需要特别注意的一点是:基本上所有城市均有特定时期内的养老服务专项规划,专项规划会在一定时期内,对一定范围内的养老服务设施的空间分布和建设规模做规定,以保证每个区域都有养老服务设施,不让长者长途跋涉到另外一区域享受服务,也避免过多设施带来的资源浪费。比如:

《北京市养老服务专项规划(2021 年—2035 年)》规定 2035 年按照每个街道(乡镇)设置一个养老照料中心为建设目标,针对老年人口密度高的街道(乡镇)允许其增加建设 2 至 3 个养老照料中心。

《南京市养老服务设施布局规划(2020—2035)(公众意见征询)》则规定每街道/新市镇设置 1 处社区居家养老综合服务中心(10 张简易床位)。

对于在特定空间内超出规划数量的设施往往无法正常办理政府要求的相关手续。因此,保险企业在计划建设居家养老服务设施时,要充分考虑建设的地点是否已经建设足够的居家养老服务设施。

## 四、普遍的客户特征和需求

在我国,一切产业的发展与政策息息相关,因此保险企业在设计居家养老服务的时候,需要考虑帮助国家解决老龄化带来的民生问题,适应政策变化。但与此同时,也不能忽视长者群体的真实诉求。

为了进一步了解老年群体的居家养老需求,以及对保险企业提供居家养老服务的看法,《今日保》特意选取(非随机抽样)10位较为典型的来自全国各地、不同收入、不同年龄的长者群体进行调研,尽管样本量不够大,但由于访谈足够深入,也能够从中获取一些有效信息。其中,对于听力相对较好的且有条件进行访谈的长者,我们采取电话访谈的形式;而对于听力较差且身体条件不允许访谈的长者,则采取问卷填写和文字交流的形式。

调查问卷主要包括基础信息、老年生活状况、居家养老服务的需求和期待、对居家养老服务从业人员与企业的要求、对保险企业提供居家养老服务的认知和期待五个部分,共31个问题。

### (一) 样本基础信息

此次调研的样本分布于南京(50%)、北京(20%)、上海(10%)、云南(10%)和徐州(10%),调研对象的选取既考虑不同城市的差异,也考虑了年龄、性别、收入、最高学历的差异,以及身体健康状况和居住情况的差异。

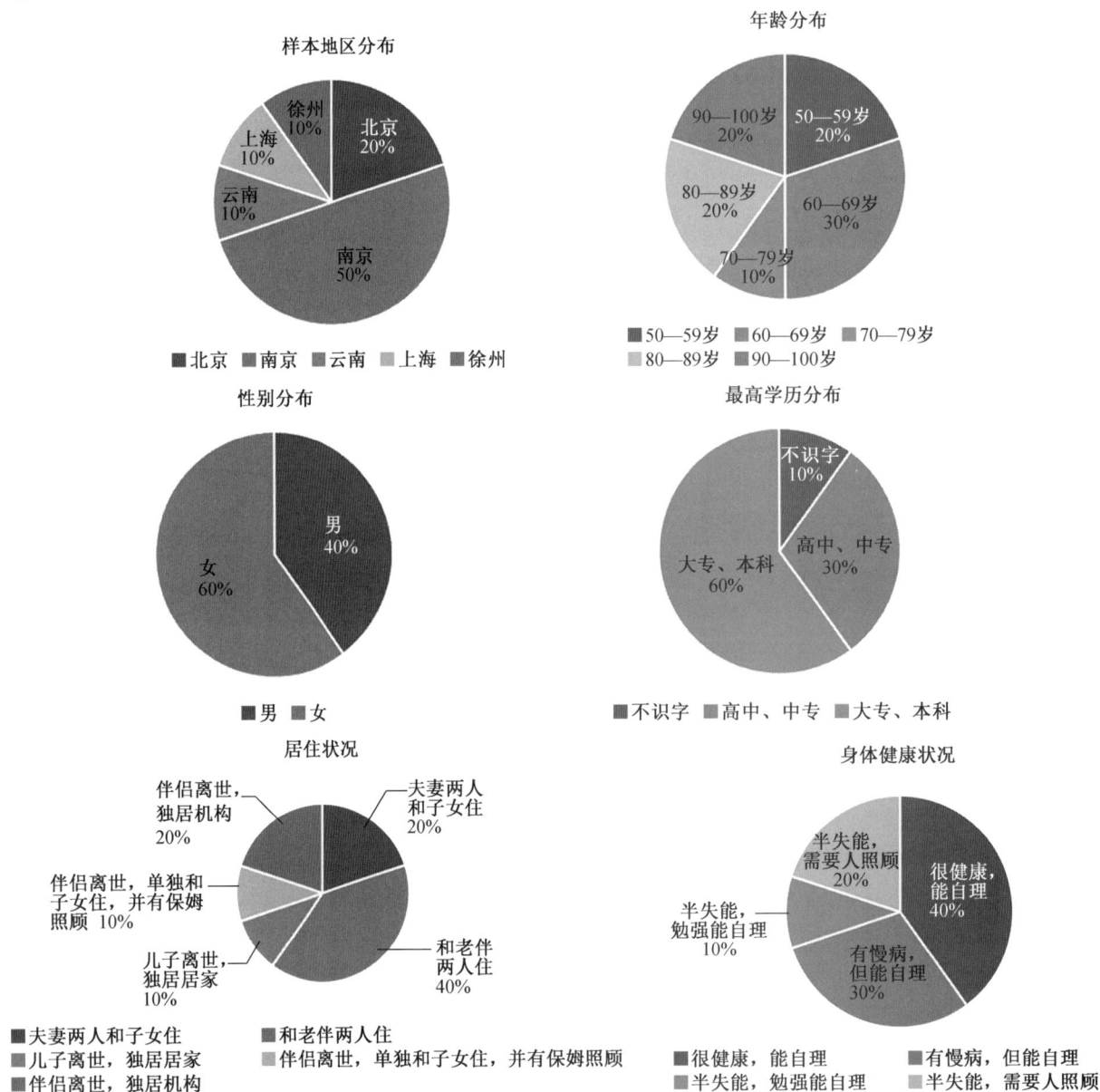

图 5　样本基础信息

在样本中,低龄长者(50~69岁)占比50%,中龄长者(70~79岁)占比10%,高龄长者(80~100岁)占比40%;男性长者占比40%,女性长者占比60%;不识字长者占比10%,高中或中专长者占比

30％，大专或本科长者占比 60％；能自理的长者占比 80％，需要人照顾的长者占比 20％。

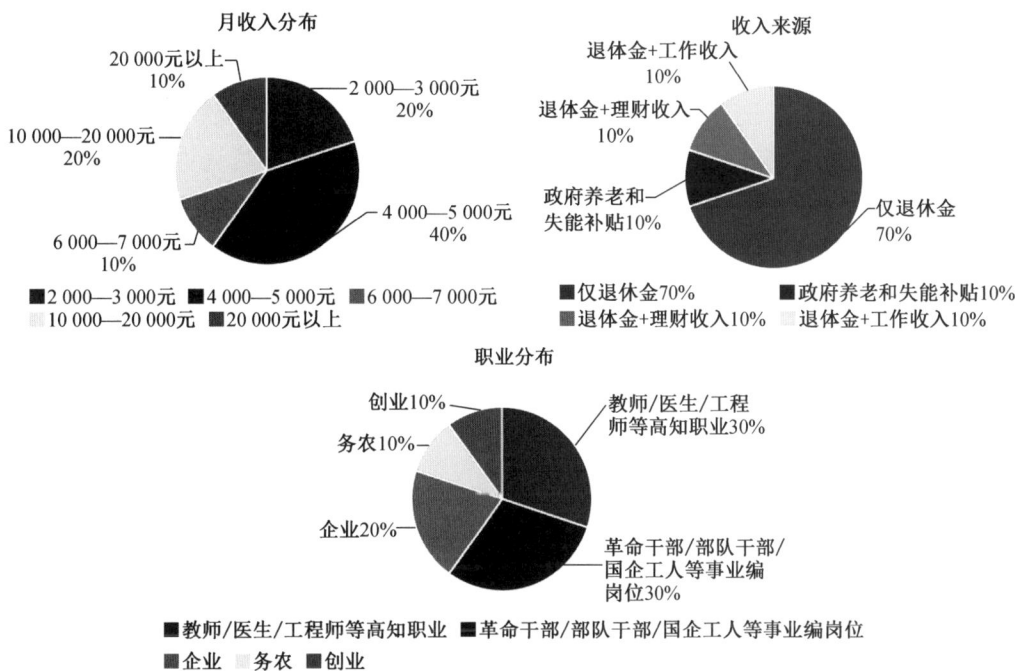

月收入分布

收入来源

职业分布

图 6  样本经济情况

另外，依据以往的研究和经验，考虑到服务购买与经济情况的强相关，做样本分析时，笔者将能够反映样本经济情况的三个项目单独提取出来，即月收入、收入来源、职业。其中，样本的收入主要集中在 4 000—5 000 元（40％）、10 000 元以上（30％）；样本主要收入来源为仅退休金（70％），同时 20％的样本的收入来源除了退休金，还来自理财收入和工作收入；样本职业分布主要来自三个方面，即高知职业（30％）、事业编岗位（30％）以及企业（20％）。

（二）调研结果

1. 老年生活状况

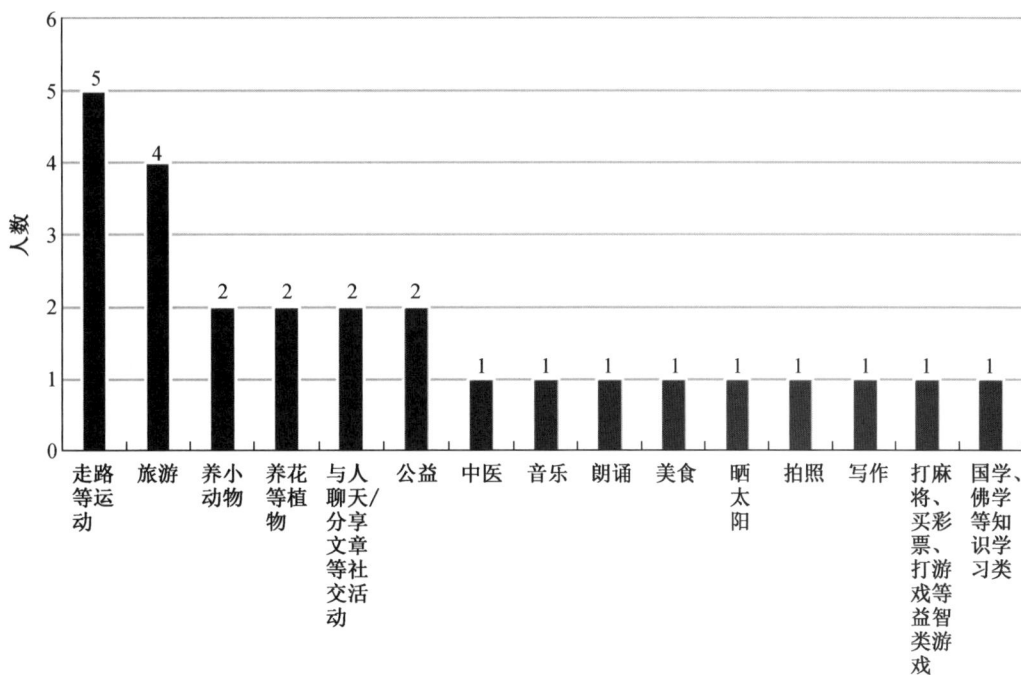

图 7  兴趣分布

　　调查结果显示,10位长者的兴趣爱好多元,其中两项兴趣明显受更多长者青睐:走路等运动(5人)、旅游(4人);其次,便是互动类的兴趣:养花等植物(2人)、养小动物(2人)、与人聊天/分享文章等社交活动(2人)、公益(2人)。据此可见,对于长者而言,生活并不是枯燥无味的,兴趣爱好可以让生活更美好。

　　值得注意的是:数据显示,随着长者自理能力的衰退,可落实的兴趣爱好范围逐渐缩小,但并不意味着长者兴趣爱好的丢失,只意味着身体条件的限制。比如1位长者表示原先喜欢养小动物,但由于精力和体力下降的原因,就只养花了;有1位多数时间只能躺在床上的半失能长者喜欢外出晒太阳和与人聊天;另有1位坐轮椅的长者表示现在多数时间会走走路。

　　如此看来,保险企业在设计居家养老服务时,除了满足长者基本衣食住行的需求以外,也需要考虑长者的娱乐需求、社交需求,以及"被需要"的心理需求。

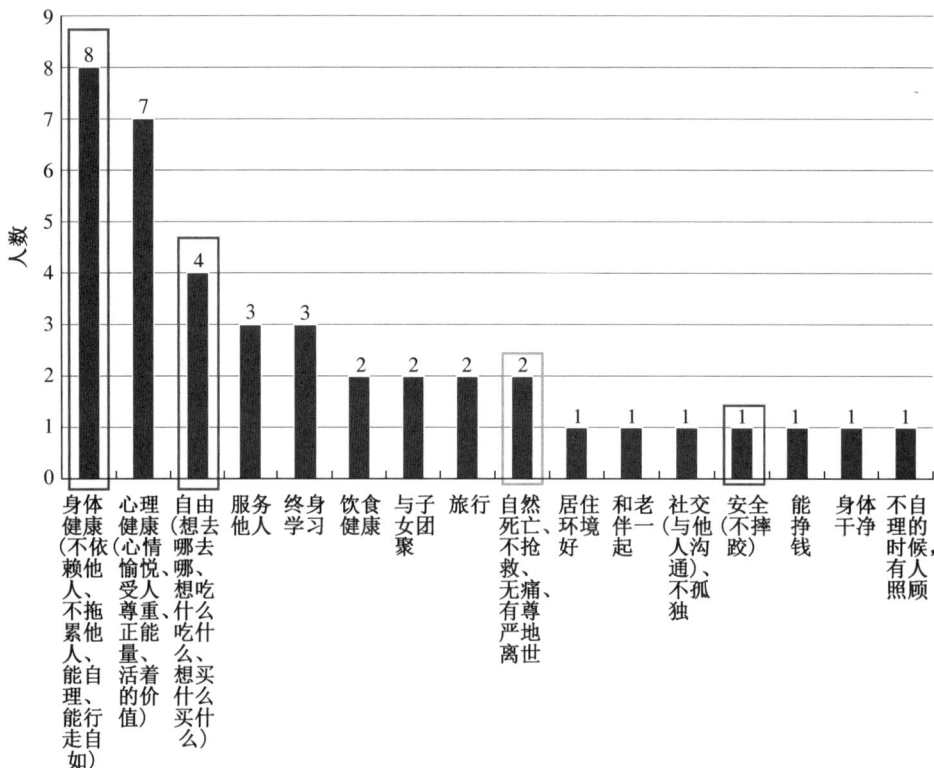

**图8　理想的老年生活要素**

　　此项问题,有1位长者数据缺失,因此只有9位长者的数据。调查结果显示,理想的老年生活要素主要涵盖:身体、心理、社交、灵性层面,其中,渴望身体健康、能自理、不依赖他人生活、独立行走的长者占到89%(8人),有超过一半的长者补充了另外2个与身体健康高度相关的选项:4位长者渴望自由(想去哪去哪、想吃什么吃什么、想买什么买什么),1位长者希望晚年生活可以安全(不摔跤)。这个结果明确显示:尽管长者们的收入、年龄、性别存在差异,但是对于健康和独立生活的渴望却是一致的。

　　除了身体健康以外,对于长者而言,理想老年生活的次要因素则是心理健康,有78%(7人)的长者希望自己晚年生活有健康的心理,即愉悦的心情,感到受人尊重以及活着的价值。而与感受活着的价值相关的选项则包括:服务他人(3人)、终身学习(3人)。

　　特别值得注意的是:9位长者中,有2位长者已经对自己的临终做出安排,且均为不延长生命的"自然死亡、不抢救、无痛、有尊严地离世";2位长者提出与子女团聚是理想老年生活的要素。

　　因此,保险企业在设计居家养老服务时,需要充分考虑长者独立生活的需求,并想尽办法延长长者独立生活的时间,比如安装适老化设施;同时,也要充分考虑长者的心理、社交、灵性、家庭团聚的需求,让长者不仅活得健康,而且活得有质量、有尊严。另外,如果可能,保险企业在提供居家养老服务时,也可以与长者讨论临终安排，包括遗嘱相关事宜，并制订临终照护计划和葬礼安排，让长者不仅有尊严地活着，也能有尊严地离世。

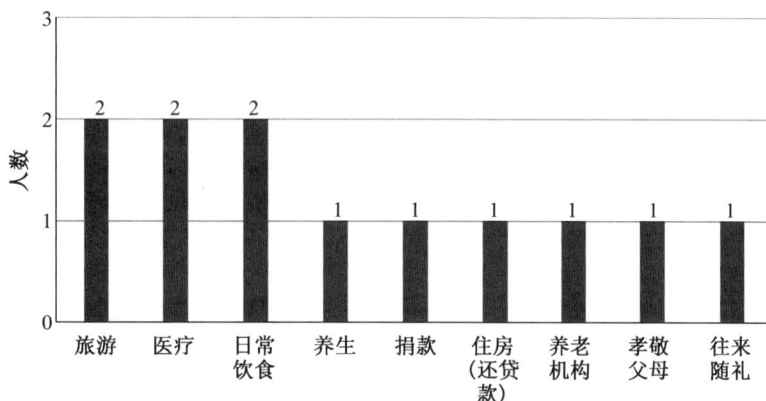

**图9　日常开支占比较大的项目**

此项问题，缺失1位长者的数据，1位住在养老机构的长者开支均由子女负责，其不太清楚自己的日常开支，因此只有8位长者的数据有效。数据显示：长者日常开支较大的项目为旅游（2人）、医疗（2人）、日常饮食（2人）。值得注意的是：在旅游一项开支较大的长者的共同特征为：年龄处在60—69岁，且生活能自理；在医疗上开支较大的长者，1位是年纪处在60—69岁的自理长者，1位是处在90—99岁的半失能长者，2位长者均患有较多慢性病，而另外1位处在90—99岁的半失能长者，尽管也患有多种类型的慢性病，但由于是离休干部，医药费用基本全额报销，所以日常开支中，医疗的开支并不大。

因此，保险企业在设计居家养老服务时，应该注意低龄长者和高龄长者的不同需求，对于高龄长者可以将服务关注点更多地聚焦在医药服务上，比如药物管理、购买药品等服务。

2. 居家养老服务的需求和期待

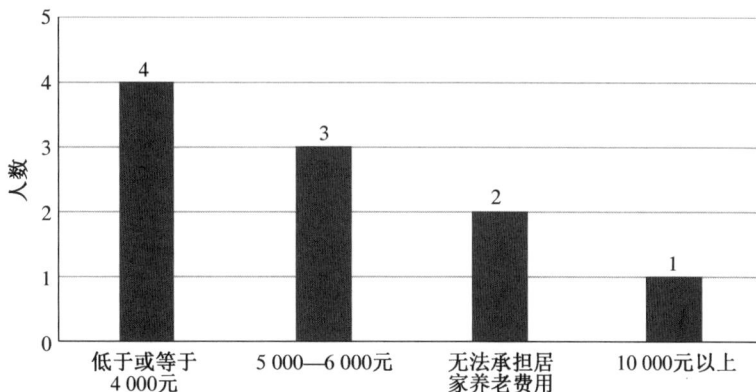

**图10　每月能接受居家养老服务的总价**

10位长者的调研数据显示，40%（4人）的长者每月能够接受的居家养老服务总价低于或等于4 000元，30%（3人）的长者可接受总价为5 000—6 000元，20%（2人）的长者无法承担居家养老服务的费用，仅有1位能接受每月10 000元以上的服务费用，但是这位每月能接受10 000元以上服务费用的长者最终选择了机构养老。

据中华人民共和国人力资源和社会保障部的数据显示：2020年，我国企业职工月人均养老金为2 900元左右；而依据我国2020年的第七次全国人口普查数据显示，我国城市的60岁及以上老年群体中，有将近70%人群的主要生活来源为离退休金/养老金。如此可见，我国绝大部分城市长者很难单纯依靠养老金支付目前工资水平在3 000—6 000元/月的住家保姆的工资。

因此，面对人均退休金不到3 000元的企业职工群体，也许保险企业需要将客群定位在工薪阶层，通过薄利多销的形式,服务更多人群,以获得更多收益(包括利润和社会声誉)。另外,保险企业在设计居家养老服务价格时,应该充分考虑目标客群能够接受的服务价格、合理定价,不超出长者及其家庭的可接受范围,同时明码标价,让长者能够清晰地知道各项服务的费用。

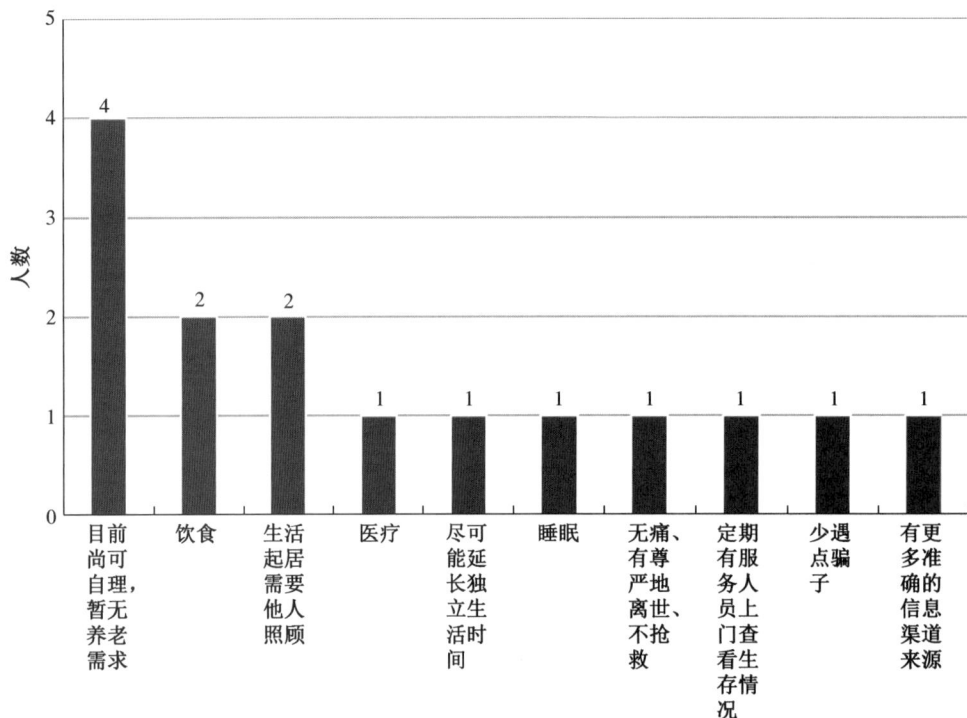

**图 11　养老需求**

10 位长者的调查结果显示:如果尚且能够自理,那么就不会有过多的养老需求;如果自理能力下降,则养老需求多集中在生活起居照料上,包括饮食照料(2 人)、日常生活起居照料(2 人)、有良好的睡眠质量(1 人);而另外 2 项与自理能力相关的选项则为医疗(1 人)、定期有服务人员上门查看生存状况(1 人)。结果表明:长者的自理能力开始下降,那么其日常生活、身体安全将受到极大威胁。值得关注的是 1 位长者提出了希望少遇见骗子的需求,说明长者识别骗子的能力需要增强。

保险公司需要多关注非自理长者的日常生活起居的照护需求,包括餐饮供给、生活照料等,另外也需要不断帮助长者提升识别骗子的能力,方法包括提供防骗资料、课程等。

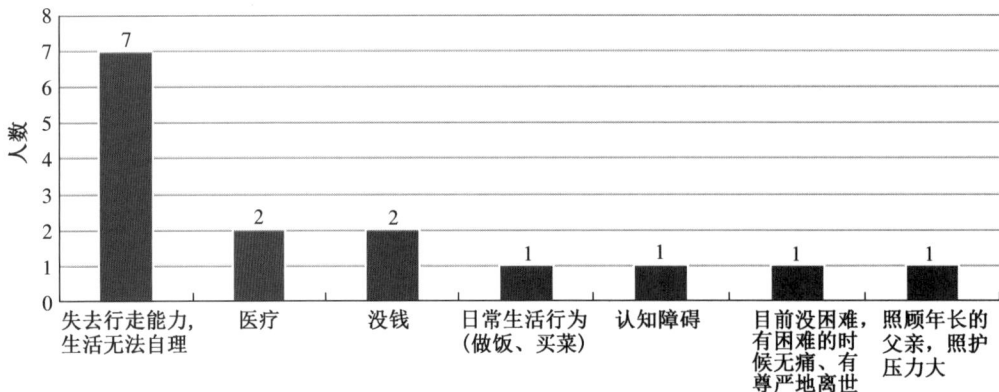

**图 12　养老过程中遇到的最大困难**

10 位长者的调查结果显示:无论是目前健康的长者对未来困难的预测,还是目前已经需要他人照护的长者,绝大多数(7 人)都认为在养老过程中,"失去行走能力、生活无法自理"将会是最大的困难,而与自理能力息息相关的选项还包括"医疗(2 人)""日常生活行为(做饭、买菜)(1 人)""认知障碍(1 人)"

"目前没困难,有困难的时候无痛、有尊严地离世(1人)"。如此看来,10位老人认为在养老过程中,预期或者已经遇到的最大困难都与自理能力有关。

另外,由于长者退休后,收入大大减少,而支出占比急剧上升,因此经济困难将成为部分长者在养老过程中会遇见的困难,这在本次调查结果中也显示出来,即2位长者担心自己会出现资金周转困难。

值得注意的是,在此问题中,一位50多岁的女性长者表示自己养老面临的困难在于"照顾年长的父亲,照护压力大"。这样的现象普遍存在于我国的低龄长者的生活中,他们需要照顾处于高龄的父母。

与此同时,笔者在访谈过程中发现尽管不属于养老过程中遇到的最大困难的范畴,但有的低龄长者会向子女求助电脑的使用问题。

据此,保险公司在设计高龄居家养老服务时,要特别重视长者的生活照料服务;在设计中低收入长者的居家养老服务时,需要充分考虑长者的收入水平,合理设计价格;另外,对于低龄长者的居家养老计划,则需要考虑他们对于父母的照护责任,为他们减轻照护压力,以及电脑的使用教学。

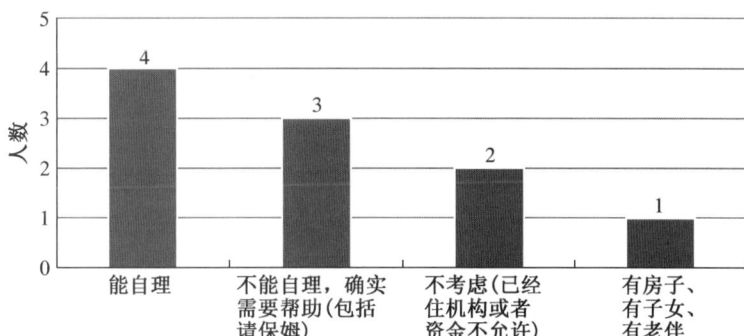

图 13　什么情况下选择居家养老

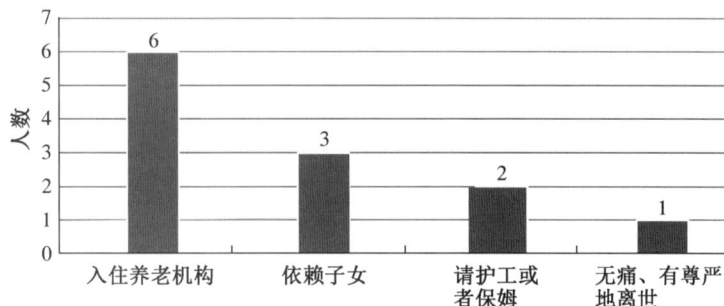

图 14　不能自理后的养老选择

10位长者的调查结果显示:40%的长者(4人)会在能自理的时候选择居家养老(此处的居家,应该指在家生活);30%(3人)表示仅在不能自理,需要帮助的时候,会购买居家养老服务或者请保姆上门服务;20%(2人)不考虑居家养老服务,其中,1人已入住机构,1人表示资金不允许购买服务;10%(1人)尽管已经入住机构,但是表示如果老伴还在世,就会选择居家养老。

在不能自理的时候,60%(6人)的长者选择入住养老机构,30%(3人)选择依赖子女,20%(2人)选择请护工或者保姆。其中有2人的选择不止一种,1人表示既可能选择入住机构,也可能选择依赖子女;1人表示可能选择入住机构,也可能请保姆。与此同时,多数自理长者表示,如果自己尚且能够独立生活,就不会购买居家养老服务。

因此,保险企业在设计居家养老服务时,需要更多地关注半失能或者失能长者的需求,同时定价时需要考虑工薪阶层长者的可接受价格的范围且让长者认为物有所值。另外,保险企业需要额外注意的是:居家养老的竞争对手不仅仅是提供居家养老服务的企业,也包括"养老机构"和"子女"。选择养老机构的长者表示,入住机构的原因包括:终年有照护人员、照护人员专业且经过培训、医养结合、有各种活动。因此,居家养老服务的设计只有满足长者的价格适当要求、照护需求、医疗需求和娱乐需求,才能从竞争中胜出。

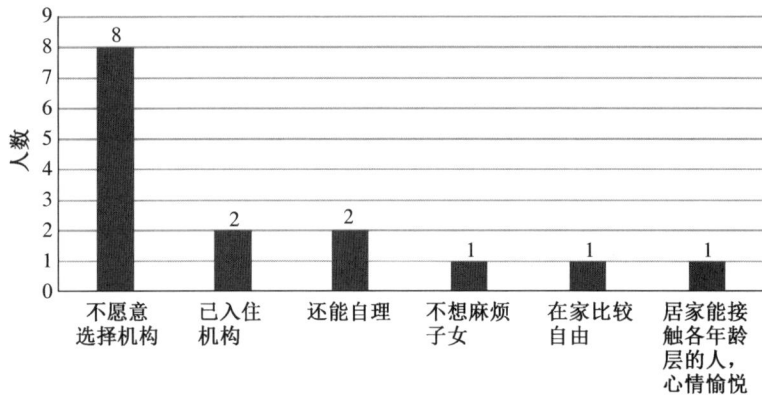

图 15　不选择机构选择居家养老的原因

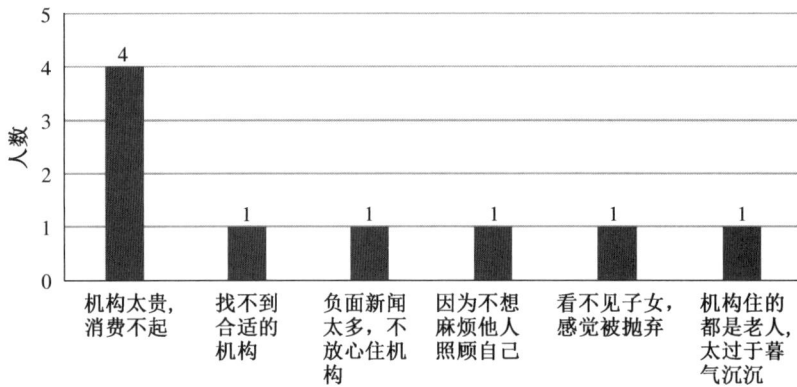

图 16　不选择机构养老的原因

10 位长者的调研结果显示：不选择机构养老的原因中，"贵"是最主要的原因（4 人），其中，1 人表示"便宜的机构，条件差，进去就是等死；贵的机构又住不起，且也不是真心为老人服务"；同时，值得关注的另外两个原因分别为"看不见子女，感觉被抛弃"以及"机构住的都是老人，太过于暮气沉沉"。

而选择居家养老的原因，除了不愿意选择机构养老以外，还包括"还能自理""不想麻烦子女""在家比较自由""居家能接触各年龄层的人，心情愉悦"。

由此，保险企业在设计居家养老服务时，需要关注长者对于子女的亲情需求、心理需求，让长者保持心情愉悦，而不是"在家等死"。

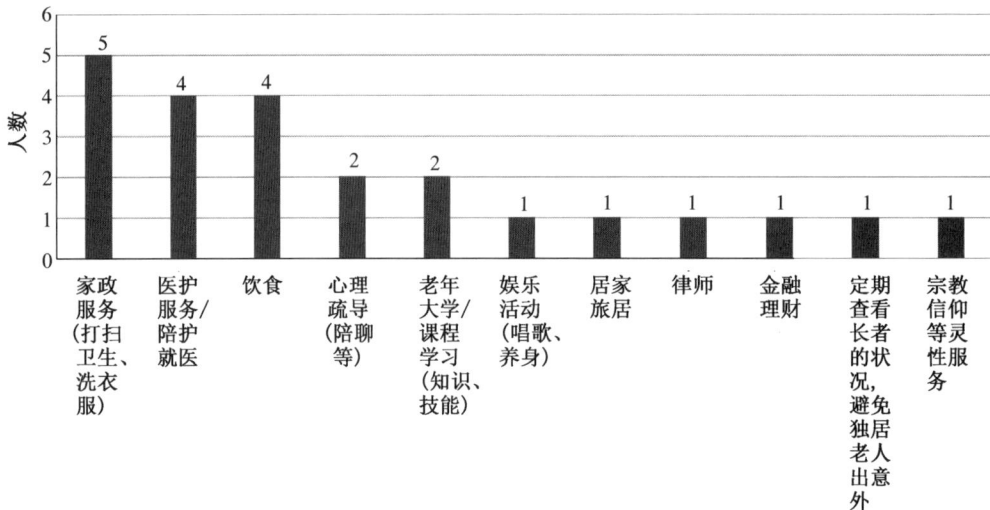

图 17　希望居家养老服务企业提供的服务

　　此项问题由于1位长者入住机构,1位长者自身财务状况不允许购买服务未给出需求,因此只有8位长者的数据有效。数据显示:长者的服务需求呈现多样化趋势,但收入差异并未导致过多需求服务种类的差异。服务种类涉及生活、医疗、心理、金融等方面,需求最高的前5项服务依次为:家政服务、医护服务/陪护就医、饮食、心理疏导、老年大学/课程学习。

　　在访谈过程中,1位长者特意提及希望居家养老服务企业能够让服务的质量与价钱匹配,比如长者给企业300元伙食费,就需要得到预期300元能够匹配的伙食,而不是费用远远高于服务质量;1位长者提及希望长者的资金安全得以保证;1位长者提及旅居式的居家养老。

　　因此,保险企业所提供的服务要依据个性化需求设计多样化服务,但是可以更加聚焦长者群体普遍需要的服务,比如家政服务、饮食、医护服务等。

　　3. 对居家养老服务从业人员与企业的要求

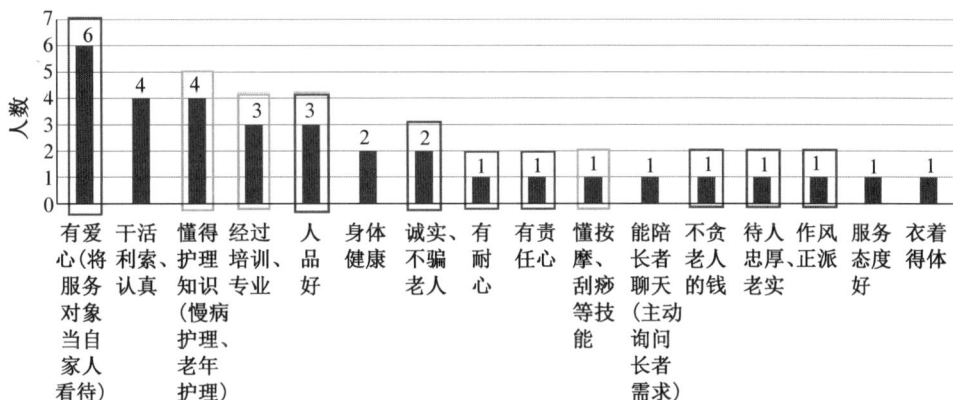

图18　居家护理人员需要具备的素质

　　1位长者已经入住机构,并未给出选项,因此此问题只有9位长者的数据有效。调查结果显示,排名前7的素质分别是:有爱心(60%)、干活利索(40%)、懂得护理知识(40%)、经过培训(30%)、人品好(30%)、身体健康(20%)、诚实(20%);同时,16种素质里,有8项关于道德素质和个人品行(用黑色方框标出),仅仅有3项关于专业技能(用灰色方框标出)。由此可见,长者对于居家护理人员所要具备的素质更加重视的是护理人员的个人品行,其次才是护理等专业能力。

　　与此同时,需要特别关注的是:有2位长者提出希望护理人员身体健康,因为只有护理人员身体健康,才能更好地照顾长者;1位长者提出希望企业对护理人员的行为有所监督,给予优秀护理员以物质或者荣誉上的奖励。

　　因此,保险企业在选择居家护理服务人员时,要重点关注服务人员的道德品质,其次才是专业素养,同时,进行上门服务的护理人员也要有一个健康的身体。

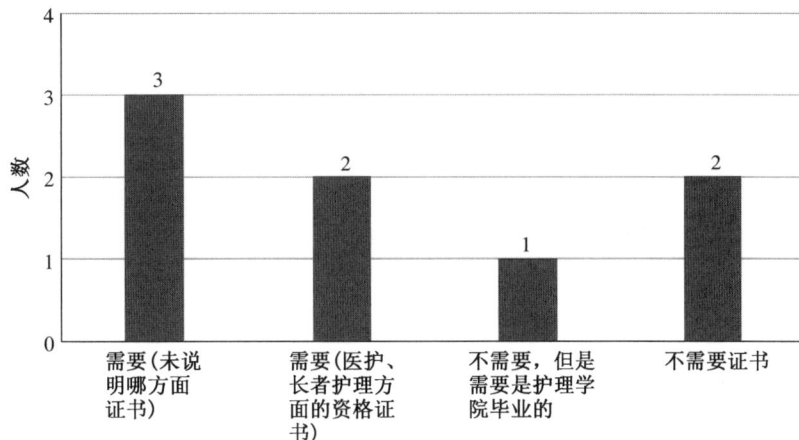

图19　居家护理人员是否需要资格证书

　　由于 1 位长者无法支付居家养老服务的费用,1 位长者选择入住机构,并未给出选项,因此,此题目只有 8 位长者的数据有效。数据显示:62.5％的长者(5 人)希望居家护理从业人员持有证书,其中的 2 名期待护理人员持有护理相关的证书;除此之外,有 1 位长者表示只要护理人员从护理学院毕业,证书就不是必要的,但这也说明该长者期待护理人员具备护理相关的专业能力,护理学院毕业和持有相关证书的本质是相同的。2 名不需要证书的长者中的 1 名表示:证书只是表面现象,要看实际行动。

　　因此,保险企业提供居家护理服务的人员需要具备专业的护理知识及技能,并且最好持有专业证书。

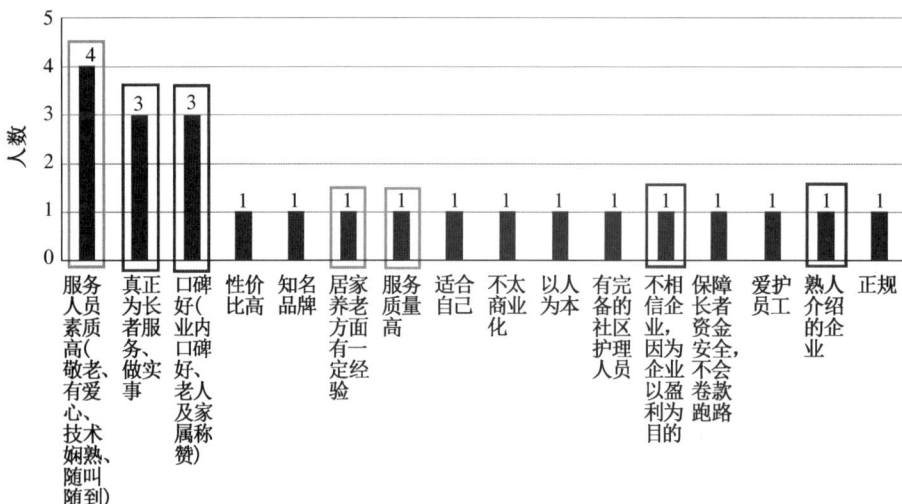

**图 20　您会选择怎样的居家养老企业**

　　由于 1 位长者入住机构,1 位长者对问题内容不了解选择不作答,因此仅 8 位长者的数据有效。数据显示,长者认为一家好的居家养老企业需要具备的前三项特质是:服务人员素质高(40％)、真正为长者服务(30％)、口碑好(30％)。用黑色方框标出的四个选项均与口碑及真正服务长者有关,而灰色方框标出的则与企业提供的服务质量相关,可见长者更加关注企业的服务初衷和质量。

　　因此,保险企业在为长者提供居家养老服务前,必须明确服务初心是"追求利润"还是"为长者服务"。出发点不同,后期提供服务时的关注点就不一样,这些在提供服务的时候就会给长者以很直观的体验,多个长者提及不喜欢出发点为了挣钱的"居家养老服务提供商";其次,必须为长者提供优质且专业的服务,而服务质量的好坏则与员工素质息息相关。

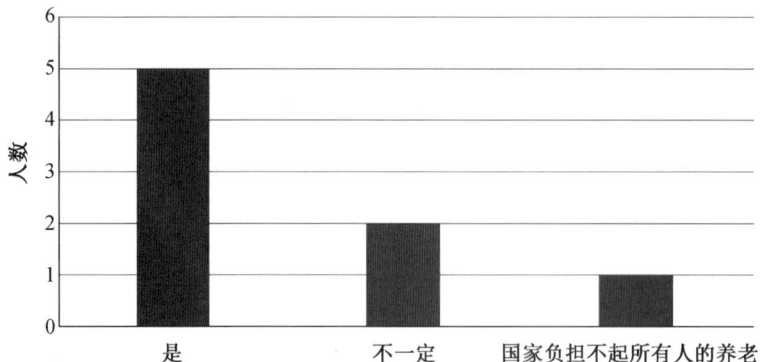

**图 21　是否政府背书的企业更值得信赖**

　　由于 1 位长者入住机构,1 位长者对问题内容不了解选择不作答,因此仅 8 位长者的数据有效。数据显示,62.5％的长者(5 人)认为有政府背书的企业更加值得信赖。但是,选择"不一定"的 2 位长者更具体的说法是"不一定说政府背书的企业更值得信赖,因为政府更多的是托底,是最低生活保障,不一定是客户想要的""一般认为政府背书的企业更值得信任,但不绝对,有的民营企业也让人信任",由此可见,选择"不一定"的长者从某种程度来说,其实对政府背书的企业也是持信任态度的。另外,选择"不一定"的长者均是低龄长者(50～69岁),可见随着年龄的减小,对企业是否具有政府背书持更加开放的态度。

因此,提供居家养老服务的保险企业如果能够获取政府背书,则更容易获取长者的信任。

4. 对保险企业提供居家养老服务的认知和期待

10位长者的调研数据显示:有50%的长者(5人)明确表示不会选择保险企业提供居家养老服务,20%(2人)不一定会选择保险企业,仅有20%(2人)表示会选择。

如果更加细致地去分析5位不会选择保险企业的长者,就会发现有4位长者的年纪均超过70岁,甚至其中3位长者的年纪超过80岁,也就是说中高龄长者更倾向于不选择保险企业;另外,这5位长者中,有2位长者表示"保险企业是骗钱的企业",2位长者表示"保险企业的主要目的是挣钱,是最会割韭菜的企业",1位长者表示"因为不了解,所以不选择"。

2位表示会选择的长者年纪均在60～69岁,1位认为"保险企业做养老应该与其他企业没多大区别,但觉得费用上会相对更高",1位表示"现在的保险企业越来越好,员工专业度越来越高,不会存在骗保现象"。

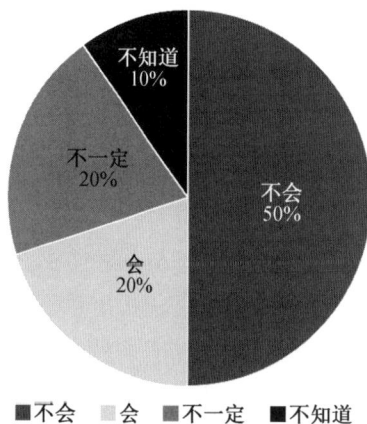

图22　会选择保险企业提供居家养老服务吗

2位不一定会选择保险企业的长者,均表示"选择保险企业与否,主要看服务质量、所提供的服务是否能够满足需求"。

剩下1位长者因为不了解保险企业,所以不知道会不会选择。

从以上数据可以很明确地看出:长者对保险企业的接受度随着年龄的减小而增加,因此,保险企业要想做好居家养老服务,需要依据不同年龄层的长者设计策略。对于高龄长者,首先需要做的就是改变"保险企业是骗钱的企业"这一刻板印象,增加长者对保险企业的信任度;对于低龄长者,比较关键的突破口在于,保险企业的服务销售人员需要专业地向长者们尽可能详细地介绍保险企业及其所提供的居家养老服务,突出与其他企业不同的服务特色,讲清楚服务的优缺点,让长者了解保险企业及其提供的居家养老服务,增加长者选择自身服务的可能性。其次,便是在服务过程中兑现销售过程中所承诺的服务,如此才能真正获取"长者的信任"。

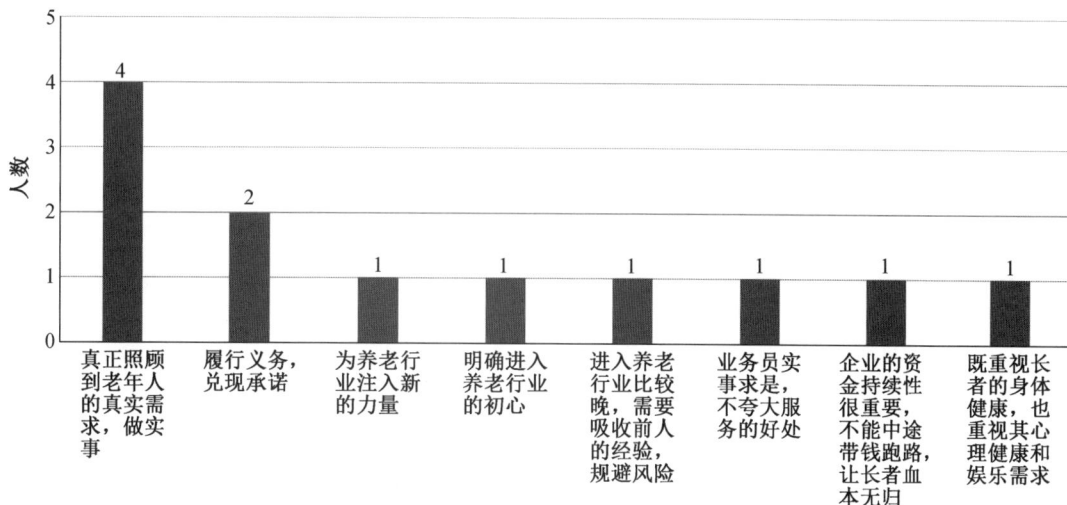

图23　长者对做居家养老服务的保险企业的期待

尽管多数长者表示不会选择保险企业提供的居家养老服务,但也对想做居家养老服务的保险企业表达自己的期待。除去3位未给回复的长者,此问题仅有7个有效回复。数据显示:超过半数回复的长者表示希望保险企业能够"真正照顾到老年人的真实需求,做实事";2位长者表示希望保险企业能够"履行义务,兑现承诺";其他期待分别是"为养老行业注入新的力量""明确进入养老行业的初心""进入养老行业较晚,需要吸取前人的经验,规避风险""业务员实事求是,不夸大服务的好处""企业的资金持续性很重要,不能中途带钱跑路,让长者血本无归""既重视长者的身体健康,也重视其心理健康和娱乐需求"。

(三)结论与建议

在访谈过程中,笔者很明显地感受到长者与子女的关系、子女是否离世,都很大程度上决定了长者对于未来养老生活是否持乐观态度;月收入状况、身体健康情况决定了长者对服务类型的选取。因此,保险企业也许需要聚焦以下问题:

1. 长者的普遍需求:家政服务、饮食、医护服务等。

2. 健康状况差异导致需求的差异:能够自理的长者普遍不会购买居家养老服务;随着长者自理能力的下降,其对生活照料、医疗的需求也会增加。

3. 提供服务,减轻低龄长者的照护负担:低龄长者虽然能够自理,但多数需要照顾年事已高的父母,再加上身体不如年轻的时候,因此面临较大的照护负担。

4. 注重慢病管理:长者慢病多,相应的医疗开支变大,但并不意味着不能自理;如果能通过慢病管理,延长长者的独立生活时间、减少医疗开支,这对于长者而言,也许是件好事。

5. 服务种类多样化:设计多种类型的服务,满足长者多样化的需求(包括身体、心理、社交、娱乐、灵性、安全、学习、家庭、金融、临终安排需求);向长者提供明码标价的服务项目清单,方便长者依据自身需求进行选择。

6. 价格设计合理:服务定价不要超过目标客群的可接受范围;如果定位我国长者占比比较大的中产阶级,那么服务定价需要更加普惠(薄利多销)。

7. 服务人员品行好且专业:长者注重服务人员的个人品行、护理专业能力及健康状况。

8. 改善保险企业的"刻板印象":基于中高龄长者对保险企业普遍印象较差的情况,保险企业需要采取相关行动以改善长者的刻板印象,比如"做实事、兑现承诺""获取政府背书"。

9. 加强长者与子女的互动:通过各种活动和信息互动,加强长者与子女的互动,满足长者的家庭需求,提升长者的幸福感与生命质量。

10. 企业的持续性运营:长者担心购买服务后,因为企业运营中断,导致无法提供服务,且企业无法退款。

## 五、保险企业提供居家养老服务和产品的优势和局限性

面对如此庞大的老龄群体与愈加严峻的老龄化程度,保险企业们早已摩拳擦掌、跃跃欲试,希望利用自身已有的优势布局居家养老领域。

首先,保险业基于其资金的长期性、稳定性、低成本性,以及养老客户和准客户的资源储备,天然适合发展养老事业。作为养老事业中很重要一部分的居家养老领域,可以将保险已有的金融、健康、医疗资源进一步打通。

其次,保险企业已经布局的机构养老和居家养老能够实现功能互补,即机构养老能为居家养老的客户提供"完全无法自理"状态/重大疾病康复期的选择,方便客户提前计划未来生活;与此同时,居家养老服务服务的客群多数为有一定自理能力的半失能老人,所以在提供服务的同时,也能为机构养老进一步

储备客户资源。

尽管中国平安和大家保险均在 2022 年 7 月宣布涵盖"居家养老"的服务体系,但是由于居家养老是医养产业链的末节,国内尚未见到成功运作的商业模式,所以真正落地还不会这么快,而且险企布局居家养老服务有其自身的局限性。

目前,险企所提供的养老服务多是面向高净值人群,定位高端、收费贵,动辄几十万乃至数百万起步的价格,将绝大多数中低收入家庭排除在外,但是居家养老市场则将面向更广泛的中低收入家庭。面对这样的客群转换,保险企业将面临大量的挑战:

1. 定价需要调整(降低):多数城市工薪阶层的长者平均月退休金不超过 3000 元,那么"在不超过长者可支付上限的前提下,提供优质的服务"将会是险企面临的重要挑战之一。

2. 客户需求的转化:高端的娱乐需求转变为普通的日常生活照料和日常娱乐需求,如此便需要重新设计服务种类。

3. 居家养老服务需要更多的服务人员:庞大的居家老龄人口要求更多的居家养老服务人员;但在我国,养老护理人员普遍的低工资、低社会地位、高劳动强度导致很少有高素质的青年群体愿意长期留在服务一线,养老护理员的流动性很高。由此便产生需求和供给的矛盾。

4. 对居家养老服务人员的要求比机构养老服务人员的要求更高。首先,由于居家养老服务人员是进入长者家庭这样一个私人空间,所以长者对服务人员的人品道德要求更高;其次,购买居家照护服务的长者的自理能力并不强,因此居家照护人员除了提供家政服务,还要求懂得一定医护知识;再次,通常只有 1 名或者 2 名居家护理服务人员上门服务,因此,如果长者出现意外,则无法向他人求助,所以要求该名人员反应及时,且具备一定的危机处理能力;最后,如果长者长期独居在家,很少与社会接触,则要求居家护理人员懂得一些社会工作或者心理学知识,如此才能对长者的不良心理状态进行危机干预。但目前,险企的养老服务人员主要集中在养老机构,且大多险企居家养老服务的提供多依靠第三方居家护理企业,由此可见,险企要想自己聘请或者培养这样一名居家护理人员需要更高的成本和更长的时间。

5. 平衡成本和定价的两难问题:尽管普惠的居家养老不需要像高端养老一样提供高成本的象征身份和圈层的高端服务,也因此减少了与知名品牌服务供应商合作的成本,但是面对更高的人才成本,以及更低的更惠民的价格,保险企业如何能够确保一定的利润空间?

6. 构建新的产品体系和模式:参与居家养老行业布局,除了将居家养老服务作为购买保单的增值服务,通过帮助政府管理长护险资金从而收取管理费的形式,以及为长护险服务的第三方机构服务人员提供责任险和意外险以外,是否能将居家养老服务作为独立的产品?能否在不购买保险产品的前提下,购买居家养老服务?

7. 多数高龄长者并不信任险企:面对众多不信任险企的且有居家养老服务需求的高龄长者,险企应该采取怎样的行动,转变高龄长者对险企存在的刻板印象?

## 六、新思路:邻里互动的社区居家养老服务模式

为此,保险企业也许可以考虑一种新的居家养老模式,而这种"邻里互动模式"的公益版已经被南京市江北新区沿江街道慧贤居家养老服务中心(民办非企业单位)验证可以实现。

正如前文所说,中国自古以来都是熟人社会,因为血缘关系、语言、习俗、生活圈子的相似性以及长期相处过程中建立的信任感,长者们与熟人之间会有共同语言,沟通交流会相对顺畅和舒适。所谓的熟人在当今社会的定义可以是社区居委会、社区居民、朋友、亲人等。因此,社区居家的服务和产品设计必须融入"熟人或者社区"元素。融入"熟人或者社区"元素最简单易行的办法便是充分与社区、物业和业主联动,促进社区的全员参与,回归以往的邻里互动模式——打破如今社区居民各自为政的格局,继续

家文化,让长者回归家庭养老。

进入社区,可能首先需要考虑的是实体养老设施建设,对此,国家和政府近年来均有相应的政策支持:

1. 社区内的养老服务设施建设:自2019年11月27日自然资源部发布《自然资源部关于加强规划和用地保障支持养老服务发展的指导意见》以来,全国新建城区和新建居住(小)区要按照相应国家标准规范,配套建设养老服务设施。小区内养老服务设施多数归属所在地人民政府所有,由民政工作主管部门对社区居家养老服务用房进行统一管理。与此同时,部分地区的人民政府(比如辽宁阜新市)也相继颁布相应政策,要求老旧小区和已建成居住(小)区无养老服务设施或现有设施未达标的,各县(区)人民政府要通过利用闲置资源、存量房产改造、新建或购买(租赁)房产以及追索已建未交付等方式补足。

2. 企业使用社区内部养老服务设施的规定:不同的区域有不同的政策,但是目前政策趋向于将养老服务设施开放给普惠的居家养老企业,并积极把相应的企业引进社区提供居家养老服务。比如:2022年1月10日,辽宁阜新市民政局、阜新市自然资源局、阜新市自然和城乡建设局颁布的《关于做好社区居家养老服务设施配建和管理工作的通知》就表明"社区居家养老服务设施的政府管理方应按照《辽宁省养老设施公建民营指导意见(试行)》(辽民发〔2017〕75号),通过招标、委托等方式,无偿或低偿提供给居家社区养老服务企业、社会组织使用,未经民政部门同意不得改变用途"。山西大同市人民政府则在2021年8月23日印发《全市推进社区居家养老服务三年行动计划(2021—2023)》,文件中指出"探索多样化经营模式,引导社会力量根据市场需要,兴办面向中、高收入家庭的养老服务机构,满足多元化、便利化、个性化服务需求。清理修改在养老服务机构公建民营、养老设施招投标、政府购买养老服务中涉及排斥营利性养老服务机构参与竞争等妨碍统一市场和公平竞争的各种规定和做法。对公建的养老服务设施,逐步消除养老服务企业运营与社会服务机构运营的政策差别。实施普惠养老城企联动专项行动,力争在2022年完成全市社区居家养老服务骨干网络建设任务"。

3. 对特定的社区居家养老服务企业予以财政支持:有的地方政府会给予提供特定服务的社区居家养老服务企业一定的资金支持,比如山西大同市人民政府印发的《全市推进社区居家养老服务三年行动计划(2021—2023)》指出,"接收护理半失能、失能老年人的社会力量举办的社区养老服务机构(包括企业和民办非企业)同等享受社区居家养老服务设施运行补贴和社区嵌入式养老服务床位补贴政策"。同时,2022年6月22日,重庆市长寿区民政局则在《关于区人大第十九届一次会议第224号建议的复函》中表示"针对市内外优质养老企业制定优惠的招商政策,通过租金减免补贴等形式,引进专业化、品牌化的养老企业到我区建设养老服务中心"。

保险企业在社区内有了实体养老设施,下一步便是如何刺激社区的邻里互动。可行思路也许包括:

1. 与社区相应的民间社会组织合作。民间社会组织已经在社区服务多年,已经积累了丰富的经验与社区人脉资源,与多数社区长者建立了良好的信任关系,并成为长者的"熟人",因此保险企业通过与民间社会组织合作可以相对容易地进入社区开展服务。

2. 动员并聘请同一/周边社区的退休低龄健康长者成为社区居家养老的(家政)服务人员,协同高龄长者的子女和老伴,共同照顾高龄长者,一是可以充分调动低龄长者退休后的余热,成全低龄长者的成就感和幸福感,获得一定的收入,并逐渐适应退休生活;二是对于住在相同/周边社区的几乎同龄的"熟人"居民,接受服务的高龄长者会相对更加信任和舒心。

3. 在实体的养老设施内部,开办医疗、社区活动、用餐、送餐上门等服务,促进社区全龄居民互动,促进邻里互动。

保险企业如果能够使用社区内的养老服务设施，则可以大大减少成本，由于处于社区内部，可以更快速地上门提供服务，加之有社区背书，往往更容易取信于居民。另外，保险企业通过普惠型的社区居家养老服务的供给，进入社区服务长者，在减轻子女、老伴照护负担的同时，满足了长者居家养老的需求，也实现了与社区全龄居民（包括社区工作人员、长者及其子女）的互动，可以提升社区居民对保险企业的信赖，增加保险企业的社会声誉，也许还会相应地吸引居民购买保险。

有一点需要特别提醒，就是各地区的社区居家养老政策不同，需要提前对各地政策进行研读，并且尽快建立本地的关系网。但是，建立关系网的过程并不会一帆风顺。正如中国居家养老行业早期探索者之一的福寿康副总经理赵一洪曾在访谈中说过的："由于背靠长护险，因此每进军一个城市，就需要与当地政府建立联系，了解当地长护险政策。而且基本上每到一个新城市，基本上不认识任何人，这时候，就只有找一个点切入（比如已有人脉里的系统内的中间人引荐），然后顺藤摸瓜联系当地政府。在什么人都不认识的情况下，要想开展业务，没有机会，也要想办法找到机会，然后再慢慢建立联系，逐渐让对方认可自己的整体实力和品牌，建立信任。"同理，希望投身于居家养老领域的保险企业也可以效仿福寿康的做法。

尽管保险企业深耕居家养老行业的前路漫漫、困难重重，但相信光明总会到来！

# 阳明心学伦理道德互动刍议

陆月宏[*]

（江苏省社会科学院，江苏 南京 210004）

**摘　要：**儒学之所以为儒学，是由于它对现实人伦世界的强烈关注，是由于它对性善的坚信从而对工夫操持的强调。进入明代中叶，程朱理学日益僵化，"天理—人伦"成为拘束士子的天网。阳明心学由于兼顾"天理—人伦"与"心性—道德"，从而迅速赢得士子们的心灵。但是在阳明心学中，始终存在"天理—人伦"与"心性—道德"之间的争执。阳明后学的激进派强调"心性—道德"的逍遥与解脱，保守派则强调"天理—人伦"，从而逐渐回向程朱理学。是向左走向良知，还是向右回向人伦？明代中晚期的心学，主要围绕这个问题而进行了不断的演变。直至明末清初，由于天下分崩离析，对人伦秩序的关注才成为华夏文明是否延续的生死攸关的问题，思想界重新将目光投向了先秦六经。通过对明代中晚期伦理与道德之间辩证互动的精神考察，有助于我们更深入理解伦理问题在阳明心学尤其在泰州学派中所占据的中心位置，同时也有助于我们更深入理解阳明心学尤其是泰州学派演变的内在逻辑。

**关键词：**良知；人伦；道德；工夫

　　儒学区别于一般思辨哲学的地方，正在于对现实人伦世界的关注，在于关乎人文以化成天下的担当。从国家与社会角度来看，需要通过礼制礼仪等敦风化俗，从而实现道德教化。但究极言之，从形而上角度来看，教化是依据天理人性，通过不断的工夫操持使人复性而赢获安身立命终极意义的。如此，小我升华为大我，并通达于天道性命流行的崇高和乐境界。在儒学尤其在阳明心学中，始终存在"天理—人伦"与"心性—道德"之间的辩证互动。伦理道德是精神自我发展与实现的产物，是精神在客观的社会历史领域中的存在形态。精神不断的自我扬弃，就是精神自身的特殊化，就意味着理一分殊，或者说月映万川。精神的理一分殊，表现出精神健动不息的乾坤阳刚之性，展现了精神横卷八荒、吞吐万方的宇宙气概、大同气概，展现出自然与精神、存在与应该、大我与小我、有限与无限等的辩证统一，展现出自由的天地境界。

　　伦理精神，就是意义世界，就是在人类本真秩序中展现出来的精神。在"天理—人伦"意识中，人类个体与共同体或者说共体混融为一，个体主要作为共体成员而生存，他的行动不假思索地以共体存续和繁荣为目的和内容。对个体来说，共体就是生机勃勃的自在自为的精神生命。"天理—人伦"乃是精力饱满的富有进取气概和大同气概的精神形态。道德表现为个体意识对自身自由的纯粹知识与自身确定

　　* 作者简介：陆月宏，原名陆月洪，1974年生，浙江杭州人，江苏省社会科学院研究员，东南大学人文学院博士生在读。主要研究方向：中西哲学比较研究、伦理学研究。

性。具有道德意识的个体,可称为精神贵族,是敢于一身担当天下的狂圣之士。与此同时,这样的精神贵族或者说精神侠客,也很容易成为悲剧人物,从而集中展现出伦理与道德之间的冲突。

对先秦儒学来说,内圣与外王、义理与经世、人伦与道德并重是无须明言的共识。理学由于回应佛教挑战,必须建构与发展心性之学,因而有意无意地日益轻忽外王经世之学。如果说宋明理学在天人关系中首先将目光投注于超越性的崇高庄严的天理,那么王阳明在天人关系中则首先将热烈的目光凝注于人的当下生存,关切如何使人觉悟以便达到本真存在状态。天人共在的本真状态即阳明及其后学热衷阐述的万物一体境界,具有强烈的伦理意味。这无非是因为,在儒者看来,惟有仁者才能达到万物一体境界。与此同时,天人共在的本真状态也具有超越具体善恶的本源性格。这无疑表现于阳明四句教的首句"无善无恶心之体"。

正由于致良知宗旨的诞生烙下了浓烈的苦难与荣耀的印记,因此王阳明性格中豪放而洒脱的狂者气象也愈益鲜明。在王阳明的圣人形象塑造中,狂者色彩不可磨灭,展现出阳明对良知发自肺腑的自信。良知由此顺理成章地成为个体当下身心强健存在的依据,并通向在天泉证道中提揭出来的"无善无恶心之体",通向王畿"无是无非"的圆熟之境。

## 一、仁者以天地万物为一体

从思想史的角度来说,南宋以后,理学演变的主要趋势是和会朱陆,是在主流朱学中接纳心学影响,以至直探心性,入于玄妙隐微之奥区。朱熹认为心当于外物中格得道理,而吴与弼却强调心本来就拥有仁义礼智,读圣贤书无非为发明吾心,是为了身心有个安顿处。这种求身心安顿的为学方向,意味深长地预示了此后明代儒学的主要发展趋向。在某种意义上,明代儒学就是围绕身心安顿而不断演变的。作为吴与弼的弟子,陈献章的为学三要旨是心本论、以自然为宗与静坐中养出端倪的工夫论。以自然为宗接续儒家的洒落传统,开创了明代儒学的浪漫主义道路。陈献章高足湛若水,是王阳明为学上的挚友,对阳明心学的产生与形成有过深刻影响。吴与弼的另一位弟子娄谅,与王阳明有过直接交集。他点拨青年阳明的格物之学,大约也是染上较浓心学色彩的理学。因此完全可以说,阳明心学并非横空出世,吴与弼的崇仁之学为它的兴起铺垫了深厚的思想背景。

阳明心学的兴起,与简易真切的工夫有内在关系。在朱子学由于成为官方意识形态,尤其是成为科举考试的敲门砖之后僵化,并很大程度上丧失教化功能之后,在士子心灵为此彷徨无依之后,在朱子学知行相违而支离弊端丛生之后,阳明心学以简易工夫直契良知道德本体的为学风格,迅速俘获了那些最真诚最敏感的士子心灵,从而得以大行其教。

揆诸思想史,程朱理学由于从天理出发对道德进行了缜密的本体性论证,在佛老咄咄逼人的心性之学围攻之下确立人极,从而明确挺立了儒家道德合理性。理学中本体与工夫内在一贯的严密体系,激发了儒家道德实践的说服力,有助于社会秩序稳定。有宋以降,由于道统论的日益兴盛,孟子在思想史上的地位也随之水涨船高。与推崇孟子相关,理学核心问题在于追问性善根据。

随着岁月的流逝,儒学不得不随之变化。迄至明代,尤其到了明代中晚期,由于商业和手工业勃兴,城镇逐渐富庶,具有独立意识的市民阶层逐渐形成和扩大。这些历史演变中的新因素,不可避免地对传统宗法伦理秩序产生了日甚一日的冲击,从而不断侵蚀宗法伦理秩序及其附丽其上的意识。从中晚明士人的相关文献中,如沈德符的《万历野获编》、谢肇淛的《五杂俎》与袁宏道的《袁中郎随笔》等之中,我们就能随处发现,当时的士大夫阶层是如何追求世俗感性趣味,如何频频出入青楼等风月场所之中,如何卷入形形色色的世俗嗜欲之中的。面对中晚明那昂扬的世俗感性意识,面对卷入于市民社会各种新因素中的士子对自由而多元精神的追求,传统程朱理学具有外在而客观色彩的天理—伦理教条,已经再也难以安抚人心,当然也难以安顿士子灵魂了。换言之,面对变化了的时代条件,程朱理学的神圣性和合理性已经变得不那么牢靠,创造性也日益沦丧。

　　宽厚的孝宗之后,顽童皇帝武宗继位。他在位时间虽然不太长,但那荒腔走板而任性放纵的为政,极大破坏了政治稳定,动摇了伦理秩序维系人心的力量,深刻影响了士人人格。如果说正德年间,士人心灵中回响的是愤激的变徵之音,尚能持守有关忠奸善恶等的道德操守,那么到了嘉靖年间,情形则为之一变。这是由于,嘉靖是一个极其聪明也是极端自私的皇帝。他那唯我独尊的荒淫独裁,深深压制了文官集团,扭曲了士人人格。经由大礼议等事件,文官集团逐渐形成相互倾轧的恶习。

　　阳明心学就在这样动荡压抑的时代中应运而生。说心学产生于九死一生中,并非言过其实。阳明无所依傍的自我做主,对个性的强调,对狂狷的倾心,转向觉民行道,都与此不无关系。沧海横流方显英雄本色。对个性的强调与尊重,无疑成就了阳明心学蓬勃的生命力,也昭示了之后阳明后学的分化与激进派的崛起。

　　在阳明看来,朱子学的格物工夫容易驱使人追逐外物游荡于外而难以安落于身心,使人沉溺于经验类的见闻之知而难以归返身心体证的道德涵养,使身心道德涵养成为虚设而无意中使格外物的经验见闻之知成为目的,使人终生忙于磨刀却忘却了磨刀是为了砍柴。阳明为此痛切地指出:"纵格得草木来,如何反来诚得自家意?"[1]为此,阳明竭尽全力要求将格物工夫完全转向身心道德涵养,强调:"其格物之功,只在身心上做。"[2]要通过诚意,把格物工夫转到身心体证上来,转到人伦践履上来。

　　阳明的心彰显性理与明觉的合一,明觉表明的正是心的运用态。心即理,心、性与理一体,作为具体生活中显现出来的如孝与忠这样的道德条理,本质上是心中本有之理的发用,是良知的发用流行。阳明将心喻为根,将礼仪节目喻为枝叶,认为心或者说良知在待人接物中自然会创发出合乎时宜的礼仪。由此也可以说,礼仪并非脱离身心的要拘押人的外在规范,而实为心或者说良知在日用常行中的发用或者说创造。

　　朱子格物穷理的原初目的,在于仁智并进内外相通,在于个人身心安顿的同时亦能在知识上经济世间,在于贯通人心天理。但是,格外在之物求天理,与身心明己之善并不内在直接相通。格事物之知与主敬之行中间有脱节。朱子说要格得豁然贯通,自然能通天理,进而也能通于人心。可惜,格物之格这格那,又何时是个头。谁能保证有豁然贯通那一天。如若没有豁然贯通那一天,那就势必终生茫茫荡荡而空无着落,终究是个精神上的流浪汉,而不是个扎根的堂堂正正顶天立地的汉子。这是因为,格事物之知解并不必然通于日用常行中的道德践履,见闻之知不同于德性之知,求知不同于为善,博学多闻不同于身心体证。如此一来,朱子的工夫操持往往落空。这也是明初儒学往往在实践中自觉不自觉接受心学影响的内在原因之一。

　　当然,朱子之所以提出格物空理与主敬并进的工夫操持轨范,也自有其原因。要之,先秦儒学心目中的圣人形象是"仁且智",道德与事功并备,不仅是人伦典范,也有兼济天下经邦济世的才能。朱子的时代任务在于,既要面对佛老深沉博大的心性之学,让儒学在心性体系上超越它们,又要继承儒学道统。如此,内圣与外王某种意义上就以逻辑体系的方式接榫起来,而尚未来得及在身心体证上将它们彻底贯通起来。

　　在阳明看来,如朱子学那般循规蹈矩地日日格物,从知性方向求圣人之志,不仅在身心上无法安顿,甚而至于还会刺激士子功利之心,暗中助长人欲。如此一来,天下汹汹,"士夫以虚文相诳,略不知有诚心实意"[3],又有什么可奇怪的! 鉴于此种每况愈下的情形,阳明直截了当地要求士子全力以赴追求心性之学,将工夫收拢于纯粹的仁的内圣方向,收拢于德性涵养,追求堂堂正正做个人的方向。阳明强调,求为圣人,不在于才能,而在于纯粹地从事于天理。鉴于朱子工夫论的支离、知与行的相违,阳明将工夫

---

① 王阳明:《传习录下》,载《王阳明全集》卷三,上海:上海古籍出版社,2011年,第119页。
② 同①,第120页。
③ 王阳明:《寄邹谦之》(三),载《王阳明全集》卷六,上海:上海古籍出版社,2011年,第201页。

操持完全贯注于心性涵养，以求身心安顿，极致而圆满地展现了儒家内圣的道德之学宗旨。阳明的简易真切工夫，适宜于当下随机点拨学人，适宜于因材施教，适宜于活泼泼地启迪人心，其中也隐然回响着陆九渊"堂堂正正做个人"的宗旨。

青年阳明早早就立志成圣，同时也热衷经营四方的外王之志，这从他对骑射和兵法等的热爱中可以看得出来。因此，青年阳明心目中的圣人，显然是既能自得能安顿自我身心又能经济天下的圣人，是仁且智的圣人。他曾经按照朱子格物工夫去践行，希图成就圣人之志，却深感物理吾心终判为二，学问无法安顿于身心。为了安顿身心，他屡次出入佛老，甚至深怀出世之志。由于对爱亲本性的觉悟，使阳明最终回到儒学，为圣人之学安顿于身心寻觅到了一个基点。在出世与入世、解脱与担当的张力中，阳明深切觉悟到，实实在在地担当起人伦是圣人之学的出发点，也是圣人之学的归宿。

由于这样的觉悟，阳明放下朱子格物之学，转向周（敦颐）程（颢）之学。阳明与湛若水定交共倡圣学，当时倾心的就是周程之学。这种觉悟深切而彻底，从整个身心深处涌现出来，因为这是阳明泛滥诸家后以生命体证出来的。在某种意义上，阳明接续了周程传统，都强调心地上用功，都同时追求身心自得与人伦理念。

阳明的意思显然在于，所谓圣人，在于纯粹合乎天理的德性涵养与流行境界，而不在于博学多能。才能因各人天赋禀性不同，必定各不相同，必定有智有愚有达有钝有高有低。但是在涵养德性的心性之学上，人人平等，都有机会求为圣人。如此一来，圣人形象无形中就从"仁且智"的仁智并进转为单纯以仁为中心。当然，阳明并不是不要智，而是认为当以仁统率智，认为有了仁必定会有智。因此，阳明的格物学说全力转向德性涵养方向，转向以诚意为头脑，转向致良知，内在缘由就在这里。智慧如阳明，诚然不会不理解，世间很多知识的产生，起先并不纯然由于道德觉悟而产生，而是因现实生存需要而产生。阳明的意思是，就其时代所要解决的问题来说，从道德上安顿人心进而整顿天下秩序更为重要。阳明龙场大悟前，心目中的圣人形象尚且还存有智的方向，因此颇为热衷于骑射与兵法，以备经邦济世之用。等到悟道之后，虽然由于青年时期醉心骑射与兵法打下的基础，使他得以在事功上屡创辉煌战绩，但他的全幅身心却转向了讲学以传播致良知之学，转向以道德之学教化民众。

由此可见，从阳明为学历程来看，他心目中的圣人形象有所变化，也就是从早期自觉不自觉接受的仁且智转向纯粹以仁之内圣为中心。但是，他以成圣为人生第一等事的志向，却始终没有改变。也就是说，他从未忘却初心，人生的一切作为与困顿都围绕这一成圣志向而展开。在宋明理学中，成圣主题的合理展开就是本体与工夫之辨。因此，本体与工夫之辨实贯穿于阳明一生。

弘治十八年（1505 年），他在北京开始倡导身心之学，随即与湛若水共同发愿倡明圣学，就是"一宗程氏'仁者浑然与天地万物同体'之指"。[①] 在龙场大悟时，阳明欣喜若狂觉悟到的是："始知圣人之道，吾性自足，向之求理于事物者误也。"[②]真是灵光爆破，得来却全不费工夫。所谓"吾性自足"就表明吾人心性直接贯通于天理，吾性无穷无尽而大可自足自立自我享用不尽，因此求理不必求于外在事物，求之于自身心性即可。

面对程朱理学导致心与理、知与行分裂的传统格物论与知先行后的知行学说，王阳明以致良知学说统合心与理，以知行合一学说统合知与行，进而高扬了良知主体的意志自由原则。在阳明心学中，普遍的人伦原则与个体的德性内在结合了起来。也就是说，在心学中，呼应个体良知德性就是在遵循普遍人伦原则。如此一来，就能更出色地化解明代中晚期愈益严重的诸多矛盾，就能更好地教化人心，能够更加有效地解决天理与人欲、公与私、道心与人心等之间的矛盾，能够更加漂亮地化解普遍伦理与个体德性之间的内在紧张。

---

① 湛若水：《阳明先生墓志铭》，载《王阳明全集》卷三十八，上海：上海古籍出版社，2011 年，第 1401 页。

② 参见王阳明《传习录》相关内容。

总的来说,陆王心学关注如何把天理涵泳于虚明澄澈的主体之心。王阳明直截了当地以心体作为性,重新创造性地解释了心、性与天之间的关系:"夫心之体,性也。性之原,天也。能尽其心,是能尽其性矣。"①在天人关系中,王阳明首先热切关注人的生存,关注如何使人觉悟以便达到本真存在状态。所谓本真存在状态,就个人来说,是人生觉悟及觉悟状态渐次深入地展开;就天、地与人的共在来说,就是王阳明及其后学所热衷阐扬的万物一体境界,可谓人与天地万物共在的原发性生存结构。毫无疑问,所谓本真存在状态,不管就个人,还是就共在来说,都具有伦理意味。但在伦理意味后面,本真存在状态同时也具有超越善恶的本源性格。从某种意义上来说,王门"四句教"与本真存在的双重特质有关。

王阳明之所以将思想热情更多地倾心于人,一方面与思想内在逻辑有关,即随着程朱之学成为官学和科举考试的敲门砖,精神超越价值日益消减,于是,有识之士逐渐将精神超越目光从外在庄严崇高的天理转向自得之境;另一方面与"政治—伦理"逻辑有关,即由于明代君主的高度独裁,士人逐渐绝望于"得君行道",转向"觉民行道"。

明代学术原本笼罩于朱子学,未尝反省至隐微处,未尝彻底悟透。直至王阳明横空出世,指点出良知之学,学术方才大兴。正因为阳明心学呼应于明代中晚期的内在要求而兴起,因此一旦为士子们理解和接受,就会产生久旱逢甘雨般振奋人心的效果。当时的诸多杰出人物,无不以全幅身心感受到了阳明心学那内在性的解放身心的作用。"自东越揭良知,以开天下学者,若披云见日矣。"②阳明揭破良知之旨后,天下学者犹如拨开云雾见白日而得悟学术宗旨,亦如暗室中燃起了熊熊火炬。"阳明先生创良知之说,为暗室一炬。"③"先生承绝学于词章训诂之后,一反求诸心,而得其所性之觉,曰'良知'。因示人以求端用力之要,曰'致良知'。……以救学者支离眩骛、务华而绝根之病。可谓震霆启寐,烈耀破迷。自孔孟以来,未有若此之深切著明者也。"④黄宗羲热情地赞颂王阳明致良知救拔学者脱离支离烦琐的浮华无根之弊病,认为是孔孟以来所绝无仅有的。

## 二、于危疑之境致良知

在王阳明的心学发展中,江右尤其是平宁藩及其后的阶段具有特殊重要性。在这个特殊阶段中,王阳明既建立盖世功勋,为三不朽中的立功奠定坚实基础,同时又由于武宗的荒唐及其身边小人的奸佞而遭遇人生最大危机。

在此特殊阶段,王阳明在政治上陷入遭受群小猜疑和蓄意构陷的危困处境。与此同时,正因为生命处于极大危机中,阳明心学才得到深入激发并日益成熟。诸种艰难遭遇与奇事汇聚到一起,"在他的心灵开悟中闪发出夺目的光辉,让他的人生充满了强烈深沉的命运感和灵感回声"⑤。在生死存亡之际,阳明点破致良知之旨,发自内心地相信良知足以令人在艰难困苦中挺立起来,可以出生入死,可以古今一如,可以贯通天地而不疑。正是"良知"宗旨的阐明,标志着阳明心学的正式建构与成熟。致良知,不但是内在主体觉醒的过程,同时也是外部环境逼迫的结果。良知不仅是普遍的道德原则,而且是个体的生存选择。良知理论在提出初期便已含有个体化的情感特征,尽管王阳明在早期倡导心即理、"心外无理",后期也一再声称"良知即天理",但普遍之理与个体存在的裂痕终难掩饰,但是在致良知形式下,二者又似乎得到某种程度的统一,从而得到当时学者的广泛认同。这一理论内涵的深化,则有待于王阳明晚年的居越时期。

王阳明淡出官场并居越教学以后,政治事功上的攻击虽然得以消停,但学术上遭到的批判却日益升

① 王阳明:《语录二》,《王文成公全书》卷二。
② 袁中道:《珂雪斋集》卷九。
③ 张岱:《石匮书·王守仁列传》。
④ 黄宗羲:《明儒学案·师说》。
⑤ 张祥龙:《儒家心学及其意识依据》,北京:商务印书馆,2019年,第312页。

温。为了压制心学，批判者甚至提出严酷的文化专制手段，即"燔其书"并"禁之"。正是在如此险恶的政治和学术形势之下，王阳明性格中豪放洒脱的狂者气象日益阔大。他以狂者之姿，内向挖掘生命之道，提出对良知的高度自信，由此也触发了他与弟子之间有关狂者与乡愿的对话。据《年谱》记载："吾自南京已前，尚有乡愿意思。在今只信良知真是真非处，更无掩藏回护，才做得狂者。使天下尽说我行不掩言，吾亦只依良知行。"弟子问如何辨别乡愿与狂者，阳明答以："乡愿以忠信廉洁见取于君子，以同流合污无忤于小人，故非之无举，刺之无刺。然究其心，乃知忠信廉洁所以媚君子也，同流合污所以媚小人也，其心已破坏矣，故不可与入尧舜之道。狂者志存古人，一切纷嚣俗染，举不足以累其心，真有凤凰翔于千初之意，一克念即圣人矣。"①

由此可见，在南京之前，王阳明尚有些乡愿意思，如今则惟信良知知是知非，无须掩饰回护。即使天下皆谤之，亦要依据良知而知，依据良知而行。阳明衷心向往狂者超越世俗是非观念的高远精神境界，向往狂者身上展示出来的精神自由与洒脱放达的胸怀。良知不是或不仅是普遍化的天理和规范，而且是个体身心存在的依据，并进而成为精神自由的象征。如此一来，在天泉证道中论述的"无善无恶心之体"，王畿描述的"无是无非"的圆熟之境，就呼之欲出了。理解王阳明对于狂者的向往之情，对深入剖析阳明晚年思想，了解其形成过程具有极其重要的意义。

"吾'良知'二字，自龙场已后，便已不出此意，只是点此二字不出，于学者言，费却多少辞说。今幸见出此意，一语之下，洞见全体，真是痛快，不觉手舞足蹈。学者闻之，亦省却多少寻讨功夫。""学问头脑，至此已是说得十分下落，但恐学者不肯直下承当耳。"②"往年尚疑未尽，今自多事以来，只此良知无不具足。譬之操舟得舵，平澜浅濑，无不如意。虽遇颠风逆浪，舵柄在手，可免没溺之患矣。"③由上述两条记载来看，龙场大悟之后，良知已经呼之欲出，只是未能点破。良知一经揭破，顿时洞见全体，可作学问头脑，亦即为学舵柄。王阳明对自己九死一生中领悟到的致良知极为自信。但与此同时，阳明内心深处也存在若隐若现的忧虑。他意味深长地告诫弟子："某于此良知之说，从百死千难中得来，不得已与人一口说尽。只恐学者得之容易，把作一种光景玩弄，不实落用功，负此知耳。"④

众所周知，阳明对良知的体悟是从九死一生的挣扎与困顿中获得的，是从不愤不启的诚意和格物的原发体验中获得的。在阳明心学中存在说良知悖论。就阳明本愿而言，并不想一口说尽良知，但却不得不说尽良知，同时内心也清醒意识到一口说尽良知会不可避免导致多数学者将良知仅仅当作光景玩弄的后果。

阳明心学的浑融特质，与王阳明在关注人伦纲常问题的同时始终注目个体安身立命问题密切相关。对于理解良知学说而言，亲身的逆觉体证与事上磨炼必不可少，否则就会沦于玩弄光景。心学工夫从陆九渊到王阳明再到刘宗周，呈现出不断深入意识内部的过程。王阳明之后，阳明学甚至整个理学工夫论发展所表现出的普遍趋向，就是要求将工夫着力点落实于道德实践的终极根据上去，而不论对这一终极根据的规定如何因人而异。

## 三、良知现成化及论战

阳明后学中的江右王门得到修正派的高度评价，是因为他们的观点往往是在批判和克服阳明后学流弊中阐发出来的。黄宗羲曾经指出："姚江之学，惟江右为得其传，东廓、念庵、两峰、双江其选也。再传而为塘南、思默，皆能推原阳明未尽之旨。是时越中流弊错出，挟师说以杜学者之口，而江右独能破

---

① 王守仁：《阳明年谱》，载《王阳明全集》下，上海：上海古籍出版社，1992年，第1288页。
② 钱德洪：《刻文录叙说》，载《王阳明全集》下，上海：上海古籍出版社，1992年，第1747页。
③ 钱德洪：《年谱》二，载《王阳明全集》下，上海：上海古籍出版社，1992年，第1411－1412页。
④ 同③，第1412页。

之,阳明之道赖以不坠。盖阳明一生精神,俱在江右,亦其感应之理宜也。"①王阳明心学唯独江右得其正传,发扬其精神。意味深长的是,从聂豹、罗洪先、刘邦采到王时槐、李材,展现了一个逐渐脱离阳明学的思想发展线索。这一线索的最终指向,其实是对作为良知观念之核心内涵的"心即理"产生了怀疑。从聂豹、罗洪先质疑现成良知,到李材根本视良知为不足为最终凭借的已发之用而回归性体,正是"心即理"说逐渐遭到动摇的表现。

在阳明传人中,王畿与王艮等侧重于从内涵本体于其中的绝对主体来理解致良知,从而形成对良知的现成或见在阐发。江右学派强调从颇多敬重色彩的心性本体角度理解致良知。如果说王畿高度的良知信仰使他选择了良知见在的先天正念工夫路径,聂豹出于对良知本体真信的慎重考察而选择和发展了具有戒慎恐惧风格的归寂学说,那么罗洪先为人与为学的特别风格则在于笃实的工夫操持及对具体工夫进境的开发与挖掘。对罗洪先和聂豹来说,要把走上歧途的现成良知派引向正途,就得特别注意强调先师阳明的良知乃是从"百死千难"中体认出来,而不可轻易地当下即是地一语道破,从而沦于玄妙的光景玩弄。

在阳明后学中,如果说"二溪"即王畿与罗近溪(即罗汝芳)是追求"无工夫中真工夫"的最特出代表,那么最讲求在道德实践中做脚踏实地工夫的,无疑是江右学派。被称颂为"王门宗子"的邹守益,当仁不让地对现成良知和即本体即工夫倾向进行了批评。邹守益既不满王畿的先天正心之学,又批评同为江右王门的聂豹的归寂之学。他的良知批判的其中一个举措,表现在对王阳明"无善无恶"表述的修正上。他把"无善无恶心之体"修正为"至善无恶者也",从而弱化了"四句教"形上高妙的意味,表现出道德实践上谨慎和朴实的风格。

聂豹戒惧工夫的根本指向并不在于憧憧往来之念虑,而在于良知心体。戒惧的目的在于时时使良知保持警醒与灵觉,时时去除覆盖于心体上的尘蔽以复心体之本或者说复性。去蔽即本体,良知本来具足而生机勃勃。邹守益倡导戒惧,是为了复性,为了恢复良知心体的真面目,为了以笃实工夫对治阳明后学一任良知现成的弊病。

从陆王心学尤其是阳明心学发展的内在逻辑来看,良知现成派的产生与兴盛顺理成章。与二王相比,王阳明诚然已经涉及良知现成论,但确实没有以良知现成作为究竟之语。只是到了王畿与王艮那里,良知现成论才堂而皇之地被看作心学基本宗旨。就四句教而言,依据王阳明历经九死一生方才得悟良知来看,稳妥中正的四有论当可作为阳明心学主旨或者主旨之一;但是,就阳明心学的内在指向来说,不妨把王畿揭破的四无论看作心学长久以来的内在渴望与根本宗旨。在王畿提揭的良知心体之无中,跃动着天地万物生化流行之几。这种微妙的几,贯通有无、寂感,不断使良知心体显现于有形万物,展现出天地万物的勃勃生机与流转变化。

从根本上来说,王畿所谓见在良知无须刻意修证的观点,是站在理想境界层面上阐发出来的。但是,面对实际的生活经验世界,王畿有时也会意识到良知毕竟有待于修证。我们因此可以说,王畿与江右学派学者们之间的争论,往往表现为理想层面良知阐释与经验层面良知阐释之间的争论。王畿从理想层面的良知阐释出发,批评江右学者在良知阐释上的保守立场;而江右学者则从经验层面的良知阐释出发,批评王畿在良知阐释上的玄妙而疏略的激进立场。

从思想史来说,有关工夫的争论永远不会结束。工夫本来就是一个悖论,因为操持工夫的目的就是为了在与本体合一之后让工夫消失。工夫的成功,同时意味着工夫的功成身退,意味着分别心转化于智慧的圆融之中。这样的成功,我们不妨看作永远不可企及的理想状态。如果轻率地认为业已达到这样的理想状态,那么就会在现实生活中遗忘工夫操持,从而表现出玄虚而荡与情识而肆的流弊。

程朱理学面对佛老在心性之学上的重重围攻,重新确立人极,志在奠定天人秩序,格外重视和遵从

---

① 黄宗羲:《江右王门学案一》,《明儒学案》卷十六。

天理,故而其性命之学特别重视道德义理。与此相对,阳明心学秉持万物一体之仁,将天地万物之性理统合于身心,因此首重于心,格外看重身心安立及其超脱。正由于在阳明心学中,个体身心的超脱意识越来越鲜明,因此也就水到渠成地承接了佛学所倡导的生死事大的解脱命题,而孜孜不倦地追求对死亡问题的化解。如此这般对生死问题的奋力化解,我们可以在罗汝芳、李贽等人的人生与学问中强烈感受到。

阳明心学主张心即理,而现成良知学说更进一步申言良知人人具有而圆满。这样的良知学说,无疑与博大深邃的佛性说具有相通之处。毫无疑问,在禅佛心性与阳明心学心性之间,存在内在的相通之处。王畿曾坦率地指出,佛学以见性为宗,而心学同样以见性为宗。在他看来,良知见在现成,自始至终发挥着明察现实的道德实践作用。

当然,心学毕竟属于儒学,毕竟入世,毕竟志在治国平天下。在此,佛教与心学判然有别。面对世界,佛教可以了无挂碍地空诸所有,可以从缘起性空角度将世界万象视为虚幻不实。佛家可以穿越世界万象,追求心性的无滞无碍。与此相对,心学却必须在担当天下的道德责任中,追求良知发用的无执无滞。

虽然与阳明心学相比,程朱理学似乎具有较为强烈的政治关怀倾向。但是在实质上,程朱理学的焦点业已从外王的礼乐和制度转向内圣的心性与作圣工夫。由于明代政治的高压与残酷,到了中叶,士大夫们纷纷从得君行道迷梦中惊醒过来,转向较为现实可行的觉民行道。这表明了"天理—人伦"意识的式微,"心性—道德"解脱意识的强化。在这种转换过程中,阳明心学积极倡导具有教化功能的讲学结社,从而使安顿个体的身心之学和超脱意识得到进一步发扬光大。在如此这般对追求超脱的身心之学的热烈发扬之中,具体的历史、制度和社会等知识,就不可避免地遭到冷落。如此一来,就埋下了阳明心学在明清之际遭到空疏而迂阔的清谈之指责的伏笔。

致良知所可能导致的特殊流弊在于,由于致良知教人要信得及自家良知本体,在知行合一当下知是知非,知善知恶。对于悟得良知的利根之人来说,如此入圣宗旨再合适不过。但是对于绝大多数的中下根之人来说,如此鼓励信得及自家良知而自是自非并以此是非天下人的工夫,却可能导致始料未及的弊病。也就是说,"可形成一如佛家所谓大我慢,既拒天下人之对我之是非,而更无忌惮;又可以我之是非,是非天下人,以自居于至尊之位,即又成一大狂肆。此则其机甚微,而其害至大,为言良知之学者,最易陷入之大魔障。晚明王学之大弊,盖由于此"①。从根本上来说,为学尚未入于圣域,难免虚伪矫饰。致良知未入于圣域,更难免狂肆。

良知如果不断向日常人伦世界敞开进行自我提升,就能贯通体用,做到即体即用。但是,倘若良知纠缠于情识或玄虚妄念,那么就可能落入孤芳自赏以至狂妄自大。如果致良知者背弃人伦世界,背弃礼法秩序,而一味固执于自己的判断,那么它就无法与其他致良知者惺惺相惜,而只能躲进小楼成一统,自欺欺人地玩赏所谓与自然同一的逍遥之乐。惟有在人伦秩序中,良知才能落定,才会变得真实而踏实。倘若切断与人伦秩序之间的联系,致良知者就会游离于现实世界之外,就会沦于玄虚之境。

## 四、百姓日用即道

王艮与王畿主张良知现成,对人性与良知心体之贯通颇为乐观。相对而言,王畿的良知现成学说更多面向作为精英的士大夫阶层。作为怀抱出为帝者师、天下师的王艮,在讲学与施教过程中,追求有教无类,但他的现成良知显然更多染上了平民色彩,具有浓厚的觉民行道意味。正因为如此,在王艮看来,为学平易自然,当下即是。毫无精英道学的高头讲章与繁复论证,毫无天理人欲刻刻搏战的艰苦操持,展现于世人面前的是和气充实的乐学与乐道。

---

① 唐君毅:《中国哲学原论·原教篇》,北京:中国社会科学出版社,2006 年,第 287 页。

在谈及"百姓日用是道"时,王艮指出应当从"童仆之往来,视听持行,泛应动作处,不暇安排"出发,当下即是地理解"至无而有,至近而神"的玄妙学问。王艮当下即是的从日用人伦处的承接,创造性地把王阳明"须做得个愚夫、愚妇,方可与人讲学"和"泰山不如平地大"的指点,解释为泰州学派的"百姓日用是道"。

众所周知,在先秦儒学中,"夫妇之愚,可以与知"业已表明百姓日用的内涵,体现对庸常世间生活的关注。到了宋明理学,由于建构精深博大的心性体系的需要,形而上的超越性心性得到了集中关注。所谓下学而上达,下学往往沦为辅助性的助跑工夫,而指向超越性的天理流行境界才是工夫指向的重心。一切都围绕内圣之上达,一切是为纯化人心以接榫于天理。因此,在理学中,百姓日用的维度遭到了弱化。王艮呼应于明代中叶后社会世俗化转向与民间社会抬升的动向,而着重强调儒学中的百姓日用维度。

阳明主要面对和矢志解决的问题是,士子在科举化的朱子学影响下,奔竞于科举功名之路,满身功利人欲之念,而天理却遭到重重遮蔽。阳明给出的药方是简易直率的致良知,是将工夫全力转向主体德性的涵养。因此在阳明那里,百姓日用尚未成为关注中心。到了王艮这里,由于出身社会下层,又无科举经传等的负担,得以倾力开拓儒学中的百姓日用维度,以此挥洒觉民行道的滚烫热情。通过百姓日用,王艮强调良知现成的自然无执,强调对人伦世界现实人生的关注。

王艮从百姓日用视域出发发展良知学说,在突出良知简易现成品格的同时,也为百姓日用常行的生活赋予了本源性意义。也就是说,王艮着重为百姓日用生活创造意义世界,为百姓日用生活赋予丰厚的本体意味,为百姓日用的工夫操持染上圣学色彩,颇有平常心即道的意思在。他直接将百姓日用与圣人之道联系起来,强调:"圣人之道无异于百姓日用,凡有异者,皆谓之异端。"①

良知、天理虽然天然自有,但在日用常行中毕竟要通过鲜活而感性的个体彰显出来。"良知者,性也,即是非之心也。一念动或是或非,无不知也。如一念之动,自以为是而人又以为非者,将从人乎,将从己乎?"那么如此一来,良知是非就会出现问题,也就是自己自以为得良知之是而别人却以你为非。如此情形下,是独断地自信自得之良知之是非,还是顺从别人之判断。王艮对此的回答是:"良知者,真实无妄之谓也,自能辨是与非。此处亦好商量,不得放过。夫良知固无不知,然亦有蔽处。如子贡欲去告朔之饩羊,而孔子曰'尔爱其羊,我爱其礼。'齐王欲毁明堂,而孟子曰'王欲行王政,则勿毁之矣。'若非圣贤救正,不几于毁先王之道乎?故正诸先觉,考诸古训,多识前言往行而求以明之,此致良知之道也。观诸孔子曰'不学诗,无以言。不学礼,无以立。''五十以学易,可无大过。'则可见矣。"②这表明,王艮虽然极其自信自立,却也认识到这一隐蔽问题,因而主张通过对先觉、古训与前言往行的求助,而建构良知的相对普遍性,以期臻于时中之道,合乎时措之宜。这与李贽是非无定论的论调,显然形成了相当鲜明的对照。

在致良知逻辑中,王阳明指出"道在百姓日用中",主要在于强调道内在于百姓日用而又超越于百姓日用的特点,旨趣在于对道的追求。与此相对,在王艮及泰州学派这里,则主要将思想目光倾注于百姓日用,以至不假思索地道出"百姓日用"就是"天理良知",显然有走出心学轨度之嫌,在思想逻辑上也无法真正成立。究其实质,王艮之所以如此强调,表明了良知说日益向人伦世界的遍在性开拓,表明了良知说的生活化和现实化。

就良知的心与性二重性而言,存在将良知本体贯注于主体的心性知觉并随其发用的内在意义结构。从心性上来说,只要良知本体的至善性能够得到保障,只要良知始终置根于至善根基之中,良知在内在逻辑上就可以展开为"良知见在说"。这无非是因为,良知的能动性和创造性本身就要求落实于人生现

① 王艮:《明儒王心斋先生遗集》卷一《语录》。
② 王艮:《明儒王心斋先生遗集》卷二《奉绪山先生书》。

实层面。正是根据如此这般的思想逻辑，王艮才将良知全面落实于日用人伦世界之中。在这种落实中，由于良知强烈的现成化倾向，在儒学中原本要求艰难工夫操持的良知与知觉之辨、天理人欲之辨，王艮却都以当下即是的简易方式进行了承接。这种承接事实上有弱化甚至取消工夫操持的倾向。

就宋明理学工夫—本体逻辑而言，呼之而应的知觉可视为作为工夫的用，而良知自然即本体。两者其实层面不同，但泰州学派往往将它们等同视之。之所以如此处理，当然与泰州学派独特的"淮南格物说"有关。从根本上来说，现成良知与淮南格物说之间存在互为表里的关系。

与王阳明、王畿等出生于士大夫家庭不同，王艮出生于沉沦社会底层的盐丁家庭。因此，王艮首先追求的，并不是传统主流儒者追求的内圣外王，而是如何在艰难的底层生活中自立自尊和安身立命的问题。很自然地，王艮往往有意无意地从自己独特的生活经验出发，创造性地解释儒家先贤理论。正因为如此，王艮对身与道进行了别具一格的解释。他说："身与道原是一件，至尊者此道，至尊者此身。尊身不尊道，不谓之尊身，尊道不尊身，不谓之尊道。须道尊、身尊，才是至善。"①在这里，王艮对身与道等同视之。道诚然要落实于身，但将尊身直接等同于尊道，实际上在其中存在逻辑跳跃，就思想的内在脉络而言颇成问题。根据良知现成化立场，王艮的淮南格物说和童子往来即道，都是通过"尊身"而"尊道"。

泰州学派的最大特点在于，重身而追求安身，直面实际生活，由此出发而重新解释儒学传统，并热衷于推行觉民行道。王艮为学，首立此身为本而后达于家国天下，继而使此身与家国天下互为根据，从而使致良知即明明德于天下，以使天下人无不致其良知。顺此逻辑，人之重身安身即致良知而乐道，即明明德于天下。

在《明哲保身论》中，王艮将明哲保身视之为凡圣皆具的良知良能，保身则被看作从爱身到爱人又从爱人返回到人爱我的过程。如此持续不断的互爱之道，生动体现了万物一体的生生不已的仁道。他说："明哲者，良知也；明哲保身者，良知良能也，所谓不虑而知、不学而能者也，人皆有之，圣人与我同也。知保身者，则必爱身如宝。能爱身，则不敢不爱人。能爱人，则人必爱我。人爱我，则吾身保矣。能爱人，则不敢恶人。不恶人，则人不恶我；人不恶我，则吾身保矣。能敬身，则必敬身如宝。能敬身，则不敢不敬人。能敬人，则人必敬我。人敬我，则吾身保矣。能敬身，则不敢慢人；不慢人，则人不慢我。人不慢我，则吾身保矣。此仁也，万物一体之道也。"②由此亦可见，真正的吾身并不为世间情识染污，而展现为至善之体。

在王艮看来，明哲即良知，明哲保身即良知良能。如此良知良能，为圣凡同具。以之齐家，家人爱人，则可保吾身；以之治国，国人爱人，则可保吾身。以之平天下，则天下人人相亲相爱，亦可保吾身。由此可见，在正德与嘉靖动荡压抑的政治与社会处境中，在君主日益独裁而士子日益丧失得君行道热情的处境中，王艮明确主张保身尊身，肯定个体独立的生命价值，无疑是在向士子们大声宣称，君主并不垄断道，行道也并非一定要通过君主。治国平天下固然重要，但自我的生命也同样尊贵，同样重要。生命不存，道将焉负？惟生命存，方能行道。

王艮的良知学以百姓日用为境域，因而不如乃师王阳明那样具有超越性的洒落自得风貌。他倡导的乐其实主要在于淑世之乐，在于助人为乐，而非个人自得之乐。王艮的乐，源于万物一体之仁之乐，是独乐乐不如众乐乐，是天地同乐之乐。

由于继承王艮与王畿学问，王襞为学和讲学具有独特的风格。王襞顺适自然的讲学风格，既来自天性，又源自泰州学派对现成良知的强调。这种自然与人伦浑融一体的讲学，从此在晚明士人心中久久回荡。在"鸟啼花落，山峙川流，饥食渴饮，夏葛冬裘，至道无余蕴矣"中，体现出王襞学问的自然和乐风范。在王襞学问中，同时表现出乃师王畿"见在良知"与乃父王艮"现成良知"的影响，生动表现出"见在良知"

---

① 王士纬：《心斋先生学谱》，载《王心斋全集》，南京：江苏教育出版社，2001年，第97页。
② 王艮：《明哲保身论》，载《王心斋全集》，南京：江苏教育出版社，2001年，第29页。

是如何发展成为"现成良知"的。如果说王畿的"见在良知"使良知论变得更加玄妙圆融，那么王艮的现成良知则使良知论通过人伦日用而更贴近于下层百姓日常生活。在王襞这里，二王心学得以会通。具体地说，就是将注重向上超越的王畿见在良知与强调遍在人伦的现成良知贯通起来，从而达乎极高明而道中庸。

在王襞看来，学者所学之事，如仁义礼智，俱为学者性分内之事。这是因为，从根本上来说，万物皆备于我，率性而行就能尽知天下之事："学者自学而已，吾性分之外，无容学者也。万物皆备於我，而仁义礼智之性，果有外乎？率性而自知自能，天下之能事毕矣。"①与王畿相较，王襞良知少了一些心的色彩，多了一些性的色彩。王襞认为，良知即性之灵明，能够自我认识。学子如果强索力求，实为知上加知，是为不智。

对王门后学流弊批判不遗余力的顾宪成，对王艮注重道德践履的百姓日用之学也颇为赞赏。他说："往闻阳明弟子，称有超悟者，莫如王龙溪翁。称有超悟而又有笃行者，莫如王心斋翁。"②无位却又终生矢志于为圣，难免有狂者气概。对王艮以道自任的狂者气概，刘师培予以激赏。他说："惟人人自信，其所学斯不复溺陷于陈言，不复自构于流品，故能以身任道，特立于流俗之中。今观心斋先生，以盐贩而昌心学，见闻不与，独任真诚，而讲坛所在，渐摩濡染，几及万人，下至于樵夫收竖。其始也，特基于先生一念自信之心耳，而觉世之功乃若此。则世之逡巡畏缩而自甘暴弃者，夫亦可以憬然矣。昔《孟子》以伊尹为圣之任，吾于先生亦云。"③

## 五、人伦自然化，自然人伦化

与着重人伦生活的百姓日用不同，泰州学派有意追求的自然具有二重性，即同时关注现实与超越现实。自然既是当下存在中与人伦世界有关的一切，又是超越性的运转不息的天道。泰州学派的自然处身于超越性的良知本体与当下即是的日用常行世界的显现之间，并与传统士大夫阶层双重性的生存追求相呼应。士大夫阶层双重性的生存追求意味着，他们一方面要孜孜于人生义务的完成，就就于社会责任的担当；另一方面又热衷于心性的自由和放达境界。王畿与王艮都继承阳明教学中对良知现成意思的点拨，区别在于，王畿更强调良知的自然流行，富玄妙超越特点；王艮则从现成良知推拓开去，发展了百姓日用之学。王艮的良知自然贯通于百姓日用的人伦践履，注重以生活世界的自然情感打通心性之学。

罗汝芳继承王艮的百姓日用之学，发展现成良知，同时也吸收王畿良知的虚无玄妙，将良知虚无玄妙的品格贯注于百姓日用的道德践履之中。在他看来，心体确乎虚明湛然，同时也平平实实地体现于百姓日用之中："盖此理在日用间，原非深远。"④罗汝芳于赤子良知之外复提孝悌慈，为的就是要求士子体认平常心，要求将士子好高骛远的向外无限超越的求索拉回到生活世界中来，当下即是地体认平常心是道。

值得注意的，就思想史实情而言，罗汝芳确乎继承平常心是道传统，其中不无禅学意味。也因此，罗汝芳常被人诃斥为近禅。强调如童子捧茶之类当下即是的自然知觉，事实上已然逸出人伦，而将生命中一切不假思索的直觉肯定为良知。但有意思的是，罗汝芳自己也许深切意识到这一逸出人伦的隐蔽的威胁，遂明确以孝悌慈为讲学宗旨，有力维护了其为学的儒家人伦立场。

但是到了何心隐与李贽那里，名教轨范终于遭到突破。何心隐的讲学热情几乎可以说无与伦比，到了沉迷难以自拔的地步，甚至希冀以朋友之伦为基础，而建构一个乌托邦似的理想社会。他早年在家乡

① 黄宗羲《明儒学案·处士王东崖先生襞·东崖语录》。
② 顾宪成《顾端文公遗书·证性编·质疑下》，清光绪三年刻本，《四库全书存目丛书》本。
③ 章太炎、刘师培撰，徐亮工编《中国近三百年学术史论》，上海：上海古籍出版社，2006年，第257页。
④ 《泰州学案三》，《明儒学案》卷三十四。

组织聚和堂,成年后到处讲学,直至交结江湖豪杰以布衣干政,最终因死于狱而了结一生狂热之情。

总的来说,现成良知之学进一步消解了理学权威,"生命理想的终极表达和重建社会秩序的现世理想,被落归于主体性的生命意义的价值追寻之中"①。在此,内圣之学显然吞没了外王之学,儒学变得极度内向,与禅学几无本质差别。心学末流的自得之心之狂,呈现为憎厌乡愿之俗而急切渴慕自由洒脱意志的精神超越之狂。这种精神超越之狂,使现成良知本体吞没程朱理学的天本体,混淆了意志主体的审美满足、感性欲求的自然顺适与修齐治平的道德担当之间的界限。

良知学说向见在良知和现成良知发展,既体现了致良知向超越和遍在进行极致发展的内在逻辑,又同时表现了良知见成派和良知现成派对良知理论底线的挑战。其中,见在良知主要体现为良知的向上超越,现成良知主要表现为良知的向下遍在。王畿是良知见在派的主要代表,泰州学派则表现为良知现成化逻辑的展开。在泰州学派中,最集中最典型代表后学学派走向的思想家,有何心隐、罗汝芳、耿定向和李贽等。其中,罗汝芳和耿定向代表了泰州学派现成良知的得,何心隐和李贽代表了泰州学派现成良知的失。就师承而言,颜钧是王艮再传弟子,罗汝芳和何心隐是颜钧弟子,耿定向则体现为罗汝芳学说的修止式发展,进而体现为泰州学派思想逻辑的自我修正。大致而言,罗汝芳和耿定向代表泰州学派中的修正倾向,何心隐和李贽代表泰州学派中的激进倾向,同时也表现了泰州学派激进化发展在晚明高压政治处境中的悲惨遭遇。

就思想的博大精深而言,罗汝芳堪称泰州学派的集大成者。他的自然与道德相融的圆融特色,他的随处都能顺适自然的人格境界,在晚明严酷的政治生态中,无不散发着令人难以抵挡的魅力,由此在士大夫阶层中吸引了一大批追随者,引无数心学信徒竞折腰。以罗汝芳学说为坐标,耿定向将汝芳学说中精微玄妙的一面加以平实化、实践化修正,在所谓"真机不容已"主张中强调本体与工夫的贯通。在泰州学派内部,他事实上表现为对良知现成化所导致的玄虚和猖狂弊病的自觉修正。他注重为学次第,注重工夫操持,自觉提防玄虚思辨难以避免的轻慢弊端,是泰州学派晚期相当重要的修正人物。

作为泰州学派现成良知激进化产物的何心隐和李贽,在思想激进化道路上犹如脱缰野马,与晚明严酷的政治专制力量迎面相撞,最终碰得头破血流而落得悲惨下场。他们过分追求个人身心自由,由于逸出士大夫阶层的主流价值观,从而与以首辅张居正为代表的士大夫阶层产生难以调和的剧烈冲突,终于为当时严峻的官场冲突所席卷而沦落为牺牲品。

基于面向民间、面向底层实际生活与面向人伦世界的特点,泰州学派在发展中不厌其烦地强调"百姓日用",强调人伦生活的真实。同时,泰州学派本身毕竟属于心学致良知教,良知的内在逻辑要求指向良知本体之善。在人伦生活的真实与良知本体的善之间,在人伦实践与良知理论之间,始终存在张力。一旦理论与实践的张力被冲破,就会导致两种结果:要么根据良知本体之善,将人伦生活之真批判为猖狂之异端;要么根据人伦生活之真,将良知本体之善批判为道学之伪善。就李贽而言,他正是从生活真实出发,坚持所谓童心之真的立场,不断严厉批判道学之伪善的。

概而言之,泰州学派中的激进派屡屡挑战现成良知遍在性的底线,在晚明思想界描绘出奇异诡谲的思想图景。颜钧、何心隐和李贽等人并不真正尊重传统,也没有将自己的身心安顿于传统。他们总是过分自信地根据当下现实需要,而去选择传统。他们缺乏传统文化全面而彻底的熏陶,不重视传统,只关注当下。他们学说的特色在于强烈的现实关怀和当下指向,关心日用常行世界的生活需要,关注人伦世界中的当下感受。与此形成对照,他们缺乏对理论超越性和理论根源性的追求,最终不可避免地丧失了历史和逻辑中的思想根基。

明代中后期性命之学的愈益勃兴,对道德之学的日益超越,达乎登峰造极之境,便出现了邓豁渠这样脱离世情而一心求道的奇特人物。邓豁渠的《南询录》,曾经在晚明思想史上引起李贽和耿定向之间

---

① 陈永革:《阳明学派与晚明佛教》,北京:中国人民大学出版社,2009 年,第 251 页。

的激烈论战,并成为导致二人关系恶化的关键。究极而言,与主流儒者追求内圣外王之道不同,邓豁渠心心念念要追求的,乃是可以一劳永逸了却生死疑情的超越造化之外的终极生命解脱之道。他的生命学问之矢,始终瞄准可以了却生死的所谓第一义。在《南询录》中,他一再提到呕心沥血求道而终究不得的心灵饥渴感。正是出于对性命之道的绝对关注,他才抛家舍业而四处访学,并在孤寂真实的反思中承认了人欲的存在。他的学问,是孤峰纯然向上的学问,是只知一往无前超越的学问,是专注生死疑情的学问,是一味追求孤独个体开悟和解脱的学问。也正因此,他的学问有意无意逾越了主流儒学的规矩,也逾越了佛教戒律。就个人性命之道的追求而言,邓豁渠的追求诚然可以感动一些心有戚戚焉的有心人,但由于舍弃日用常行的伦理世界,注定无法普遍地推广开来,也注定始终只能沦为一条孤寂的曲折小径。在耿定向和李贽之间,围绕《南询录》及邓豁渠的游学事迹,曾爆发有关正统与异端、天理与人欲等问题的火药味十足的激烈争论。在《里中三异传》的"邓豁渠传"中,耿定向特别强调邓豁渠没有遵守伦理纲常的伤风败德言行,流露出对邓豁渠言行的强烈厌恶之情。与此形成鲜明对照的是,李贽对邓豁渠的言行惺惺相惜,大有英雄相见恨晚之感。李贽专门为《南询录》作序,表达对邓豁渠的热烈支持,赞美他坚忍不拔的求道之志。

对于邓豁渠这样沉溺于心性空谈的受害者,罗汝芳自然了解,对其中况味也有过痛切领会。因此,他才会在修正现成良知时,着重强调人伦世界中的孝弟慈实践,努力将致良知从一味向上超越的路径转渡于日用常行的道德实践。罗汝芳良知说的理论旨趣,在于追求良知本体中的万物一体境界,追求敬畏与洒落、良知本体与主体、自然与道德之间自然圆融的玄妙自在的境界。在某种意义上,宋明理学万物一体的乐章,在罗汝芳这里弹奏出了最庄严华美却又自然洒脱的旋律。就思想的博大精深而言,罗汝芳堪称泰州学派集大成者。他的自然与道德相合的圆融思想特色,他的随处都能顺适自然的人格境界,在晚明严酷的政治生态中,散发出令人难以抵挡的魅力,由此在士大夫阶层中吸引了一大批追随者,引无数心学信徒竞折腰。

罗汝芳把赤子之心看作良知本体,把庶人之心看作日用常行世界中可直观的感性显现。赤子之心即现象而又超现象,是本源性的现象,是不在场的在场,是非实在的实在。惟有通过开悟和体悟,我们才可以开显赤子之心及通过赤子之心而映现出来的光明世界。简言之,在赤子之心中映现出来的世界,是生机勃勃的绝对生命世界,是映现于时空中而又超越于时空的世界,是洋溢着意义的通透世界,是浑然天机的世界。在罗汝芳学说中,泰州学派的现成良知体现为赤子之心,其学说旨趣在于激发世人本具的成圣成贤的内在根源。如果把赤子之心看作罗汝芳的现成良知本体,那么孝弟慈就是它在人伦生活中的表现。从人人本具良知本体而言,成就圣贤似乎轻而易举;但从人伦世界的具体落实来说,罗汝芳却认为成圣成贤相当艰难。在罗汝芳看来,成就圣贤,必须一方面葆有赤子之心,另一方面又要时刻在人伦生活的道德实践中做逆觉体证工夫,以自见其心和自践其心。也就是说,在成就圣贤的过程中,觉悟是必不可少的前提条件。

在罗汝芳看来,赤子之心可以绾合超越的良知本体与感性的人伦世界,可以贯通超越世界和经验世界,可以结合良知的超越与遍在。在罗汝芳极高明而道中庸的赤子之心和孝弟慈思想中,人们通过当下即是的人伦实践可以直入良知本体,而超越的良知生化之理也可以同时保障日用常行中实践的人伦化。在一定程度上,罗汝芳学说的确有化腐朽为神奇的效应,能够将道德之庄严与自然之洒脱完美融合在一起。在赤子之心这里,罗汝芳将超越的良知本体与人世遍在的道德实践绾合起来,贯通了良知的超越与遍在,使得良知生化为上下周流的回互场域。

现成良知强调良知本体具有经验圆成性,具有当下即是地体现出来的可能性,由此将良知在生活世界中的展开推向了登峰造极的地步。但是,在良知本体遍在化达到极致时,也同时存在弱化良知本体以至消解良知本体的可能。罗汝芳痛切注意到了阳明后学尤其是泰州学派后学中误以情识为良知而猖狂无忌的弊病。作为泰州学派中的一员,既要继承现成良知学说,又要同时修正其中衍生出来的诸种弊病,是罗汝芳所面临的思想困境。正因为赤子之心学说是在他刻骨铭心的痛切反省中提出和阐发出来的,因此在时人眼中,赤子之心学说也成为他思想大厦中最富有特色和令人印象最为深刻的学说。赤子之心优越于现成良知,或者说罗汝芳不用现成良知而运用赤子之心的原因在于,赤子之心即经验而超经验,即当下而又超越,即自然而又道德,由赤子之心入手可以水到渠成地走上成就圣贤的道路。要而言之,在泰州学派中,罗汝芳是杰出的修正者。他将现成良知的激进高亢转换为赤子之心的即超越即人伦的圆融。他因此贯通了良知的超越与遍在,堪称极其高明的调适上遂者。

## 六、良知向左,人伦向右

以罗汝芳学说为坐标,耿定向将汝芳学说中精微玄妙的一面加以平实化、实践化修正,在所谓"真机不容已"中贯通本体与工夫。在泰州学派内部,耿定向表现为对良知现成化所导致的玄虚和猖狂弊病的自觉修正。他注重为学次第,注重工夫操持,自觉提防玄虚思辨难以避免的轻慢弊端,是泰州学派晚期相当重要的修正人物。

耿定向极为赏识与敬佩罗汝芳的良知学说。他在修正泰州学派现成良知的情识之弊时,提出的一个重要学说是"真机不容已"。他认为所谓"真机不容已",就是形而上的性体在人心中的沛然莫之能御的显现。孟子强调尽心知天。耿定向承接了这一说法,并进而指出,尽心即真机不容已,真机之所以为真机,正因为它不出于世俗情缘,而直接缘于天命。耿定向强调儒者的生活和学问应当与日用常行中的人伦实践紧密结合在一起,将极高明与道中庸结合在一起。他强调大道就在日用人伦之中。在耿定向看来,世间俗人束缚于贪嗔痴等负面情感的纠缠之中,情绪每每处于天人交战之中,处于从地狱到天堂的来回震荡之中。正是基于对人性阴暗面的痛切了解,耿定向虽然也承认"无善无恶心之体"的说法,但更强调的是,人如果要回归到无善无恶的心体,那么就必须兢兢业业地做为善去恶的工夫操持。他也因此严厉批评阳明后学中误认现成良知为情识或玄虚的形形色色的弊端。耿定向要求在向人传授致良知时,必须按照学人根性或者悟性的深浅,而以不同方式传授。这是因为,利根之人一闻良知,当下就可以悟入,而对绝大多数的中下根之人来说,却必须努力做为善去恶的工夫,否则良药就会摇身一变而沦为毒药。

耿定向与倡导见在良知的王畿,进行过长期论学与辩论。两人之间长达几十年的辩论,主要关注"四句教"和教学方式这两个内在相关的问题。耿定向通过辩论,同时阐发了"学有三关"学说。在耿定向即事即心、真机不容已和学有三关学说,与王畿先天正心之学之间,存在根本性矛盾。总的来说,在王阳明"四句教"所指示的正心之学与诚意之学这两种工夫中,王畿与耿定向各取其一而坚执不让。耿定向认为先天正心之学只适合上上根之人,甚至为"颜子伯淳所不可承当者",而王畿则批评诚意之学并非究竟之学。应该说,从修正心学流弊的角度来看,耿定向的批评颇有道理。"真机不容已"中的"真机",源自"天命之性",源自良知心体。通过道德的冲创性,真机直接表现为知善知恶的良知,并直接在生活世界中表现为名教。相较而言,李贽的真机源自"童心",不能直接贯通于先验的道德意识或者名教。在耿定向与李贽有关真机的观点对峙中,核心问题在于是否应当承认道德性为人的本质属性。相对于"二溪"(即王畿王龙溪与罗汝芳罗近溪)超尘出世的玄妙高远,相较于他们对性命之道的专注,耿定向更强调在人伦实践中踏实修行,更富于救世之心,更关注世道人心。

耿定向与李贽的漫长争论,始于万历十二年(1584 年),直至万历二十三年(1595 年)和解,共历时十二年,对彼此为学都产生了重大影响。某种意义上,这一场旷日持久的争论成就了李贽的学问和声名。在争论中,李贽的生命体悟日益激进,思想阐述日益个性化,而人格中的所谓"异端"和"狂狷"色彩也日益鲜明地展示了出来。与此相对,面对越来越剑走偏锋的为追求性命之道而无所顾忌的李贽,耿定向的卫道情怀和社会责任感也越发强烈,在为学上更加有意识地强调人伦实践。正如周柳塘所评价的,"天台重名教,卓吾识真机"。对性命之道如饥似渴的上穷碧落下黄泉的竭力追求,使李贽的追求逾越出主流儒学,而旁涉于释道。他为学的目的在于真正受用于身心,在于解决生死问题。与此形成鲜明对照的是,耿定向具有强烈的卫道意识和社会责任感。他因此坚定站在主流儒学的立场之上,维护孔孟之道,而力辟释道二教。

总的来说,在耿定向与李贽长达十余年的争论中,核心问题在于入世与出世、人伦与宗教、道德之学与性命之学的关系。在耿定向看来,所谓道德之学即孔孟心性之学,尊崇的典籍为四书五经,宗旨在于维护世道人心,在于个人道德修养的完善与天下秩序的和谐。面对阳明后学等导致的学术流弊,耿定向忧虑不已,因此以维护名教为当仁不让的使命。自古以来,儒家士大夫的理想就是追求内圣外王,就是既追求个人心性的自由,又同时追求社会秩序的和谐。本来,在两者之间并不存在决然对立的矛盾,但在追求社会和谐秩序的耿定向与倾心个人心性自由的李贽之间,却产生长期争论,其中的意味确乎发人深思。应当说,这里面既涉及思想史问题,也涉及政治处境问题。

## 七、以小心工夫救治良知流弊

某种意义上,从王阳明"良知"说到刘宗周"慎独"说的整个阳明心学演变过程,也是对《大学》格物和致知不断重新解释的结果。在心学建构过程中,王阳明提出了"心外无理""心外无物""心外无事"命题。王阳明由于注意到"物"总是紧密关联于意识活动,因而提出"意之所在即是物"。在泰州学派格物学说的发展上,从王艮淮南格物直至李贽童心说,乃是一个不断消化先天性"良知"的过程,也是一个不断把"良知"从先天预设向后天实践不断演进的过程。淮南格物特别强调身的地位,使得物更倾向于吾身,从而为现成良知当下即是的实践奠定了基础。格物之辩不仅表现对《大学》主旨的不同解释,而且也反映不同的工夫观,从而构成了明代中晚期工夫之辩的重要内容。明代中晚期工夫论的重要特征,在于不断向主体意识内部作深度挖掘,直至与本体实在贯通起来。在做这种内部挖掘的同时,还得避免将工夫操持封闭于主体内部,这不仅是儒佛之辨的需要,也是儒家万物一体观的必然要求。

即使逐渐倾向朱子学立场的东林学派,其中的两位精神领袖顾宪成与高攀龙,在格物观上也受到王阳明影响,从而注重心物之间的相互融通。高攀龙认为,致良知工夫只有落实到格物之上,才能使良知获得现实性,否则良知就还只是虚灵知觉之用,就会导致知不得其良。东林学者将晚明玄谈妄作泛滥的思想根源归因于"无善无恶心之体",并进而提出用以匡扶道德人心的性善论。当然,力辨"无善无恶"之非,仅仅是确立了为善去恶的基础,基础确立后,还必须进一步继之以切实的工夫实践。在顾宪成看来,可以用"小心"二字概括这种切实的工夫实践。针对当时良知现成论者径任本体而取消为善去恶工夫的现实,顾宪成倡导援朱入王,试图以朱学工夫彰显阳明学本体,从而使学风重新变得笃实。顾宪成强调,"小心"二字可以涵盖儒家的所有修养工夫,不仅是医治当时放胆的世儒的对症之药,而且还是儒者平时进行道德修养所不可或缺的工夫。

顾宪成及东林学派以工夫实践救正良知本体流于虚空的思路,后经刘宗周以及黄宗羲、顾炎武等人的继承和发扬,终于使得学术风气由虚转实,开启了明清之际的经世之学思潮。在顾宪成的本体工夫之辨中,已经透显出后天工夫的积极意义。在他看来,只有借助后天工夫,本体才具有实现的可能,因此从某种意义上来说,工夫对于本体就具有创生意义。这种思想进路后经东林学派的进一步传承,到黄宗羲那里最终演变成为"心无本体,工夫所至,即其本体"的思想,彻底扬弃了心性本体的先验特征,赋予后天工夫以创造性意义,把人生修养历程和人生生命本体的呈现过程合二为一,并进而将人性实现落实到现实社会生活之中。

在王学传统中,无论是哪个流派,都没有放弃对本体的先天预设,这是王学乃至整个心学的基本理论前提。本体的先天性意味着本体具有超越时间和历史的思想性格,工夫的后天性则表明过程性,表明它是一个在个体时间当中展开的过程,也就是说具有历史性。以工夫消解本体的思想演变,在陈确和黄宗羲那里最终突破了王学思维框架,从而意味着本体与工夫之争的结束,并宣告了王学的终结。黄宗羲晚年逐渐转向重视万殊之事物而非一本之理,重视工夫的运用流行而非本体的探究,有一由性理之学转而致力于经史之学的学术转向,无疑是这一时代思想发展趋势的最好说明。

如果说程朱理学开启了内向的内圣致思方向,那么陆王心学则公开批评读书和训诂的渐修功夫,而倡导发明本心以致良知的顿悟方法,从而在内圣致思方向上走向了极致之境。心学在晚明所造成的严重弊端,就是"束书不观,游谈无根"的恶劣学风。明遗民普遍谴责清谈误国。明代中期后,理学本身出现分裂,以至陷入内在的危机。越到明代晚期,阳明心学越是禅学化,遂导致士大夫将国家实务束之高阁,而沉湎于清谈心性。

万历年间,面对激荡不已的重重社会危机与弊病百出的王学末流,顾宪成、高攀龙等东林学者高举道德理想主义大旗,在儒学道德修养领域坚决与释老二教划清界限,坚决批判"无善无恶"说,在学风上坚定追求经世致用。在批判王学末流清谈心性的基础之上,东林学者倡导尊孔和读经。为了尊孔,士子就必须读经,而读经就必须读汉唐注疏。士子读经必须识字,而识字就应当从小学入手。这样的致思路径,事实上已经类似于顾炎武发其先声的清代汉学工夫。